LA BONNE MÉNAGÈRE Agricole

SIMPLES NOTIONS D'ÉCONOMIE RURALE & D'ÉCONOMIE DOMESTIQUE

A L'USAGE DES ÉCOLES DE JEUNES FILLES

Par Louis-Eugène BÉRILLON

Élève de l'École normale d'Auxerre, ancien Instituteur, membre de la Société d'Agriculture de Joigny,

CHEVALIER DU MÉRITE AGRICOLE

Ouvrage mis au concours et couronné par la Société d'Agriculture de Joigny;
Médaillé par la Société pour l'Instruction élémentaire de Paris
et par plusieurs autres Sociétés d'Éducation;
Recommandé par M. le Recteur de l'Académie de Dijon
et par MM. les Inspecteurs d'Académie de l'Yonne et du Loiret.

DIXIÈME ÉDITION

Revue, corrigée et augmentée d'un septième livre sous ce titre :
La Bonne Ménagère garde-malade, 86 gravures.

AUXERRE

IMPRIMERIE, LIBRAIRIE, LITHOGRAPHIE, ATELIER DE RELIURE

ALBERT GALLOT, ÉDITEUR

Imprimeur de la Préfecture, rue de Paris, 47.

1889

LA

BONNE MÉNAGÈRE

AGRICOLE

Tous les exemplaires sont revêtus de la signature de l'Auteur.

LA

BONNE MÉNAGÈRE

AGRICOLE

SIMPLES NOTIONS D'ÉCONOMIE RURALE

& D'ÉCONOMIE DOMESTIQUE

à L'USAGE DES ÉCOLES DE JEUNES FILLES

PAR

Louis-Eugène BÉRILLON

ÉLÈVE DE L'ÉCOLE NORMALE D'AUXERRE, ANCIEN INSTITUTEUR,
MEMBRE DE LA SOCIÉTÉ D'AGRICULTURE DE JOIGNY,
CHEVALIER DU MÉRITE AGRICOLE.

« Pour réussir, il ne suffit pas de vouloir
« il faut en même temps savoir. »

Ouvrage mis au Concours et couronné par la Société d'agriculture de Joigny ;

Médaillé par la Société pour l'Instruction élémentaire de Paris; approuvé par la Société d'éducation de Lyon; recommandé aux Instituteurs et aux Institutrices par M. Léopold Monty, Recteur de l'Académie de Dijon, ainsi que par toutes les autorités scolaires du département de l'Yonne, particulièrement par M. Ruck, Inspecteur d'Académie à Auxerre; recommandé de même dans le Loiret par M. Tranchau, Inspecteur d'Académie à Orléans; médaillé par la Société protectrice des animaux; honoré des souscriptions de M. le Ministre de l'Agriculture, de la Société centrale de l'Yonne et d'un grand nombre d'autres Sociétés agricoles; unanimement porté par les Instituteurs et les Institutrices de l'Yonne sur la *liste des livres reconnus propres à être mis en usage dans les Écoles primaires publiques*.

DIXIÈME ÉDITION

AUXERRE

IMPRIMERIE, LIBRAIRIE ET LITHOGRAPHIE A. GALLOT, ÉDITEUR

MDCCCLXXXVIII

SOCIÉTÉ POUR L'INSTRUCTION ÉLÉMENTAIRE

Fondée en 1815

RECONNUE ÉTABLISSEMENT D'UTILITÉ PUBLIQUE

Par Ordonnance du 27 Avril 1831.

54me assemblée générale, dans le grand amphithéâtre de la Sorbonne, sous la présidence de M. Jules Favre, de l'Académie française, pour la distribution des récompenses de la Société.

Paris, le 19 juillet 1869.

Le Conseil d'administration de la Société pour l'instruction élémentaire à M. Bérillon.

Sur le rapport fait par le Comité des livres sur *la Bonne Ménagère agricole*, dont vous êtes l'auteur, le Conseil d'administration de la Société pour l'Instruction élémentaire, dans son assemblée générale du 18 juillet 1869, vous a décerné *une médaille de bronze.*

Nous avons l'honneur de vous adresser nos félicitations avec l'assurance de notre considération la plus distinguée.

Le Président, — *Le Secrétaire général,*

Jules FAVRE. — André ROUSSELLE.

G. Francolin, *vice-président.* — J. Camps, *secrétaire.* — Henri de la Pommeraye. — E. Rab.

Rapport de M. Bourguin sur la Bonne Ménagère agricole.

Depuis que l'attention publique s'est tournée vers l'agriculture, un assez grand nombre de livres élémentaires ont été écrits pour faire pénétrer les principes de cette science dans les écoles de garçons. On s'était moins occupé de former de bonnes ménagères agricoles ; cependant l'intérêt n'était pas moindre.....

M. Bérillon, ex-instituteur à Saint-Fargeau, a fait paraître sous ce titre : *La Bonne Ménagère agricole*, un ouvrage bien conçu ; le style est sans prétentions, d'une simplicité qui ne manque pas d'élégance, et qui le met à la portée des plus humbles intelligences.

L'ouvrage est divisé en six livres, dont le premier contient les notions sommaires d'agriculture. Il traite des différentes espèces de sol, des engrais, des labours, des ensemencements, des plantes cultivées qui peuvent entrer dans les aliments, des prairies naturelles et artificielles, etc. Toutes ces connaissances sont fort utiles à la femme du cultivateur ; elle ne doit pas être pour lui seulement une compagnie, mais une associée qui s'intéresse à ses travaux, et qui puisse en prendre la direction si elle a le malheur de perdre son mari. Toutefois, ce chapitre étant celui qui présentera le moins d'intérêt aux jeunes filles des écoles, je crois que l'auteur eût bien fait de le reporter à la fin de l'ouvrage.

Le deuxième livre traite du jardinage. Dans les petites et moyennes exploitations, c'est la femme qui doit prendre la direction du potager. Elle connaît mieux que personne les besoins du ménage, et doit diriger ses cultures de manière à assurer les approvisionnements de légumes pour chaque saison de l'année. Un jardin bien conduit est une source de bien-être pour la famille ; la jeune femme y trouve en outre une occupation douce et attrayante.

Le troisième livre passe en revue toutes les parties de l'exploitation dont la surveillance rentre dans les attributions de la fermière : la cuisine, la cave et le grenier ; la nourriture et le logement des serviteurs ; la basse-cour, l'étable à vache, la laiterie, la porcherie, etc. Sur tous ces points, l'auteur donne à la maîtresse de la ferme, des conseils qui témoignent de connaissances sûres et variées.

Le quatrième livre contient des instructions pleines de sens sur les soins que la ménagère doit donner à ses enfants, au chef de la famille, et aux gens de la maison, tant sous le rapport physique que sous le rapport moral.

Certains animaux, — vaches, veaux, porcs, lapins, oiseaux de basse-cour, — sont spécialement placés sous la direction de la fermière. Le cinquième livre leur est consacré. J'ai regret que l'auteur n'ait pas insisté sur les soins affectueux qui leur sont dus et sur les égards qu'on leur refuse généralement (1).

Dans le sixième livre se trouvent un grand nombre de recettes utiles pour la conservation du beurre, des œufs et de la viande fraîche et salée, pour la confection du pain, et des boissons

(1) M. Bourguin n'aurait plus à exprimer aujourd'hui le même regret. Dès la seconde édition, l'auteur de la *Bonne Ménagère* a particulièrement insisté sur les soins et les égards qui sont dus à tous les animaux utiles.

économiques ; les soins que réclament le linge, les vêtements, les chaussures, la vaisselle, etc., n'y sont pas oubliés. Il se termine par quelques pages de comptabilité agricole.

Comme on le voit, l'ouvrage tient bien ce qu'annonce son titre. Dans toutes les écoles où il sera introduit, il formera la partie la plus attrayante de l'enseignement, et j'oserai dire la plus utile.

Plaçons donc le livre de M. Bérillon dans la bibliothèque de la Société, et adressons à l'auteur une lettre de remerciements.

BOURGUIN.

Approbation de la Société d'Éducation de Lyon.

A Monsieur Bérillon, instituteur public à Saint-Fargeau.

Lyon, le 14 mai 1863.

Monsieur,

La Société d'Éducation de Lyon, après le rapport qui lui a été fait sur votre ouvrage intitulé : *La Bonne Ménagère agricole*, par une commission prise dans son sein, lui donne son approbation.

Je suis heureux, Monsieur, d'avoir à vous transmettre cette nouvelle et de l'accompagner de mes sincères félicitations.

Veuillez agréer, Monsieur, l'assurance de mes sentiments les plus distingués.

CHERVIN aîné,
Secrétaire correspondant,
Quai d'Albret, 20.

Extrait d'une circulaire adressée aux Instituteurs et aux Institutrices de l'Yonne, par M. Ruck, inspecteur d'Académie.

Auxerre, le 18 août 1862.

Monsieur,

Je suis heureux de vous annoncer qu'au moyen des fonds alloués par la Société centrale d'Agriculture, nous venons de fonder, dans chaque canton, un commencement de bibliothèque pour l'usage exclusif des Instituteurs et Institutrices qui dirigent des écoles publiques.

Les livres qui la composent ont tous pour objet l'enseignement agricole. Ils ont été choisis avec soin et ils contiennent les notions les plus saines que vous puissiez communiquer à vos élèves. Celui qui est intitulé : *La Bonne Ménagère*, par M. Bérillon, est particulièrement destiné à l'instruction des jeunes filles. . . . . .
. . . .

L'Inspecteur d'Académie,
G.-B. RUCK.

Extrait du Bulletin de l'Instruction publique du département du Loiret. (Nº de juillet 1875).

« Les notions élémentaires d'agriculture et d'horticulture commencent à se répandre dans nos écoles. Les bons petits ouvrages faits pour les garçons ne manquent pas. Les filles ont aussi besoin d'avoir quelques connaissances de la culture et des travaux de la ferme. Les livres mis à leur portée sont rares, aussi croyons-nous devoir en signaler un qui nous a paru bien remplir le but que s'est proposé l'auteur : faire connaître et assurer à la jeune fille, destinée à devenir servante ou maîtresse de ferme, les choses qui doivent occuper sa vie, et les avantages qui résultent de l'accomplissement intelligent de sa besogne. L'auteur a parfaitement expliqué à ce point de vue l'épigraphe de son livre : « Pour réussir, il ne suffit pas de vouloir, il faut savoir. »

« *La Bonne Ménagère agricole*, par M. Bérillon, ancien instituteur à Saint-Fargeau (Yonne), peut rendre de très utiles services dans les écoles rurales de filles. »

L'Inspecteur d'Académie,

« TRANCHAU. »

Extraits de quelques-unes des lettres adressées à l'Auteur, au sujet de la Bonne Ménagère.

Lettre de M. L. Monty, recteur de l'Académie de Dijon.

Dijon, le 8 septembre 1862.

Monsieur,

Je vous remercie un peu tardivement de l'ouvrage intitulé : *La Bonne Ménagère agricole*, que vous avez bien voulu m'offrir. Ce retard tient à ce qu'au lieu de vous adresser un remerciement banal, j'ai voulu lire votre livre avant de vous en accuser réception, et je me félicite très sincèrement de l'avoir lu. J'y ai pris le plus vif intérêt. Une exposition claire, des termes choisis, quoique toujours simples, des connaissances variées et sûres, enfin l'agrément dans l'utilité, ce ne sont pas là de médiocres mérites, et je ne m'étonne pas qu'ils vous aient valu le prix décerné par la Société d'Agriculture de Joigny. Puisse votre intéressant ouvrage atteindre le but que vous vous proposez, rendre aimable la vie agricole et attacher à nos belles campagnes ceux qui sont trop enclins aujourd'hui à les quitter pour les misères des villes. C'est un vrai service que vous aurez rendu à nos populations rurales et au pays.

Je vous renouvelle, Monsieur l'Instituteur, mes remerciements et mes félicitations, et je vous prie de croire à mes sentiments de haute estime.

Le Recteur,

L. MONTY.

Lettre de M. Colin, inspecteur primaire à Tonnerre.

Tonnerre, le 17 juillet 1862.

Je vous remercie de votre petit traité à l'usage des écoles de filles. Je l'ai parcouru. J'y trouve des notions utiles aux jeunes filles de nos campagnes et je me ferai un plaisir de le recommander aux Institutrices.

COLIN.

Lettre de M. Challe, membre du Conseil général, vice-président de la Société centrale d'Agriculture de l'Yonne.

Auxerre, 21 juillet 1862.

Je vous remercie du petit livre que vous avez bien voulu m'envoyer. Il me paraît tout à fait propre à remplir le but que souhaitait la Société d'Agriculture de Joigny et, probablement, la Société centrale d'Agriculture va en prendre immédiatement un certain nombre d'exemplaires.

CHALLE.

Lettre de M. Javal, député de l'Yonne.

Paris, 24 juillet 1868.

Je vous remercie d'avoir bien voulu m'envoyer un exemplaire de votre traité d'économie agricole.

J'ai pu me convaincre par la lecture attentive de cet ouvrage que la haute distinction qui lui a été accordée par la Société d'Agriculture de Joigny est une récompense justement méritée.

Je vous félicite, Monsieur, de votre intéressant travail, qui, je n'en doute pas, est appelé à rendre de véritables services à l'Agriculture.

Léopold JAVAL.

Extrait du Discours prononcé par M. Précy,

Président de la Société d'Agriculture de Joigny, au concours de Bléneau, le 7 septembre 1862.

« Aujourd'hui, nous allons, pour la première fois, distribuer, en primes, 52 exemplaires de l'excellent ouvrage de M. Bérillon, instituteur à Saint-Fargeau, intitulé *la Bonne Ménagère agricole*, accepté et primé, l'année dernière, par notre Société, comme remplissant toutes les conditions du programme de l'ouvrage qu'elle avait mis au concours.

« Nous espérons que cet ouvrage bien conçu, bien rempli, et à la portée de toutes les intelligences, produira un excellent résultat, et que les ménagères de nos agriculteurs y trouveront et y puiseront, chaque jour, des renseignements et des connaissances utiles à la bonne tenue de leur maison. »

Extrait d'un article de la Revue d'Économie rurale,

journal des Cultivateurs, n° du 21 août 1862.

La Bonne Ménagère agricole, *par L.-E. Bérillon.*

La Société d'Agriculture de Joigny avait proposé un prix de 300 fr. destiné à l'Auteur du meilleur traité d'économie agricole à l'usage des jeunes filles; ce prix a été décerné à M. Bérillon. C'est déjà pour lui un titre recommandable, car la Société de Joigny est composée de membres intelligents et judicieux. Quoi qu'il en soit, nous n'avons pas voulu avoir une aveugle confiance dans cette appréciation et nous avons lu ce petit livre élémentaire contenant 200 pages environ. Nous ne regrettons pas le temps que nous avons employé à cette lecture; aussi ne saurions-nous trop engager les cultivateurs à faire comme nous, et surtout à placer cette espèce de petit manuel pratique entre les mains de leurs femmes et de leurs filles; elles y trouveront de très bons enseignements et un grand nombre de détails qui peuvent être fort utiles dans la vie de chaque jour.

M. Bérillon a placé cette épigraphe en tête de sa brochure : *Pour réussir, il ne suffit pas de vouloir, il faut en même temps savoir*. Ces quelques mots résument la question de l'enseignement agricole, dont nous sommes l'un des plus zélés partisans et que nous considérons comme le point de départ de tout progrès. Nos campagnes seront incontestablement transformées lorsqu'elles seront peuplées d'une nouvelle génération qui aura été initiée à la science de l'agriculture.

Qu'est-ce qui fait un avocat, un médecin, un ingénieur, un chimiste, un historien, un mécanicien, etc., etc., si ce n'est l'éducation qu'on lui donne? Pourquoi n'en serait-il pas de même pour les cultivateurs? Nous ne saurions trop souvent revenir sur cette question de l'enseignement, car nous voudrions faire passer notre conviction dans l'esprit de nos lecteurs et de ceux qui dirigent la France

Dans une introduction où l'on reconnait un homme de cœur, M. Bérillon s'adresse aux jeunes filles des campagnes et leur donne des conseils qu'elles feront bien de suivre. Il établit une comparaison bien vraie entre les chants joyeux, la vie douce et tranquille du laboureur, et les angoisses de l'ouvrier des villes, dont les enfants sont pâles et étiolés. L'auteur entre ensuite en matière.

Nous trouvons d'abord quelques notions générales d'agriculture sur les différentes espèces de sols, les engrais, les labours, les ensemencements et les instruments aratoires. M. Bérillon s'occupe ensuite de toutes les plantes qui peuvent figurer dans les assolements. Il est peut-être à regretter que l'auteur ne soit pas entré à ce sujet dans de plus longs détails, et surtout qu'il n'ait pas dit quelques mots sur la manière dont les plantes se nourrissent et comment elles se comportent dans la nature : c'est là, à notre avis, un point important (1). Il est vrai que M Bérillon cherchait à atteindre un autre but en traçant avec beaucoup de vérité le rôle de la femme dans une exploitation rurale.

Le livre deuxième traite de jardinage. L'auteur fait connaître les plantes que l'on devrait rencontrer dans tous les jardins d'une ferme bien dirigée. En général, les jardins sont fort mal tenus dans les campagnes, et cependant les légumes sont d'une nécessité absolue pour l'alimentation des ouvriers. Aussi M Bérillon engage-t-il avec raison la femme à surveiller les travaux de jardinage, qui offrent presque toujours de l'attrait.

Le livre troisième contient ce qui a rapport aux diverses parties de l'exploitation dont la surveillance ou la direction rentre dans les attributions de la fermière : cuisine, chambre à coucher, nourriture et logement des domestiques, légumier, fruitier, laiterie, animaux dont la basse-cour doit être peuplée, porcherie, bergerie, etc. On voit bien vite que les conseils donnés par M. Bérillon viennent d'un homme pratique, appréciant à un point de vue élevé les besoins réels de l'homme des champs.

Dans le livre quatrième, l'auteur indique les qualités nécessaires au personnel de l'exploitation : ce que doivent être la bonne fermière, le bon domestique, la bonne servante, la bonne cuisinière, la bonne vachère, la bonne bergère, la bonne fille de basse-cour ? Nous avons remarqué avec plaisir qu'un sentiment d'honnêteté domine dans tout le livre de M. Bérillon.

Dans le cinquième livre, M. Bérillon traite des animaux placés spécialement sous la direction de la maîtresse de la maison ou fermière. Il fait connaître la manipulation du lait et les meilleures méthodes pour en obtenir du bon beurre et de l'excellent fromage de Brie, de Neufchâtel, de Roquefort, etc. Il indique ensuite les soins que l'on doit donner aux veaux, aux porcs, aux moutons et aux oiseaux de basse-cour ; il fait connaître les moyens de les engraisser dans les meilleures conditions.

Enfin, le livre sixième contient les connaissances usuelles nécessaires à une ménagère rurale pour la bonne tenue de sa maison. C'est dans cette partie que les dames trouveront toutes sortes de recettes pour conserver le beurre, les œufs, puis pour les viandes de porc et autres, etc., etc. Cette dernière partie traite aussi de la comptabilité agricole, qui, le plus souvent, devrait être tenue par les femmes, car elles ont bien plus de temps à y employer que les hommes, livrés à de pénibles travaux. Ce livre est terminé par l'exemple d'un inventaire, d'un compte ouvert au grand livre et le modèle du journal.

(1) Depuis la publication de cet article, il a été tenu compte des judicieuses observations de M. de Lavalette. La lacune signalée a été comblée par quelques notions de Physique végétale.

Comme on le voit, les 200 pages écrites par M. Bérillon sont bien remplies, et certes on doit lui savoir gré, en sa qualité d'instituteur, d'avoir entrepris une œuvre aussi utile. Le style, d'un caractère irréprochable, se distingue par la simplicité et la clarté, et, par conséquent, ce bon petit livre est à la portée de toutes les intelligences. Aussi, nous faisons-nous un devoir et un plaisir de le recommander à nos nombreux abonnés. Qu'ils se persuadent bien de cette bonne pensée placée en tête du livre : « *Pour réussir, il ne suffit pas de vouloir, il faut encore savoir*. »

Du jour où tout le monde saura, l'agriculture deviendra nécessairement florissante et prospère. Honneur donc à ceux qui contribuent à répandre l'instruction agricole dans nos campagnes, encore bien déshéritées sous ce rapport.

A. DE LAVALETTE.

NOTE DE L'AUTEUR

La destination de notre ouvrage et la diversité des matières qui devaient y être traitées nous ont forcé de demander bien des renseignements. Il nous a fallu mettre à contribution le savoir et l'expérience d'un assez grand nombre de personnes compétentes. Toutes celles à qui nous nous sommes adressé ont répondu avec empressement à nos demandes. Aussi, sommes-nous heureux de trouver ici une occasion de les remercier publiquement de leur obligeance. Mais nous devrons un témoignage particulier de reconnaissance à M. Ruck, inspecteur d'Académie ; à M. Challe, président de la Société centrale d'agriculture de l'Yonne ; à M. Précy, président de la Société d'agriculture de Joigny, et à M. Victor Hugot, inspecteur de l'enseignement primaire. Ces messieurs nous ont montré constamment la plus grande bienveillance, et nous ne saurions les remercier assez vivement de tous les conseils qu'ils ont bien voulu nous donner.

Nous remercions de même toutes les honorables personnes amies de l'agriculture qui ont daigné approuver et recommander notre humble petit livre, car ce n'est que grâce à leur patronage qu'il a pu arriver à être adopté dans la plupart des écoles de jeunes filles.

Le meilleur moyen de leur montrer notre gratitude était de tenir compte des judicieuses observations qu'elles ont daigné prendre la peine de nous adresser, et c'est ce que nous nous sommes empressé de faire.

Ainsi, dans cette nouvelle édition, entre autres améliorations, on verra que l'auteur, toutes les fois que l'occasion s'en est présentée, a insisté encore plus que dans les éditions précédentes sur les soins affectueux qui sont dus aux animaux domestiques.

L'importance de cette amélioration n'échappera à personne. Les enfants d'une bonne ménagère agricole, habitués dès le jeune âge à aimer les animaux, à en prendre soin, à être doux et bons pour eux, deviendront, à plus forte raison, bons et humains pour leurs semblables.

Quelques pages sont aussi consacrées à l'étude des animaux, des oiseaux et des insectes nuisibles à l'agriculture, et aux moyens de se mettre à l'abri de leurs ravages.

A la demande d'un grand nombre d'institutrices et sous ce titre : *La Bonne Ménagère garde-malade*, l'ouvrage a été augmenté d'un septième chapitre appelé à rendre de réels services aux femmes de la campagne.

Des dessins ont été intercalés dans le texte, afin de le rendre plus intelligible et plus attrayant pour les enfants. Ces dessins sont l'œuvre d'un de nos artistes les plus habiles, M. Fraipont.

Enfin on trouvera, dès le commencement, tout un nouveau chapitre dont l'utilité est suffisamment indiquée par le titre : *Principes généraux de Physique, de Chimie et d'Histoire naturelle indispensables à une bonne ménagère agricole*

En faisant cette addition, nous avons eu pour but de mettre les ménagères de la campagne désireuses de compléter leur instruction agricole, plus à même de lire et d'étudier avec profit les publications traitant de l'Economie rurale, publications qui contiennent une foule de termes techniques impossibles à remplacer. Nous avons aussi essayé de répondre, au moins sommairement, à un vœu émis par la Société d'agriculture de Joigny, dans sa séance du 23 avril 1870.

A cette séance, elle avait décidé de mettre au concours, en offrant un prix de 600 fr., un ouvrage destiné aux écoles, et qui devait comprendre :

1° « Les notions les plus élémentaires sur le poids d'un corps, « la balance, le baromètre, le thermomètre, sur la chaleur, en se « bornant aux faits les plus usuels;

2° « Les notions de chimie sur les corps qui composent l'eau, « l'air, les végétaux, les principales pierres, en faire l'application « aux industries agricoles, etc. ;

3° « La description des principaux organes des végétaux, leur « fonction, etc., etc. ;

4° « Des notions de zoologie, en s'attachant aux fonctions des « principaux organes des animaux connus : cheval, bœuf, mou- « ton, porc, etc., etc. »

Aucun des manuscrits envoyés jusqu'ici n'ayant été jugé digne du prix, l'ouvrage demandé n'existe pas encore. Puisse-t-il être suppléé, au moins dans ses parties essentielles, par notre nouveau chapitre de la Bonne Ménagère.

Les matières contenues dans ce chapitre, présentées comme elles le sont, ne dépassent pas, nous en sommes convaincu, la mesure de l'intelligence des élèves dans nos bonnes écoles, et les explications du professeur aidant, elles pourront certainement être lues et étudiées partout avec fruit.

Toutefois, afin de répondre à certaines objections, tout ce chapitre préliminaire a été imprimé en caractères plus petits que le reste de l'ouvrage, afin d'indiquer que l'on peut sans inconvénient, le laisser tout d'abord, sauf à y revenir quand on le jugera convenable, et commencer immédiatement par les notions d'agriculture.

E. BÉRILLON.

INTRODUCTION

AUX JEUNES FILLES DES CAMPAGNES

I

Nous avons entendu les chants joyeux du laboureur ; nous avons entendu sa voix sonore encourager affectueusement ses bœufs dociles ; nous l'avons vu, à la vive lumière du soleil, au milieu d'un air vivifiant, sous un ciel entouré d'un horizon de verdure, féconder le sein de la terre, et lui confier le grain qui devra y germer, croître et mûrir. Nous avons vu sa femme aimante et fidèle, à la beauté robuste, compagne active et courageuse de ses travaux, lui apporter le repas champêtre qu'elle-même avait préparé. Elle conduisait par la main des enfants alertes et vigoureux, aux yeux éveillés, aux joues rebondies, au teint riche et animé, trésors de santé et d'innocence. Tous avaient le sourire aux lèvres et la joie au cœur. Nous avons vu là une touchante image du bonheur le plus pur et le plus vrai, et nous en sommes resté profondément ému.

Nous avons visité dans les villes de grandes usines, où les ouvriers, comme une fourmilière, vont et viennent, travaillant sans relâche dans une atmosphère toujours moins pure que celle des champs, quand elle n'est pas viciée et tout à fait dangereuse. Il y avait autour de ces ouvriers de puissantes machines, véritables monstres rugissants, dont les dents de fer sont constamment prêtes à broyer le maladroit ou l'imprudent qui s'en rapprochera trop. Nous avons vu aussi les femmes de ces ouvriers. Elles étaient réunies en grand nombre dans des ateliers séparés, et travaillaient auprès de machines non moins redoutables. Enfermés dans d'autres ateliers, les enfants étaient de même occupés à un travail abrutissant, purement machinal, toujours le même, souvent au-dessus de leurs forces. Ces enfants étaient pâles, étiolés, plusieurs paraissaient souffrants; quelques-uns avaient déjà l'œil triste et morne des vieillards. Notre cœur se serra lorsqu'ils nous apparurent. Pauvres enfants! C'étaient les plus âgés. Quant aux plus jeunes, nous avons su qu'ils sont trop souvent confiés à la garde de mercenaires dans des lieux sans air et sans lumière; nous avons su que, tout le jour, ils sont privés des caresses maternelles; nous avons su qu'ils s'élèvent loin du regard maternel. Pauvres mères! Pauvres enfants!

Quelle différence entre la famille du travailleur des

champs, où tout le monde, depuis les grands parents jusqu'aux enfants les plus petits, se livre en commun, chacun dans la mesure de ses forces, à des travaux fortifiants, pleins d'intérêt, et la famille du travailleur de l'industrie, où tous s'épuisent isolément à des travaux que leur monotonie rend aussi énervants pour le corps que pour l'âme !

La conclusion que nous avons tirée de nos observations n'a pas besoin d'être exprimée. Aussi, depuis, nous sommes-nous souvent demandé comment il se fait que tant de jeunes gens désertent nos campagnes. Nous nous sommes surtout demandé comment cette fièvre d'émigration a pu s'emparer même des jeunes filles.

On en a vu quelques-unes revenir au pays, après quelques années d'absence, avec des toilettes prétentieuses et ridicules par leur exagération. On a pensé que la ville, que Paris surtout était une mine d'or, puisque Paris, en peu de temps, permet à une pauvre jeune fille de revenir à son village aussi brillante, aussi bien parée. Plus d'une s'est promis d'aller aussi à la ville chercher fortune, plus d'une a fait de Paris l'objet de ses rêves et attend avec impatience l'occasion de s'y rendre. Malheureuse enfant, que votre erreur est grande ! Ah ! dans votre intérêt et pour votre bonheur, repoussez comme détestable la pensée de vous éloigner ainsi de vos parents et de la maisonnette où vous êtes née. Si vous saviez à quel prix celles dont vous enviez le luxe ont acheté la soie et les bijoux dont elles se parent ! Si vous saviez ce que, pour quelques jours de vanité satisfaite, elles se sont préparé d'amers et inutiles regrets ! Si vous saviez combien il est de ces jeunes filles qui sont mortes jeunes, loin de leurs parents, sans amis, dans les angoisses de la misère, de la honte et du désespoir ! C'est qu'à la ville il y a tant de mauvais exemples, tant de pièges séducteurs offerts à la jeunesse, qu'il est bien difficile et bien rare d'y échapper. Ah ! écoutez les conseils de ceux qui vous aiment et vous veulent du bien : écoutez les conseils de la personne dévouée auprès de qui vous avez été à l'école ; ne soyez pas insensible aux pleurs de votre mère ; croyez en ses pressentiments. Restez auprès d'elle, pour partager ses travaux, pour la consoler dans ses peines, pour la soutenir dans sa vieillesse. Que si vous êtes trop pauvre, offrez vos services à quelque fermière dont vous savez la réputation de justice et de bonté. Comme on connaît votre vertu, votre amour du travail, votre probité et votre bonne volonté, vous ne tarderez pas à être placée ; et, si vous savez bien agir, vous serez traitée avec égards, considérée par vos maîtres comme si vous étiez de la famille. Les filles de fermes gagnent aujourd'hui de beaux gages. En plaçant les vôtres à la caisse d'épargne, d'ici à quelques années, vous vous serez fait une petite dot ; vous pourrez alors devenir l'épouse d'un honnête laboureur, économe et laborieux comme vous ; et plus d'une grande dame, accablée sous le poids de ses loisirs, consumée d'ennuis, dans son palais aux lambris dorés, sera moins heureuse que vous, dans votre modeste ménage.

II

Mais ce ne sont pas seulement les femmes obligées de demander le pain de chaque jour au travail de leurs bras qui devraient préférer le séjour et les occupations de la campagne : ce sont toutes les femmes, quelle que soit leur position. Elles ont pour cela de nombreux, de puissants motifs. Nous n'en donnerons qu'un : l'occasion de faire le bien.

Il est des femmes au cœur généreux, et elles sont nombreuses, pour lesquelles faire du bien est comme un besoin naturel, et qui trouvent dans la satisfaction de ce bien la plus douce des jouissances. Heureuses ces femmes, quand elles ont de la fortune et que leur destinée les appelle à diriger l'intérieur d'une exploitation agricole ! Elles répandent autour d'elles les plus utiles bienfaits, et leur existence est digne d'envie. A la campagne, on ne trouve certainement pas de misères aussi multipliées, aussi navrantes qu'à la ville ; cependant, il en existe qui sont autrement intéressantes, et une femme instruite et bonne a de quoi exercer bien plus utilement sa charité. Elle est, avant tout, l'amie et la consolatrice des pauvres de son voisinage ; elle les visite, elle les console, elle les encourage. Comme leur pauvreté est presque toujours le résultat de l'imprévoyance et de l'ignorance, elle leur donne surtout des conseils qui sont d'autant plus écoutés et suivis, qu'on a en son savoir et en son expérience une confiance entière. C'est ainsi qu'elle amène peu à peu les petites ménagères, ses voisines, à comprendre et à suivre les règles de l'hygiène, relatives à la salubrité des logements, des vêtements, du linge, du coucher, de l'alimentation, des boissons. C'est ainsi qu'elle s'attache à détruire mille préjugés absurdes, mille habitudes superstitieuses, et qu'elle propage les meilleurs préceptes à suivre par les nourrices et les mères pour élever leurs enfants. Elle fait connaître toutes sortes de procédés économiques et avantageux, ainsi que plusieurs petites industries qui peuvent augmenter le bien-être des ménages. Elle se rend auprès des malades, elle relève leur courage et leur apporte de douces consolations, ne ménageant ni les utiles conseils, ni les utiles secours. Elle fait comprendre la nécessité d'avoir recours à la science des médecins, plutôt que de croire aux vains remèdes des bonnes femmes et des charlatans. Enfin, elle fait tant de bien autour d'elle que toutes les familles n'ont qu'une voix pour la combler d'éloges, et que les plus petits enfants eux-mêmes la chérissent et lui tendent les bras, comme à leur mère, du plus loin qu'ils l'aperçoivent.

III

Cependant, bien des jeunes personnes, même parmi celles qui sont nées à la campagne, affectent encore un air de mépris ou de dédain quand on leur parle d'agriculture ou d'agriculteurs ; c'est qu'une éducation mal entendue leur a faussé le jugement.

Il est vrai que l'agriculture n'a pas toujours été considérée comme elle aurait dû l'être ; mais aujourd'hui elle a reconquis la place qui lui est due. Nulle industrie n'est plus honorée et encouragée. Beaucoup de personnes des plus haut placées font leur principale occupation ou leur distraction principale de l'agriculture.

Le Gouvernement, lui-même, s'en occupe avec sollicitude. Il en encourage le progrès. Il prise un bon laboureur à l'égal d'un bon soldat, et, ce n'est pas chose si rare qu'on pourrait le supposer de voir la croix d'honneur briller sur la poitrine d'un cultivateur dont les travaux et les services ont bien mérité du pays.

Mais si l'agriculture est ainsi honorée, d'où vient donc que, dans certaines localités, ceux qui exercent cette utile profession sont encore si peu considérés ? La cause de ce fait, malheureusement vrai, n'est pas difficile à trouver : c'est l'ignorance, la funeste ignorance. Les habitants des campagnes ne sont pas encore tous arrivés, il s'en faut, au degré d'instruction qu'ils devraient et pourraient posséder. De là, assez fréquemment, une superstition qui leur fait avoir foi en certaines pratiques absurdes et ridicules, sinon nuisibles. De là, d'autres fois, un entêtement invincible à suivre les voies de la routine et à refuser de croire aux vérités les plus évidentes et les plus utiles. De là, une gaucherie ridicule et une timidité puérile, ou bien une choquante grossièreté, qu'ils qualifient de franchise, et qui cache une sotte vanité, dans leur maintien, dans leurs manières, dans leur langage. Que partout les cultivateurs profitent des moyens qu'ils ont de s'instruire, qu'ils se forment aux bonnes habitudes de propreté, de décence, de politesse, et la considération qui s'attache à leur honorable profession se portera infailliblement sur leur personne !

Mais, grâce aux amis de l'humanité qui sont, en même temps, les amis de l'instruction populaire, le temps n'est pas éloigné où les habitants des hameaux les plus reculés seront aussi instruits qu'ils devraient l'être. Le

2

mouvement intellectuel et moral est donné, et, comme celui de la pierre qui tombe, il ira sans cesse en s'accélérant jusqu'à ce que le but soit atteint, jusqu'à ce qu'il n'y ait plus de déshérités, c'est-à-dire plus d'ignorants, ni de misérables sur le sol si riche et si favorisé de notre belle patrie.

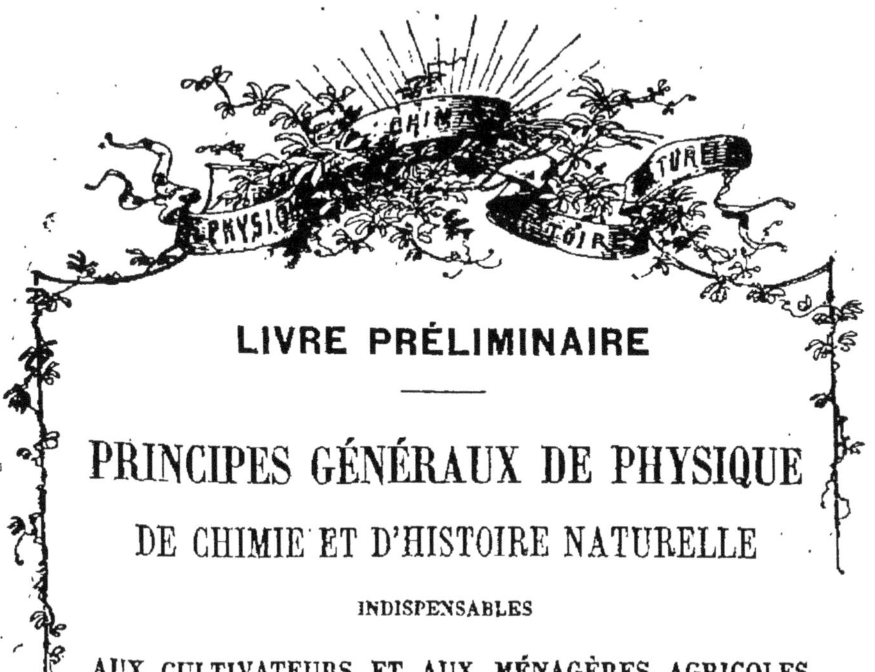

LIVRE PRÉLIMINAIRE

PRINCIPES GÉNÉRAUX DE PHYSIQUE

DE CHIMIE ET D'HISTOIRE NATURELLE

INDISPENSABLES

AUX CULTIVATEURS ET AUX MÉNAGÈRES AGRICOLES

PHYSIQUE

DÉFINITIONS.

1. — On donne le nom de *corps*, en général, à tout ce qui occupe une certaine portion de l'espace, à tout ce qui, dans la nature, peut frapper nos sens.

2. – Le soleil, la terre, un grain de poussière, un animal, une plante, du fer, l'eau, l'air, etc., sont des corps.

3. — On distingue les corps en *solides* et en *fluides* et ceux-ci en *liquides* et en *fluides élastiques* ou *aériformes*, c'est-à-dire ayant de l'analogie avec l'air. Ces derniers sont aussi désignés sous le nom de *gaz* ou de *corps gazeux*.

4. — Un caillou, un morceau de métal ou de bois sont des corps solides.

5. — L'eau, le lait, le plomb fondu sont des corps liquides.

6. — L'air, l'espèce de fumée qui se dégage d'une allumette soufrée que l'on brûle, l'acide carbonique qui se dégage des cuves de raisin en fermentation sont des fluides élastiques ou des gaz.

7. — Les solides ont une forme fixe. Leurs molécules adhèrent assez entre elles pour qu'on puisse les séparer sans un certain effort.

8. — Les liquides n'ont point de forme. Ils prennent celle des vases dans lesquels on les enferme. Leurs molécules sont très mobiles et comme disposées à rouler les unes sur les autres. Il est très facile de les séparer.

9. — Les fluides élastiques n'ont point de forme non plus et leurs molécules ont une tendance très grande à se séparer et à se répandre dans l'espace. Ces molécules sont comme autant de petites balles élastiques se repoussant les unes les autres dans tous les sens.

10. — Par *molécules* on entend les particules infiniment ténues d'un corps, particules dont le rapprochement et la liaison constituent ce corps.

11. — Les principales propriétés des corps sont : l'*étendue*, l'*impénétrabilité*, la *divisibilité*, la *porosité*, la *compressibilité* et l'*élasticité*.

12. — Tout corps est *étendu*, puisqu'il occupe une portion de l'espace.

13. — Tout corps est *impénétrable*, c'est-à-dire que la portion d'espace qu'il occupe ne peut en même temps être occupée par un autre corps.

14. — Tout corps est *divisible* en plusieurs parties et ces parties elles-mêmes en parcelles de plus en plus petites.

15. — C'est à ces parcelles infiniment petites que l'on a donné le nom de molécules.

16. — Les molécules des corps jointes les unes aux autres par une force que l'on appelle *attraction moléculaire*, laissent entre elles des interstices appelés *pores*.

17. — Tous les corps sont plus ou moins *poreux*.

18. — Tous les corps sont aussi susceptibles de diminuer de volume par l'effet d'une cause extérieure qui en resserre les molécules, c'est-à-dire qu'ils sont *compressibles*.

19. — Les corps sont plus ou moins *élastiques*, c'est-à-dire qu'ils ont plus ou moins la faculté de reprendre leur première forme, lorsque cette forme a été modifiée, soit par pression, soit par percussion.

PESANTEUR. — BALANCE.

1. — On désigne sous le nom de *pesanteur* la tendance de tous les corps à tomber vers le centre de la terre.

2. — Plus la *masse* ou la quantité de matière des corps est considérable, plus l'attraction est grande.

3. — C'est la mesure de cette attraction que l'on appelle le *poids* d'un corps. Autrement dit : le *poids* d'un corps est la pression qu'il exerce sur l'obstacle qui s'oppose directement à sa chute.

4. — Pour déterminer le poids d'un corps, on compare sa pression à une pression convenue.

5. — En France, l'unité conventionnelle du poids est le *gramme*. On dit d'un corps exerçant une pression égale à une, deux ou trois fois celle du gramme qu'il pèse un, deux ou trois grammes.

6. — L'instrument communément employé pour mesurer le poids des corps se nomme *balance*.

Fig. 4.

7. — Une balance se compose ordinairement d'une tige mobile, A B, appelée *fléau*, reposant juste à son milieu, M, sur un axe très sensible. Les deux extrémités du fléau portent chacune un plateau. Ces deux plateaux doivent s'équilibrer parfaitement. (*Fig.* 4).

8. — Pour peser un corps au moyen de la balance, on pose ce corps sur un des plateaux et l'on met dans l'autre assez de poids pour que le fléau se tienne horizontal. La somme de poids employés est ce que pèse le corps.

AIR.

1. — L'air, que nous respirons, dans lequel nous vivons, et dont, à cause de l'habitude, la présence ne nous devient sensible que quand il est agité, ce que l'on exprime en disant qu'il fait du vent, est un fluide invisible, sans odeur, ni saveur, pesant, compressible et éminemment élastique.

2. — La terre est enveloppée par une couche d'air d'une épaisseur de 60 à 80 kilomètres, que l'on désigne sous le nom d'*atmosphère*.

3. — L'air, avons-nous dit, est pesant. Cette propriété de l'air et son élasticité font qu'il exerce une pression à la surface de tous les corps qu'il enveloppe.

4. — Cette pression, à mesure qu'on s'élève dans l'atmosphère, soit en ballon, soit en gravissant des montagnes, diminue du poids de l'air inférieur.

5. — Elle varie aussi suivant les accidents que la pluie, les vents, la foudre, la chaleur du soleil occasionnent dans l'atmosphère.

6. — Pour mesurer la pression de l'air on a imaginé un instrument appelé *baromètre*.

BAROMÈTRE.

1. — On peut définir le baromètre un instrument qui indique la pression ou le poids de l'air atmosphérique et, par conséquent, les variations qui surviennent dans la pesanteur de l'atmosphère.

2. — La construction d'un baromètre (*Fig.* 5) est facile à comprendre.

3. — Pour construire un baromètre, on prend un tube de verre, AB, de 4 à 5 millimètres de diamètre intérieur, parfaitement calibré et mesurant au moins 82 centimètres de hauteur. Ce tube est ouvert en A, fermé en B.

4. — On le remplit entièrement avec du mercure desséché et privé d'air ; on le bouche avec le doigt et on le renverse verticalement dans une cuvette déjà en partie pleine de mercure. Le mercure est un métal blanc, liquide, ayant l'éclat de l'argent.

5. — Dès que le doigt est retiré, un vide (*vide barométrique*) se fait au haut du tube ; et, après quelques oscillations, la colonne de mercure se maintient en N, à environ 76 centimètres de hauteur au-dessus du niveau, CD, du mercure contenu dans la cuvette.

6. — Cette hauteur indique la pression que l'air atmosphérique exerce au moment où l'on opère sur la surface CD du mercure de la cuvette.

7. — Suivant les circonstances atmosphériques, la colonne barométrique s'élève ou s'abaisse dans le tube. Si la pression de l'air augmente, une petite portion du mercure passe de la cuvette dans le tube ; si cette pression diminue, une petite portion de mercure contenu dans le tube reflue dans la cuvette.

8. — On a remarqué qu'à l'approche du vent, de la pluie, de la tempête, le niveau N, dans le tube descend, et que quand le temps est beau ou va se mettre au beau, il s'élève.

9. — Ce niveau peut varier de 73 à 79 centimètres.

10. — Il s'ensuit que le baromètre indiquerait à l'avance, en général, le beau ou le mauvais temps. Sous ce rapport, c'est donc un instrument qui peut rendre de très grands services aux agriculteurs. Il serait utile qu'il y en eût un dans chaque ferme ou au moins dans la mairie ou mieux encore dans l'école de chaque commune.

Fig. 5.

11. — Nous avons dit *en général* parce qu'il arrive parfois que les présages du baromètre se trouvent en défaut.

12. — Le baromètre dont la construction vient d'être exposée, est dit *baromètre à cuvette*.

13. — Pour s'en servir, on fixe la cuvette et le tube sur une planche verticale ; et, sur cette planche, on trace des divisions par centimètres à partir du niveau du mercure de la cuvette, lorsque la colonne barométrique du tube est juste de 76 centimètres, ce qui est la hauteur moyenne du baromètre à Paris, à la température de 12 degrés 5 centigrades.

14. — Le *baromètre à siphon* ne diffère du baromètre à cuvette qu'en ce qu'il est formé d'un tube recourbé de manière à former deux branches, l'une d'environ 80 centimètres qui est fermée ; l'autre bien plus courte, ouverte à son extrémité. C'est cette courte branche qui fait l'office de cuvette. On adapte à ce baromètre une échelle graduée, comme il a été dit pour le baromètre à cuvette (*Fig.* 6).

15. — Le *baromètre à cadran* est un baromètre à siphon attaché derrière un cadran (*Fig.* 7).

16. — Au centre du cadran est une aiguille, qui, en tournant autour de la circonférence, marque les diverses variations de l'atmosphère.

17. — Cette aiguille correspond à une petite poulie placée au-dessus de l'orifice de la plus courte branche du baromètre. Autour de cette poulie est enroulé un fil portant à chacun de ses bouts un petit poids. Les deux poids s'équilibrent. L'un se pose légèrement sur la surface du mercure de la petite branche et l'autre est libre en dehors du tube.

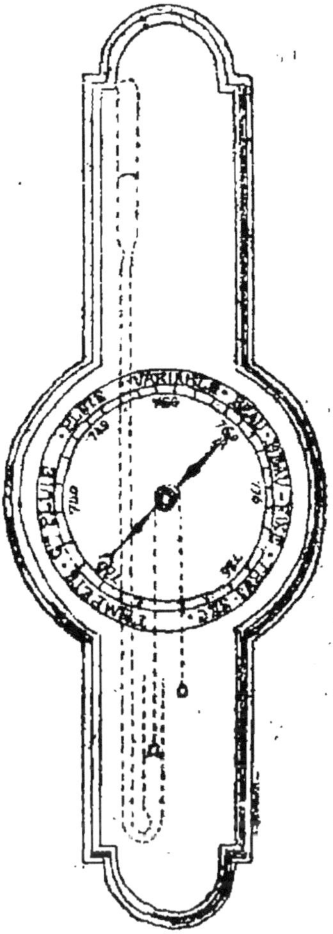

Fig. 6.

Fig. 7.

18. — Suivant que la colonne barométrique s'élève ou s'abaisse dans la grande branche, le poids appuyé à la surface du mercure de la petite branche descend ou monte, et le fil auquel il est suspendu, fait tourner la poulie et en même temps l'aiguille.

19. — Le pourtour du cadran est gradué et porte les indications : *Pluie* ou *vent*, *tempête*, *beau temps*, *etc.*, à la place où s'arrête l'aiguille dans les circonstances ainsi désignées.

CHALEUR.

1. — Tout le monde connaît la sensation que l'on désigne sous le nom de *chaleur*.

2. — La chaleur est produite par un fluide invisible et *impondérable*, c'est-à-dire que l'on ne peut peser.

3. — Ce fluide insaisissable, que l'on appelle *calorique* et qui pénètre tous les corps avec plus ou moins de rapidité, est formé, comme l'air, de particules cherchant à se répandre uniformément dans tous les sens ; d'où il résulte qu'un corps qui contient plus de calorique que les autres corps qui l'entourent, leur distribue ce calorique, par rayonnement ou par contact, jusqu'à ce que l'équilibre se soit fait, c'est-à-dire jusqu'à ce qu'il y en ait autant dans les uns que dans les autres.

4. — La principale propriété de la chaleur est de *dilater* les corps, c'est-à-dire d'en augmenter le volume en s'insinuant entre leurs molécules et en les écartant.

5. — Si le corps se refroidit, il diminue de volume, parce que ses molécules se rapprochent. On dit alors qu'il se *condense*.

6. — Si la chaleur dilate les corps solides, elle dilate beaucoup plus les liquides et infiniment plus encore les fluides élastiques.

7. — Quand, par l'action de la chaleur, un gaz s'étend dans un espace plus ou moins grand, on dit que ce gaz se *raréfie*.

8. — Soumis à l'action d'une chaleur suffisamment forte, les corps solides, s'ils ne se décomposent pas, comme cela a lieu pour le papier, la laine, le bois et certains sels, finissent en général, par entrer en *fusion*, par *fondre*, c'est-à-dire par devenir liquides.

9. — Si on les chauffe de plus en plus et assez fortement, la plupart changent encore d'état. Ils finissent par entrer en *ébullition*, autrement dit par *bouillir* et par se *vaporiser*, c'est-à-dire par prendre une forme aérienne désignée sous le nom de *vapeur*.

10. — L'eau, par exemple, quand elle ne renferme plus assez de calorique ,se présente à l'état solide sous le nom de *glace* ; dans son état le plus ordinaire, elle est liquide ; si on la chauffe, elle passe à l'état de vapeur, elle devient un corps léger et invisible comme les gaz.

11. — Toutefois, il y a une grande différence entre les vapeurs et les gaz.

12. — Il suffit d'un simple refroidissement pour que les vapeurs d'eau reviennent à l'état liquide, tandis que les gaz ne peuvent passer à l'état liquide que par l'emploi d'une puissance énorme, par un grand abaissement de température et sous de fortes pressions.

13. — Cela tient à l'intime combinaison du calorique avec la substance des gaz.

14. — Dans ces conditions, le calorique est dit calorique *latent* ; il n'agit ni sur nos sens, ni sur le thermomètre.

THERMOMÈTRE.

1. — Le *thermomètre* est un instrument au moyen duquel on peut mesurer la *température* d'un lieu ou d'un corps, c'est-à-dire le degré appréciable de chaleur qui existe dans ce lieu ou dans ce corps.

2. — La construction du thermomètre est basée sur la propriété dont jouit le calorique de dilater les corps.

3. — Pour faire un thermomètre (*Fig.* 8), on soude au feu un petit réservoir, A, sphérique ou cylindrique en verre au bout d'un tube capillaire, BC, également en verre et bien calibré. (*Capillaire* veut dire d'un diamètre intérieur fin comme un cheveu). L'extrémité C du tube est ouverte.

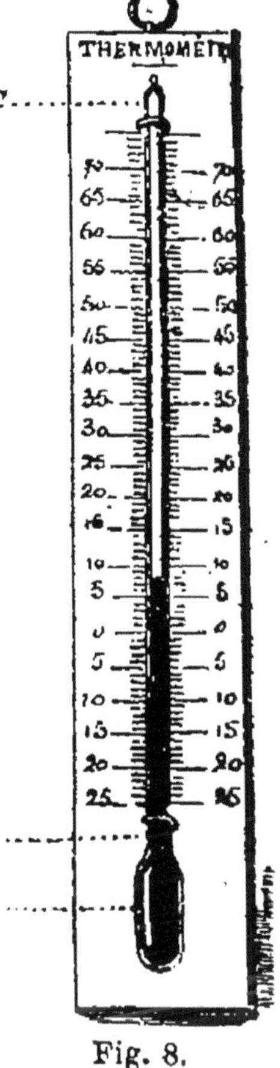

Fig. 8.

4. — Par des procédés particuliers, on introduit dans le tube un liquide, de l'esprit de vin coloré ou du mercure. En chauffant fortement le tube, on le débarrasse, ainsi que le liquide qu'il contient, de l'air et de l'humidité étrangère qui peuvent s'y trouver encore, puis on ferme à la lampe l'extrémité du tube restée jusque-là ouverte.

5. — Reste à graduer l'instrument.

Pour cela, on le plonge dans la glace fondante, et l'on marque zéro au point où la colonne de liquide s'arrête ; on le plonge ensuite dans de l'eau bouillante, et l'on marque 100 au point où le liquide a monté ; puis on partage en 100 parties égales l'espace compris entre ces deux points.

6. — On continue la graduation en marquant des divisions d'égale longueur au-dessous de zéro.

7. — Ce thermomètre est dit *thermomètre centigrade*, pour ne pas le confondre avec le thermomètre dit *de Réaumur*, sur lequel on ne partage qu'en 80 degrés l'espace compris entre la glace et l'eau bouillante.

8. — Plus le thermomètre descend au-dessous de zéro, plus le froid est intense. Plus il remonte au-dessus, plus la chaleur est grande, plus la température est élevée.

De 12 à 15 degrés la température est douce ; 35 degrés marquent la température des bains chauds ; 40 degrés marquent celle du sang humain.

CHIMIE

DÉFINITIONS.

1. — Au point de vue de la chimie, les corps sont *simples* ou *composés*.

2. — Les corps *simples*, désignés encore sous le nom d'*éléments* ou de *principes*, sont ceux qui ne présentent qu'une seule et unique substance, ceux dont on ne peut tirer qu'une même espèce de molécules. En chimie, les molécules des corps se désignent aussi sous le nom d'*atomes*.

3. — Les corps composés sont ceux qui sont formés par la combinaison de deux ou plusieurs corps simples.

4. — Par *combinaison* en chimie, on entend l'union intime de deux ou plusieurs corps simples ou composés dans des proportions déterminées, toujours les mêmes, produisant des composés ayant des propriétés différentes de celles des composants.

5. — On désigne sous le nom d'*affinité* la force qui fait que des molécules de différente nature se combinent ou tendent à se combiner.

6. — L'attraction qui existe entre les molécules d'un corps simple se désigne par le mot *cohésion*.

7. — Les corps ont plus ou moins d'affinité les uns pour les autres. Il résulte de là que si, dans de certaines conditions, on met en contact plusieurs substances, celles qui s'attirent le plus se combinent et laissent libres les autres. Il arrive même quelquefois qu'il se produit une double décomposition et une double recomposition.

8. — Tout corps qui, d'une manière quelconque, donne le moyen d'opérer la séparation des parties constituantes d'un corps composé, se nomme un *agent*.

9. — On donne le nom de *réactif* à tout corps qu'on emploie pour faire ressortir les propriétés caractéristiques d'un autre corps avec lequel on le mêle.

10. — Soumettre un corps composé à l'action d'agents et de réactifs appropriés afin d'en isoler, d'en séparer les principes constituants ou même simplement afin de constater la présence de ces principes en mettant en évidence leurs propriétés distinctives, c'est ce que l'on appelle faire une *analyse chimique*.

11. — L'*analyse* est donc l'action de décomposer les corps. L'opération inverse, c'est-à-dire l'action de recomposer les corps, se nomme *synthèse*. — On peut dire que toute la science chimique consiste dans ces deux opérations fondamentales.

12. — En agriculture, il est souvent utile d'analyser ou de faire analyser par des hommes compétents les terres, les pierres, les amendements, les engrais, surtout les engrais dits chimiques, les eaux et parfois les plantes, afin, quand on connaît bien leur composition, de pouvoir en tirer le parti le plus avantageux.

13. — Les corps simples ne sont pas bien nombreux ; on n'en compte que 64.

14. — Ils se divisent en *métaux*, ce sont tous ceux qui peuvent présenter l'éclat dit *métallique* ; et en *métalloïdes*, ce sont tous les autres.

15. — Les principaux corps simples désignés sous le nom de métaux sont l'aluminium, l'argent, le calcium, le cuivre, l'étain, le fer, le magnésium, le mercure, l'or, le platine, le plomb, le potassium, le silicium, le sodium et le zinc.

16. — Les principaux métalloïdes sont l'azote, le carbone, le chlore, l'hydrogène, l'oxygène, le phosphore, le silicium, le soufre.

17. — Les corps composés sont innombrables.

18. — Les plus nombreux sont les composés *binaires*, c'est-à-dire ceux qui sont formés de deux éléments.

19. — Après viennent les composés *ternaires* ; puis les composés formés par la combinaison de deux composés binaires.

NOMENCLATURE OU LANGAGE CHIMIQUE.

1. — Les corps composés existant en nombre considérable, il était indispensable de former leurs noms suivant des règles simples et de manière à ce que l'appellation de chacun d'eux pût rappeler le nom et la nature de ses composants ainsi que les proportions d'après lesquelles ils sont combinés : tel a été le but de la *nomenclature chimique*.

2. — Les composés binaires *oxygénés*, ainsi nommés, parce qu'un de leurs éléments est l'oxygène, sont extrêmement répandus dans la nature, l'oxygène ayant de l'affinité pour tous les autres corps. Ces composés ont, par conséquent, une grande importance.

3. — On les divise en *acides* et en *oxydes*.

4. — Les acides ont, en général, une saveur aigre, acide, d'où vient leur nom, les oxydes une saveur âcre et *caustique*, c'est-à-dire brûlante.

5. — On reconnaît les acides par la propriété qu'ils ont de rougir la teinture bleue de tournesol, et les oxydes par celle qu'ils ont de ramener au bleu la même teinture, lorsqu'elle a été rougie par un acide.

6. — Les acides en se combinant avec les oxydes métalliques produisent des corps appelés *sels*, jouissant de propriétés toutes différentes de celles des composants. L'oxyde, dans ce cas, est désigné par le nom de *base salifiable* ou simplement *base*.

7. — L'oxygène en se combinant avec un autre corps simple peut produire très souvent plusieurs acides et plusieurs oxydes.

8. — Dans ce cas, celui des acides qui contient le moins d'oxygène se désigne en ajoutant la terminaison *eux* au nom de l'autre corps, et celui qui en contient le plus en y ajoutant la terminaison *ique*. Exemple : acide *sulfureux*, acide *sulfurique*.

9. — Quand la combinaison de l'oxygène avec un autre corps donne lieu à plus de deux acides, on emploie le mot *hypo* qui veut dire *sous*, qui implique une idée de diminution, et on le place soit devant le mot en *eux*, soit devant le mot en *ique*.

Exemple : acide *hyposulfureux* veut dire acide contenant le plus d'oxygène après l'acide sulfureux ; acide *hyposulfurique* veut dire acide le plus oxygéné après l'acide sulfurique.

10. — Quand l'oxygène produit avec un autre élément plusieurs oxydes, on distingue ces oxydes suivant leur degré d'oxygénation par les épithètes *proto*, *sesqui* (une fois et demi), *deuto*, *trito*, etc.; ainsi l'on dit protoxyde, sesquioxyde, deutoxyde, tritoxyde, etc. On emploie aussi l'expression *péroxyde* pour désigner l'oxyde le plus oxygéné de tous. Péroxyde de manganèse, par exemple, veut dire qu'il s'agit de l'oxyde de manganèse qui contient le plus possible d'oxygène.

11. — On emploie aussi la terminaison *eux* pour l'oxyde le moins riche en oxygène et la terminaison *ique* pour le plus riche. C'est ainsi que l'on dit, par exemple, oxyde *ferreux*, oxyde *ferrique*.

12. — Disons ici qu'un oxyde d'un corps quelconque contient toujours moins d'oxygène que l'acide de ce même corps.

13. — Pour nommer les composés binaires autres que ceux dans lesquels entre l'oxygène, on emploie la terminaison *ure* que l'on place à la fin du nom du composant non métallique, et on le fait suivre du nom du métal. Exemples : Chlorure de sodium, sulfure de potassium.

14. — La terminaison *ide* est pour les composés ayant les propriétés des acides, et la terminaison *ure* pour les composés ayant celles des oxydes. C'est ainsi que la combinaison du soufre, par exemple, avec le fer produit du sulfide de fer et du sulfure de fer.

15. — L'oxygène n'a pas seul la propriété de produire des acides, l'hydrogène et le chlore entre autres en produisent aussi. Ainsi, il y a l'acide *chlorhydrique*, l'acide *sulfhydrique* dont le nom suffit à indiquer la composition.

16. — Après les composés binaires oxygénés viennent, sous le rapport de l'importance, les composés *ternaires* oxygénés désignés, comme nous l'avons déjà dit, sous le nom général de *sels*.

17. — Ils résultent pour la plupart de la combinaison d'un acide avec un oxyde métallique.

18. — Quand le même acide et le même oxyde se combinant en différentes proportions donnent lieu à plus d'un sel, l'un de ces sels est qualifié de *sel neutre*, c'est celui dans lequel les propriétés de l'acide et de l'oxyde ont été le plus parfaitement neutralisées.

19. — Les sels où l'acide domine sont dits *sels acides*.

20. — On les nomme *sels basiques* quand le principe alcalin est dominant.

21. — Le nom d'un sel se forme avec ceux des principes de l'acide et de l'oxyde. Si le nom de l'acide se termine en *ique*, le nom du sel se termine en *ate*. Si le nom de l'acide se termine en *eux*, le nom du sel se termine en *ite*.

22. — Ainsi, par exemple, tous les sels formés par la combinaison de l'acide sulfurique avec un oxyde seront des *sulfates*, et tous ceux qui sont formés par la combinaison de l'acide sulfureux seront des *sulfites*. D'après cela, il est facile de comprendre ce que signifient ces expressions *sulfate de fer, carbonate de chaux, phosphate de soude, azotate de potasse, etc.*

23. — Dans le cas de plusieurs sels acides provenant des mêmes éléments, la proportion de l'acide qui entre dans la composition de ces sels s'indique par les mots *sesqui, bi, tri, quadri*. *Bisulfate de potasse*, par exemple, indique que ce sel contient deux fois autant d'acide sulfurique pour la même quantité de potasse que le sel neutre.

24. — L'indication est la même quand il s'agit de sels basiques. Ainsi par exemple, *acétate triplombique*, indique que dans ce sel, la quantité d'acide acétique étant la même que dans le sel neutre, il y a trois fois autant d'oxyde de plomb.

25. — Il y a des sels qui sont formés de la combinaison d'un oxyde jouant le rôle d'acide, avec un autre oxyde. C'est ce dernier qui est la base du sel. On désigne ces sels de la même manière que les autres.

26. — L'eau, par exemple, qui est un oxyde hydrique, peut se combiner en jouant le rôle d'acide avec un oxyde métallique et la combinaison prend le nom d'*hydrate*. Ainsi l'on dit : hydrate de potasse.

27. — Si c'est avec un acide que l'eau se combine, on désigne la combinaison en ajoutant le mot *hydraté* au nom de l'acide. Ainsi au lieu de dire sulfate hydrique, on dit acide sulfurique hydraté.

28. — Pour indiquer qu'un corps quelconque ne contient point d'eau étrangère à sa composition intime, on dit en langage chimique qu'il est *anhydre*.

29. — On emploie aussi assez souvent en chimie le terme *saturé*. Il se dit d'un corps qui ne peut plus absorber davantage d'un autre corps avec lequel on l'a combiné.

30. — On désigne sous le nom d'*alliage* l'union de deux ou de plusieurs métaux. On opère par le moyen de la fusion. Le bronze, par exemple, est un alliage de cuivre et d'étain.

31. — L'alliage du mercure avec un autre métal prend le nom d'*amalgame*.

AIR. — EAU.

1. — L'air, dont nous avons déjà parlé dans les notions de

Physique, n'est pas un corps simple. Il est composé de deux gaz : l'oxygène et l'azote. Sur 100 volumes d'air, il y a 21 volumes d'oxygène et 79 d'azote.

2. — L'air renferme en même temps que ces deux gaz une certaine quantité de vapeurs d'eau et un autre gaz appelé acide carbonique, lequel est composé d'un volume d'oxygène et de deux volumes de carbone.

3. — L'eau est un liquide transparent, incolore, inodore, insipide, pouvant dissoudre un grand nombre d'autres corps simples ou composés.

4. — Par le mot *dissolution*, on entend l'union des molécules d'un liquide avec un autre corps, soit solide, soit liquide, soit gazeux.

5. — La dissolution d'un corps dans un liquide donne lieu, soit à un simple mélange appelé *solution* (de l'eau sucrée, par exemple, est un mélange, une solution), soit à une combinaison du liquide dissolvant avec le corps dissous. Dans ce dernier cas, les deux substances en présence changent de nature, disparaissent, pour ainsi dire, en donnant lieu à un corps unique qui ne rappelle en rien les constituants.

6. — Avant de parler avec plus de détails des éléments de l'air et de l'eau, il convient de dire que l'eau ne se trouve guère et pour ainsi dire point à l'état de parfaite pureté dans la nature.

7. — Au point de vue de son emploi pour l'alimentation, elle est *potable* ou *non potable*.

8. — Les eaux *potables*, c'est-à-dire celles que l'on peut boire sans inconvénients pour la santé, se reconnaissent en général aux caractères suivants. Elles sont inodores, limpides, suffisamment aérées, d'une saveur agréable et d'une température moyenne ; elles restent limpides quand on les fait bouillir ; elles cuisent bien les légumes et peuvent dissoudre le savon.

9. — Les eaux les plus pures et les meilleures sont celles de pluie, celles des rivières, puis celles des sources quand elles sont bien aérées.

10. — Les eaux non *potables*, c'est-à-dire impropres à l'alimentation, sont celles qui contiennent en dissolution des matières organiques ou des sels : l'eau de mer, l'eau des fontaines salées, l'eau des étangs, des mares, et généralement les eaux dormantes.

11. — Quelques puits fournissent de bonne eau, mais la plupart contiennent du carbonate ou du sulfate de chaux en quantité souvent assez considérable pour finir par compromettre la santé, si l'on en faisait un continuel usage.

12. — Ces eaux ne cuisent pas ou cuisent mal les légumes, et elles ne peuvent dissoudre le savon ; elles le décomposent seulement en formant une matière qui se divise en grumeaux.

13. — Il y a aussi des eaux dites *minérales*, à cause des substances minérales fixes ou volatiles qu'elles tiennent naturellement en dissolution. La médecine en prescrit l'usage dans de certaines maladies.

OXYGÈNE.

1. — L'*oxygène*, nommé aussi *air vital*, est un corps simple. C'est un gaz incolore, inodore et insipide. Son importance est considérable, non seulement parce qu'il fait partie de l'air atmosphérique que nous respirons; mais encore, parce qu'il forme des combinaisons avec presque tous les autres corps. Nous avons déjà parlé de ses composés les acides, les oxydes et les sels si nombreux dans la nature.

2. — Si l'on plonge dans l'oxygène une bougie éteinte, mais dont la mèche présente encore un point en ignition, elle se rallume aussitôt et brûle avec bien plus d'éclat que dans l'air. D'où l'on conclut que l'oxygène active la combustion, ce qui a fait dire avec raison, qu'il est le générateur de la flamme.

3. — L'oxygène active aussi la respiration, qui est une véritable combustion, et si son action n'était pas tempérée par l'azote, second élément de l'air, il deviendrait funeste aux êtres vivants : s'il est permis de s'exprimer ainsi, on vivrait trop à la fois et trop vite.

4. — La respiration, avons-nous dit, est une véritable combustion. En effet, l'air respiré, dès qu'il est en contact avec le sang des poumons, lui cède son oxygène et il se fait en même temps un dégagement d'acide carbonique et de vapeur d'eau, lesquels se sont formés par la combinaison du carbone et de l'hydrogène contenus dans le sang avec l'oxygène de l'air.

5. — Le sang, pendant cette opération, a été le combustible qui, proportion gardée, a joué le rôle d'une bougie ou d'une bûche qui brûle. Dans les deux cas, il y a dégagement de chaleur.

6. — Il n'y a guère de différence qu'en ce que le phénomène de la respiration est une combustion lente sans dégagement de lumière, et que celui de la bougie qui brûle est une combustion rapide avec dégagement de flamme et de lumière.

7. — L'air expiré ou rejeté dans l'acte de la respiration ne contenant plus autant d'oxygène que l'air respiré, et l'oxygène manquant étant remplacé par une quantité à peu près égale d'acide carbonique, fait reconnu et vérifié, il en résulte que si un appartement où se trouvent réunies un certain nombre de personnes, restait trop longtemps et trop parfaitement clos, l'air y finirait par ne plus contenir assez d'oxygène et par être trop chargé d'acide pour pouvoir être respiré sans danger.

8. — De là, une bonne ménagère peut conclure qu'elle doit veller, et c'est un soin qui lui incombe, à ce que l'air soit renoiuvelé le plus souvent possible dans son habitation, aussi bien que dans le logement de ses bestiaux.

AZOTE.

1. — L'azote est un corps dont le nom veut dire impropre à entretenir la vie. Il est inodore, insipide, transparent.

2. — Ses propriétés sont tout à fait le contraire de celles de l'oxygène. Il éteint les corps en combustion, il asphyxie les animaux que l'on y plonge. Il n'est pas soluble dans l'eau.

3. — L'azote entre dans la composition de presque toutes les substances animales ou végétales.

4. — L'acide azotique ou acide nitrique, vulgairement *eau forte*, est un des acides les plus énergiques. Par sa combinaison avec la chaux et avec la potasse, cet acide fournit des sels jouissant de grandes propriétés fertilisantes.

5. — Ces sels se trouvent en grande quantité dans les plâtras et les gravats des vieilles maisons en démolition. Il s'ensuit qu'on n'a pas besoin de recommander à un bon cultivateur de transporter avec soin dans ses champs tous les plâtras qu'il pourra se procurer. Il saura tirer le même parti de toutes les terres et de toutes les matières salpêtrées qui se trouveront à sa disposition.

6. — A propos d'azote, il est encore utile à la bonne ménagère de savoir que les substances qui servent à l'alimentation de l'homme et des animaux sont d'autant plus nourrissantes qu'elles sont plus azotées, c'est-à-dire qu'elles contiennent plus d'azote.

7. — Les substances animales, qui contiennent infiniment plus d'azote que les végétales, sont aussi beaucoup plus nourrissantes.

HYDROGÈNE.

1. — L'*hydrogène* est un gaz incolore, insipide et inodore. Il est combustible et brûle en produisant une légère flamme bleuâtre. Il éteint les corps en combustion.

2. — Il est surtout remarquable comme étant un des deux gaz constituants de l'eau.

3. — Il l'est aussi par sa grande légèreté ; il est treize fois et demi moins pesant que l'air atmosphérique, ce qui fait qu'on l'emploie pour gonfler les aérostats.

4. — Combiné avec l'azote, l'hydrogène forme l'*ammoniaque* ou *alcali volatil*, corps qui peut rendre de grands services dans une ferme, et dont toute bonne ménagère devrait avoir un flacon dans quelque coin de son armoire afin de le trouver sous sa main pour en appliquer sur les plaies dans les cas de morsure de chiens et de vipères, et dans le cas de piqûres de guêpes, comme aussi pour en faire avaler dans de l'eau aux bestiaux *météorisés*.

5. — L'ammoniaque existe combiné avec les acides dans les excréments des chameaux, dans les urines et dans la plupart des matières animales putréfiées.

6. — Dans quelque état qu'il se trouve, l'ammoniaque joue un rôle très important comme engrais.

CARBONE.

1. — C'est le charbon pur.

2. — Il est abondamment répandu dans la nature, mais à l'état

de combinaison : toutes les matières animales ou végétales en contiennent de grandes quantités ; il fait partie de l'acide carbonique et de tous les carbonates.

3. — Le charbon de bois, le charbon animal, l'anthracite, sont du carbone associé à un peu d'hydrogène et à quelques autres principes.

4. — La pierre précieuse connue sous le nom de *diamant*, le plus dur de tous les corps connus, est le carbone dans son état de plus grande pureté.

5. — On se sert du diamant comme d'un objet de luxe sans aucun doute complètement inconnu à la presque totalité des ménagères agricoles, lesquelles ne s'en portent pas moins bien pour cela.

6. — On s'en sert aussi pour couper le verre, ce qui est en réalité et sans contredit un de ses emplois les plus utiles.

7. — Les composés les plus importants du carbone sont l'acide carbonique et les carbonates.

8. — L'acide carbonique existe à l'état de gaz dans l'air atmosphérique, et à l'état de pureté dans certaines grottes, entre autres dans la *grotte du Chien*, près de la ville de Pouzzolles, en Italie.

9. — On le trouve aussi en dissolution dans les eaux gazeuses comme l'eau de Seltz. C'est le même gaz qui rend mousseux certains liquides tels que la bière, le vin de champagne.

10. — Le gaz acide carbonique doit être connu de la bonne ménagère, afin qu'elle s'en défie, car il est impropre à la respiration, il est asphyxiant, il tue. Elle sait que même à la faible dose de 1 pour 100 dans l'air, il fait naître une sensation de malaise chez ceux qui le respirent.

11. — En conséquence, elle placera ses fourneaux, contenant de la braise ou du charbon allumé, lesquels dégagent une grande quantité d'acide carbonique, dans des endroits non clos hermétiquement et où il y ait des courants d'air.

12. — Pour la même raison, elle ne laissera ni plantes, ni fleurs, surtout la nuit, dans sa chambre pas plus que dans celles des autres personnes de la ferme. Elle n'y laissera non plus, en aucun temps, des légumes, des fruits, ni rien de ce qui peut, en fermentant, exhaler un gaz aussi malfaisant.

13. — Elle n'y gardera point non plus d'animaux, dont la respiration vicie l'air en y répandant une certaine proportion de ce même gaz carbonique.

14. — A propos de carbone, une bonne ménagère doit connaître les propriétés décolorantes et désinfectantes du charbon de bois, afin d'en tirer parti à l'occasion.

15. — Le charbon de bois est très poreux, et, comme tous les corps poreux, il a la propriété d'absorber les gaz ; il les absorbe d'autant plus qu'il est plus nouvellement fabriqué.

16. — C'est ainsi qu'il peut absorber une grande quantité de gaz ammoniac, d'acide carbonique, d'hydrogène carboné, d'hydrogène sulfuré ou acide sulfhydrique.

3

17. — De là vient que l'on s'en sert avec succès pour désinfecter les viandes gâtées, pour rendre potables les eaux malpropres et corrompues, pour combattre et détruire la mauvaise odeur que dégagent les matières des fosses d'aisance.

18. — La même propriété du charbon le fait employer aussi comme *antiseptique* ou *antiputride*, c'est-à-dire pour prévenir la putréfaction ou pourriture.

19. — Les bonnes ménagères savent tenir soigneusement enveloppées dans de la poussière de charbon sec les substances, telles que viande, gibier, poissons, légumes et fruits, qu'elles veulent conserver.

20. — Ce qui vient d'être dit relativement à la propriété absorbante du charbon, suffit pour indiquer à un cultivateur intelligent que, s'il en a la facilité, il fera bien de saupoudrer de temps en temps ses fumiers avec de la poussière de charbon. C'est un moyen d'y retenir, d'y fixer les gaz fertilisants qui s'en échappent pour se perdre dans l'atmosphère.

PHOSPHORE.

1. — Le *phosphore* est un corps solide, combustible, jaunâtre, moitié transparent. Son odeur rappelle celle de l'ail.

2. — A cause de sa grande affinité pour l'oxygène, on est obligé de le tenir plongé dans l'eau pour le conserver.

3. — Exposé à l'air, il répand des fumées blanches qui, dans l'obscurité, produisent une lueur bleuâtre. Ces fumées sont de l'*acide phosphorique*.

4. — On ne trouve pas le phosphore à l'état libre dans la nature. Il n'existe qu'à l'état de combinaison dans l'urine, les os, la chair, surtout la chair de poisson.

5. — Un mélange d'urine avec une égale quantité de lait de chaux, produit, après qu'on l'a agité dans un vase et qu'on l'a laissé reposer, un précipité ou dépôt jaunâtre, qui est du phosphate de chaux brut. Ce phosphate séché, réduit en poudre et semé sur les céréales, y produit les meilleurs effets.

6. — Il importe qu'une ménagère agricole sache que le phosphore est excessivement vénéneux, afin qu'elle tienne ses allumettes chimiques hors de la portée de ses jeunes enfants.

7. — Elle veillera aussi à ce que les *pâtes phosphorées* dont on se sert souvent pour détruire les animaux nuisibles, tels que rats, souris, mulots, etc., soient placées de manière à ne pas empoisonner les animaux domestiques.

SOUFRE.

1. — Le *soufre* est un corps solide, de couleur jaune, insipide, fragile, d'une odeur qui devient sensible par le frottement.

2. — En brûlant, il répand une flamme bleue et une exhalaison suffocante produites par l'*acide sulfureux* qui se forme.

3. — Le soufre se rencontre à peu près pur dans les terrains volcaniques. Les soufrières naturelles d'où l'on tire le soufre sont connues sous le nom de solfatares.

4. — Le soufre se combine avec presque tous les éléments ; aussi est-il très répandu dans la nature, principalement à l'état de sulfates. Le sulfate de chaux (plâtre) forme des montagnes entières.

5. — Beaucoup de sulfates, notamment les sulfates d'ammoniaque, de potasse, de soude, etc., jouissent de propriétés fertilisantes très marquées.

6. — Le sulfate de chaux, le plâtre, cuit ou cru, mais parfaitement réduit en poudre, est un puissant engrais pour les prairies artificielles, sur lesquelles on le répand dans des circonstances favorables, c'est-à-dire au printemps, au moment de la pousse, et par un temps un peu humide.

7. — Quand les fumiers sont en fermentation, ils dégagent sous forme de gaz des substances fertilisantes qui se perdent dans l'air, entre autres du carbonate d'ammoniaque qu'il serait extrêmement avantageux d'y retenir.

8. — Rien de plus facile que de prévenir cette perte. Il suffit, au fur et à mesure que l'on dépose les couches qui forment les tas de fumier, d'y semer quelques poignées de plâtre en poudre. Dès que le sulfate de chaux et le carbonate d'ammoniaque se trouvent en présence, l'ammoniaque se combine avec celui des deux gaz qui est le plus énergique, l'acide sulfurique, et produit du sulfate d'ammoniaque, qui n'est pas volatil et qui, par conséquent, reste dans le fumier.

9. — Pour le même motif, il est bon de jeter de temps en temps un peu de plâtre dans les fosses à purin et dans les fosses d'aisance, d'autant plus que c'est un moyen de les désinfecter. Le sulfate de fer y produit le même effet.

10. — Le sulfate de cuivre (couperose ou vitriol bleu) dissous dans l'eau, sert à sulfater les blés de semence afin de prévenir dans les céréales la maladie désignée sous le nom de *carie*.

11. — Il sert aussi à rendre beaucoup plus durables les bois tels que échalas, pieux, palissades qu'on y a tenus trempés pendant quelque temps.

12. — Une bonne ménagère ne doit pas ignorer que le *sulfate de cuivre* est un violent poison.

13. — Le soufre pur en poudre (fleur de soufre) est le seul remède pour prévenir ou guérir la maladie de la vigne désignée sous le nom d'oïdium.

14. — Une pommade composée de 40 grammes de fleur de soufre, 200 gr. d'axonge et 20 gr. de carbonate de potasse, dissous dans un peu d'eau, forme un remède qui guérit facilement et promptement la gale de l'homme et celle des animaux.

CHLORE.

1. — Le *chlore* est un gaz d'une couleur verdâtre. Il a une

odeur forte, piquante, acerbe, et une saveur caractéristique. On ne peut le respirer sans danger. Il asphyxie promptement les animaux. Il n'existe dans la nature qu'à l'état de combinaison.

2. — Pas une couleur végétale ne résiste à l'action du chlore. C'est lui que l'industrie emploie pour le blanchîment des toiles et de la pâte du papier.

3. — Il jouit aussi de propriétés désinfectantes très prononcées, ce qui s'explique par sa grande affinité pour l'hydrogène, et ce qui fait qu'on l'emploie avec succès pour décomposer les *miasmes*, principes morbides répandus dans l'air, lesquels renferment presque toujours de l'hydrogène.

4. — Le chlore se combine avec un grand nombre d'autres corps. Aussi, dans la nature, les chlorures sont-ils nombreux.

5. — Un des plus importants, et heureusement l'un des plus répandus, est, sans contredit, le *chlorure de sodium*, qui n'est autre chose que le *sel de cuisine*, substance sans laquelle l'homme et les animaux ne pourraient longtemps subsister.

6. — On le trouve en dissolution dans les eaux de la mer et dans celles de certaines sources dites *sources salines*.

7. — On le trouve aussi au sein de la terre en bancs très épais et s'étendant à des distances souvent considérables. Dans ce dernier cas, il est naturellement blanc et désigné sous le nom de *sel gemme*.

8. — Le *sel marin* est celui qu'on recueille par l'évaporation des eaux de la mer. Ce sel est gris à cause des matières terreuses et des chlorures de calcium et de magnésium qui y sont mélangés. C'est surtout le chlorure de magnésium contenu dans le sel marin qui le rend *déliquescent*, c'est-à-dire susceptible de devenir humide en absorbant les vapeurs d'eau contenues dans l'air par les temps pluvieux.

9. — Le sel convient non seulement aux animaux, mais encore aux végétaux. Employé comme engrais dans des conditions favorables et à doses convenables, il produit souvent d'heureux résultats.

10. — Le sel est aussi employé en grande quantité comme antiputride, et les ménagères agricoles savent toutes comment on sale, afin de les conserver, les viandes et plusieurs autres denrées alimentaires.

SILICIUM.

1. — Le *silicium* est un élément peu facile à isoler. Il n'a d'importance que par son composé, l'*acide silicique*, autrement dit la *silice*, matière très abondamment répandue dans la nature.

2. — C'est la silice qui forme la base de toutes les pierres produisant du feu par le choc, on pourrait presque dire que c'est de la poussière de pierre à fusil.

3. — Le grès, les pierres dont on fait les meules de moulin et les meules à repasser, le sable fin dont les ménagères se servent pour le récurage de leurs ustensiles de cuisine, sont de la silice.

4. — La silice, corps très dur, existe dans toutes les terres, mais notamment dans les terres granitiques et dans les terres sablonneuses, où elle signale sa présence en usant très vite les fers de charrue. Les argiles en contiennent aussi une certaine quantité.

5. — On a remarqué que la silice donne de la force aux tiges des plantes, et que les céréales sont moins exposées à verser dans les terres siliceuses que dans les terres calcaires.

ALUMINIUM.

1. — L'aluminium est un métal ayant à peu près la couleur et les autres propriétés physiques de l'argent, mais qui est cinq fois moins lourd. Il est aussi complètement inoxydable à l'air. C'est, par conséquent, un métal appelé à rendre de nombreux services maintenant qu'à force de recherches et d'expériences, les savants sont parvenus à trouver des moyens relativement peu dispendieux de l'extraire de l'argile.

2. — L'aluminium est la base de l'alumine (oxyde d'aluminium), qui entre en très grande quantité dans l'*argile*, où il est mélangé avec de la silice et quelques autres corps.

3. — Il importe peu aux ménagères agricoles, femmes généralement sérieuses, de savoir que l'alumine, à l'état de combinaison parfaite avec la silice, constitue une grande partie des pierres précieuses, telles que l'*améthyste*, le *corindon*, le *rubis*, le *saphyr*, la *topaze*, dont se parent les grandes dames des villes et même quelques messieurs.

4. — Ce qui leur importe, c'est de savoir que l'alumine, sous le nom de *glaise*, de *terre de pipe*, de *kaolin*, est employée à faire de la *brique*, de la *tuile*, des *tuyaux de drainage*, de la *poterie* et de la *faïence*, toutes choses bien autrement utiles que les fameuses pierres fines précitées.

5. — Ce qui leur importe encore, c'est de savoir qu'on emploie aussi l'argile au dégraissage de la laine dans les moulins à foulon : la connaissance de cette propriété d'une matière que l'on a partout sous la main, lui donnera, sans aucun doute, l'idée de s'en servir au lieu de savon et, par conséquent, sans bourse délier, avec l'assurance d'un résultat aussi bon, sinon meilleur, pour dégraisser ses lainages, ses vêtements de drap, ainsi que ceux de sa famille, lorsqu'il en sera besoin.

CALCIUM.

1. — Le calcium est un métal dont les composés sont très répandus dans la nature. Le carbonate de chaux, entre autres (marbre, craie, pierre calcaire), y présente des masses considérables formant des terrains entiers. Nous avons vu qu'il en est de même du sulfate de chaux.

2. — La chaux (oxyde de calcium) est un alcali, c'est-à-dire un oxyde soluble dans l'eau froide et ayant une saveur âcre, urineuse, caustique.

3. — On l'obtient par la calcination, dans des fours particuliers, des carbonates calcaires naturels, dits pierres à chaux.

4. — La chaux privée d'eau est dite *chaux vive*. Elle est d'une couleur blanchâtre.

5. — Exposée à l'air, la chaux en absorbe l'humidité et ne tarde pas à se fendiller et à se réduire en poussière. On dit alors que la chaux est *fusée*.

6. — Si l'on verse de l'eau sur la chaux, elle s'échauffe, elle *crépite*, c'est-à-dire qu'elle produit un bruit analogue à celui du sel que l'on jette sur le feu ; elle se fendille et se dissout. Elle prend alors le nom de *chaux éteinte*, de *chaux hydratée*.

7. — La chaux s'emploie beaucoup en agriculture comme amendement. Appliquée aux terrains pauvres en principes calcaires, elle les rend bien plus fertiles. Ses effets sont prodigieux dans les terres granitiques.

8. — On s'en sert dans la fabrication de ce que l'on appelle des composts, pour activer la décomposition des matières végétales acides

9. — La chaux joue le principal rôle dans la fabrication du mortier que l'on emploie pour la construction des bâtiments. On s'en sert pour badigeonner les murs et les plafonds. Dans ce cas, ont fait usage de chaux éteinte étendue d'un peu d'eau, ce que l'on appelle un *lait de chaux*.

10. — Le lait de chaux s'emploie aussi pour purifier l'air des endroits où l'accumulation de l'acide carbonique ne permet pas de pénétrer et de séjourner sans danger. La chaux agit en s'emparant de l'excès d'acide carbonique pour en former de la craie.

POTASSIUM.

1. — Le *potassium* est un élément qui n'est intéressant au point de vue agricole que par son composé l'*oxyde de potassium*, autrement dit la *potasse*.

2 — La potasse est un alcali solide, blanc, très caustique, très soluble.

3. — On la retire de la cendre des végétaux où elle se trouve combinée avec divers acides, tels que l'acide carbonique, l'acide sulfurique, l'acide chlorhydrique, etc.

4. — Le carbonate de potasse, qui est la *potasse* ordinaire du commerce, entre dans la composition du *savon mou*, dit encore *savon noir* ou *savon vert*.

5. — L'*eau de Javelle* dont on fait aujourd'hui un si grand usage est un composé de potasse et de chlore dont le nom chimique est *hypochlorite de potasse*.

6. — Une bonne ménagère doit savoir que l'eau de Javelle agit surtout par le dégagement du chlore qu'elle contient. Le chlore ayant la propriété de détruire les matières organiques et colorantes, elle ne doit pas employer l'eau de Javelle trop forte, et elle doit s'empresser de rincer son linge dès que l'effet désiré est

obtenu. Laisser le linge longtemps imprégné d'eau de Javelle chaque fois qu'on le blanchit par un savonnage, c'est s'exposer à le voir bien vite usé.

7. — Les cendres de nos foyers, employées pour lessiver le linge, n'ont d'effet que parce qu'elles contiennent des sels de potasse, tous solubles dans l'eau. Ces sels, en se dissolvant, se combinent avec les taches graisseuses du linge pour former un savon.

8. — Sachant que les végétaux contiennent tous plus ou moins de potasse, comme l'indique la composition de leurs cendres, il est rationnel de dire que les engrais que l'on destine à ces végétaux doivent, pour être parfaits, contenir une proportion convenable de cette substance.

9. — Une bonne ménagère saura donc tirer le meilleur parti de ses cendres et de son eau de lessive, ainsi que de ses eaux de savon. Elle ne s'en débarrassera pas en les jetant n'importe comment et n'importe où. Tout au moins, elle les répandra sur les fumiers.

10. — Un des sels de la potasse, l'*azotate de potasse*, vulgairement le *nitre*, le *salpêtre*, qui se forme naturellement à la surface du sol et des murailles humides des caves et des lieux habités par l'homme et par les animaux, fournit un des engrais qui activent le plus énergiquement la végétation.

11. — On en peut dire autant de l'*azotate de chaux*, qui se trouve, en même temps que le salpêtre, mais en bien plus grande quantité, dans les plâtras provenant de la démolition des vieilles maisons.

SODIUM.

1. — Le *sodium*, comme le potassium, n'est remarquable que par son *protoxyde*, la *soude*, ayant beaucoup d'analogie avec la potasse.

2. — Il s'en distingue en ce que, exposé à l'air, il passe à l'état de carbonate et *s'effleurit*, c'est-à-dire tombe en poussière ; tandis que la potasse tombe en *déliquescence*, c'est-à-dire se change en eau.

3. — Le *carbonate de soude* est la soude du commerce. Son emploi est à peu près le même que celui du carbonate de potasse.

4. — Le *savon solide*, dit *savon blanc* et *savon marbré de Marseille*, se fabrique avec de la soude et un corps gras, l'huile d'olive.

5. — La soude se retire de la cendre des herbes marines, et surtout du sel marin.

6. — Tous les corps qui contiennent de la soude peuvent être utilisés comme engrais.

ARGENT. — CUIVRE. — ÉTAIN. — FER. — MERCURE. — OR. PLATINE. — PLOMB. — ZINC.

1. — Quoique l'argent, le cuivre, l'étain, le fer, le mercure, l'or, le platine, le plomb et le zinc soient généralement assez

connus, et qu'au point de vue de la chimie ils intéressent peu l'agriculture, il n'est peut-être pas inutile d'en dire ici quelques mots, en s'attachant à ce qu'il importe le plus aux ménagères agricoles de savoir sur ces métaux.

2. — Rappelons d'abord qu'à l'exception de l'argent, de l'or et du platine, tous s'oxydent plus ou moins promptement quand ils sont en contact avec l'air.

3. — Cette oxydation se manifeste à leur surface : ils perdent l'éclat métallique et prennent l'aspect terreux. Ce qui les ternit ainsi est de l'oxyde. Exemple : la rouille qui recouvre le fer est de l'oxyde de fer.

4. — *Décaper* un métal, c'est lui rendre son aspect brillant en faisant disparaître la couche d'oxyde qui ternissait sa surface. Le plus souvent on décape un métal en le frottant avec un corps dur en poudre.

Argent.

5. — Ce métal est connu de toutes les ménagères agricoles par les belles et bonnes pièces blanches que leur procure la vente, en tout temps assurée, des divers produits de la basse-cour.

A propos de l'argent, ce qu'on peut répéter, parce que rien n'est plus vrai, c'est que, moyennant des connaissances suffisantes, du courage et de la patience, nulle industrie n'en procure plus honnêtement ni plus sûrement que l'agriculture.

Cuivre.

6. — Toutes les combinaisons du cuivre avec l'oxygène, comme le *vert de gris*, par exemple, sont des poisons corrosifs de la plus grande activité.

7. — Une bonne ménagère ne l'ignore pas, et c'est pourquoi elle tient ses ustensiles de cuisine en cuivre toujours parfaitement propres, et qu'elle ne s'en sert jamais pour la préparation des aliments, sans qu'ils aient été parfaitement récurés. C'est pour les mêmes motifs qu'elle ne laisse ni refroidir ni séjourner dans ces ustensiles les mets qu'elle y a préparés.

8. — En cas d'accident, le contre-poison est du lait et du blanc d'œuf délayé dans l'eau.

Etain.

9. — L'étain n'ayant point, comme le cuivre, de propriétés vénéneuses, on l'emploie pour la fabrication de cuillers, d'assiettes, de gamelles, de brocs et de gobelets dont on peut se servir en toute assurance.

10. — On l'emploie aussi pour étamer les ustensiles de cuisine, ce qui veut dire que l'on en recouvre la surface, au moins la surface intérieure, par une couche d'étain, afin de prévenir l'oxydation.

11. — L'étain est cher. Quelques rétameurs peu consciencieux y mêlent, paraît-il, du plomb sans s'inquiéter des propriétés extrêmement délétères de ce dernier corps. Une bonne ménagère

doit prendre ses précautions pour ne pas être victime d'un si dangereux abus.

Fer.

12. — Le *fer est ami de l'homme*, dit-on, pour faire entendre qu'il exerce une action bienfaisante plutôt que malfaisante sur l'économie animale.

13. — A un autre point de vue, tout le monde connaît les immenses services qu'il rend, à l'état d'*acier*, de *fonte*, de *tôle*, de *fer blanc*, etc. L'*aimant* est une combinaison de fer et d'oxygène.

Mercure.

14. — Le mercure et ses composés sont des poisons d'une violence extrême. On indique le blanc d'œuf comme antidote.

15. — Ce que l'on emploie en frictions sous le nom d'*onguent gris* pour détruire les poux des animaux, est un mélange de mercure et de graisse. C'est assez dire les précautions que devra recommander la bonne ménagère dans les circonstances où l'on sera obligé d'employer ce remède.

Or.

16. — Ce précieux métal était devenu rare dans les campagnes après la guerre désastreuse de 1870, qui nous en a tant coûté. Mais, grâce à l'inépuisable fécondité de la terre, grâce surtout à l'admirable courage des cultivateurs et, on peut le dire, à celui des braves ménagères agricoles, leurs compagnes, quelques années de véritable paix ont suffi pour le ramener et pour qu'on le voie circuler de nouveau aussi abondamment qu'autrefois.

Platine.

17. — Remarquable en ce qu'il est le plus pesant de tous les métaux et le plus inaltérable à l'air, le plus difficile à fondre et l'un des plus durs.

Plomb.

18. — Le plomb rend bien des services. On en fait des gouttières, des tuyaux, des châssis, etc., et ses composés sont employés d'une foule de manières dans l'industrie et dans les arts. Mais c'est un métal dont la bonne ménagère doit se défier beaucoup, au point de vue de la santé de sa famille. Le plomb a, en effet, aussi bien que tous ses composés, des propriétés très vénéneuses. Il est extrêmement redoutable quand on en absorbe sous une forme quelconque dans les aliments. Il ne présente pas moins de danger absorbé par les poumons et même simplement par les pores de la peau.

19. — Le meilleur contre-poison est une solution d'un sulfate tel que le sel de Sedlitz ou l'acide sulfurique étendu d'eau.

Zinc.

20. — Le zinc n'est pas malfaisant comme le plomb. Toutefois, à cause de ses propriétés *émétiques*, il faut se garder de préparer des aliments dans le zinc. *Emétique* signifie qui provoque les vomissements.

21. — Il faut se garder aussi, et à plus forte raison, de faire usage comme boisson, de l'eau ou de tout autre liquide qui aurait séjourné longtemps dans des vases de zinc.

CORPS ORGANIQUES.

1. — Tous les corps qui viennent d'être sommairement passés en revue, appartiennent au règne minéral et sont désignés sous le nom de *corps inorganiques* et quelquefois de *corps bruts*.

2. — La chimie s'occupe aussi, et ce n'est pas la partie la moins intéressante de cette science, des matières végétales et des matières animales, qualifiées de *matières organiques*.

3. — Par nature *organique*, on doit entendre, non seulement la nature vivante, mais encore les produits et les résidus des corps vivants, jusqu'à l'instant où les éléments de ces produits et de ces résidus ont fini par se trouver combinés d'une manière ne différant en rien de celle des corps inorganiques.

4. — Les matières organiques sont soumises aux forces chimiques, que la science a mises à la disposition de l'homme ; mais il existe, de plus, dans ces corps une force qui leur est propre, que nous ne connaissons que par ses effets, qu'il nous est impossible de produire, et que l'on appelle *force vitale, force assimilatrice*.

5. — Cette force prodigieuse, véritablement admirable par ses effets et par l'immense variété des combinaisons qu'elle produit, s'exerce à l'aide d'espèces d'instruments dont ils sont pourvus et que l'on désigne sous le nom d'*organes :* de là le nom de *matières organiques*.

6. — Le nombre des éléments qui entrent dans la composition des corps organiques est fort limité.

7. — Ces éléments sont l'oxygène, l'hydrogène, le carbone et l'azote.

8. — On y trouve encore, non comme éléments essentiels, car la substance ne changerait pas de nature si elle en était privée, mais accidentellement, et généralement en proportion peu considérable, du soufre, du chlore, du silicium, du calcium, du potassium, du sodium, du fer, etc.

9. — Les matières végétales sont composées surtout d'hydrogène, de carbone et d'oxygène. Beaucoup contiennent en plus de l'azote.

10. — Les matières animales sont composées des mêmes éléments, c'est-à dire d'oxygène, d'hydrogène, de carbone et d'azote. L'azote s'y retrouve pour ainsi dire toujours et en proportion bien plus considérable que dans les végétaux.

11. — Les matières organiques se décomposent facilement par l'emploi de la chaleur. L'opération est désignée sous le nom de *distillation sèche*.

12. — Il en résulte principalement de l'eau, de l'acide carbonique, de l'hydrogène carboné et de l'ammoniaque.

13. — Comme curiosité, ajoutons que les savants ont trouvé que le corps d'un homme de poids moyen pourrait être réduit, en dernière analyse par la chimie, aux treize éléments, cinq gaz et huit solides, dont voici le détail :

Oxygène, 44 kilogr. ; hydrogène, 7 kil. ; azote, 1 kil. 720 ; chlore, 800 gr. ; fluor, 100 gr. ; carbone, 22 kil. ; phosphore, 800 gr. ; soufre, 100 gr. ; calcium, 1 kil. 750 gr. ; potassium, 80 gr. ; sodium, 70 gr. ; magnésium, 50 gr. ; fer, 50 gr.

HISTOIRE NATURELLE

1. — Le nombre immense des êtres répandus dans la nature et leur diversité en aurait rendu l'étude extrêmement difficile, et même presque impossible, si les savants ne les avaient distribués par groupes et classés d'une manière simple et méthodique.

2. — La première division a été celle de tous les êtres en trois règnes : le règne *animal*, le règne *végétal* et le règne *minéral*.

3. — Les êtres de chacun de ces règnes ont été ensuite divisés en groupes généraux appelés *embranchements* formés par la réunion des *classes*, comme celles-ci l'ont été par la réunion des *ordres*. Ces ordres sont enfin divisés en *familles*, subdivisées elles-mêmes en *genres* et *espèces*.

4. — Les espèces ont été aussi subdivisées en *races*, en *variétés*. Ainsi, notre espèce bovine comprend en France plusieurs races, telles que la race normande, la race charolaise, la race morvandelle, la race bretonne, etc.

5. — La connaissance des différents êtres du règne animal, du règne végétal et du règne minéral est ce que l'on appelle l'*Histoire naturelle*.

6. — L'Histoire naturelle se divise en trois branches : la *Zoologie*, qui traite des animaux ; la *Botanique*, qui traite des végétaux, et la *Minéralogie*, qui traite des minéraux.

7. — Les êtres du règne animal vivent, se nourrissent, se développent, se reproduisent et sont doués de la faculté de se mouvoir.

8. — Ceux du règne végétal vivent aussi, se nourrissent, se développent et se reproduisent aussi, mais ils sont privés de la faculté de se mouvoir.

9. — Ceux du règne minéral sont dépourvus d'organisation, ne vivent pas, et n'ont pas la faculté de se mouvoir.

ANIMAUX

1. — Les animaux ont été groupés en huit embranchements, qui sont : les *vertébrés*, les *mollusques*, les *arthropodes*, les *vers*, les *échinodermes*, les *zoophytes*, les *spongiaires*, les *protozoaires*.

2. — Les *vertébrés* ont un squelette intérieur présentant une colonne vertébrale. Ils ont d'ordinaire quatre membres. Le sang est rouge. Le tube digestif est ouvert aux deux bouts. Exemples : chien, cheval, oiseau, etc.

3. — Les *mollusques* sont des animaux à corps mou. Ils n'ont qu'un système nerveux ganglionnaire. Ils s'enveloppent ordinairement d'une coquille. Exemples : huître, escargot, etc.

4. — Les *arthropodes* ont le corps protégé par une cuirasse qui forme la peau. Leur corps paraît divisé en trois parties : la tête, le thorax et l'abdomen. Exemples : araignée, écrevisse, papillon, etc.

5. — Les *vers* ont le corps mou. Leur corps est divisé en segments tous semblables. Les organes intérieurs sont segmentés aussi de telle sorte que si l'on coupe un ver en deux, chaque tronçon, forme un nouveau vers.

6. — Le mot *échinoderme* veut dire *peau épineuse*. La surface du corps de ces animaux, est divisée en dix régions alternantes. Exemples : les oursins, l'étoile de mer, etc.

7. — Les *zoophytes* vivent presque tous en colonies. Leur tube digestif n'est ouvert qu'à un seul bout. Exemple : corail.

8. — Une *spongiaire* consiste en une masse gélatineuse. Cette masse sécrète un squelette calcaire, siliceux ou corné. Ce squelette corné forme les éponges dont nous nous servons.

9. — Les *protozoaires* sont des animaux microscopiques. Ils vivent dans la mer, dans les eaux dormantes, ou bien sont parasites.

DIVISION DES VERTÉBRÉS.

1. — L'embranchement des vertébrés comprend les animaux les plus semblables à l'homme et ceux qu'il connaît le mieux. Il a été divisé en cinq classes : les *mammifères*, les *oiseaux*, les *reptiles*, les *batraciens*, les *poissons*.

2. — Les *mammifères* sont des animaux à sang chaud et à mamelles. Ils sont *vivipares*, c'est-à-dire qu'ils enfantent leurs petits vivants. Ils ont la peau plus ou moins garnie de poil. Exemples : l'homme, le singe, le chien, la sarigue, le lièvre, le lapin, le cochon, le cheval, le bœuf, les cachalots, les baleines, etc.

3. — Les *oiseaux* sont des animaux *ovipares*, c'est-à-dire qu'ils se reproduisent par des œufs. Ils ont le sang chaud, point de mamelles. Ils sont pourvus de plumes et d'ailes. Exemples : les aigles, les hiboux, les chouettes, les moineaux, les coucous, le coq et la poule, les dindons, les cigognes, les oies, les canards, etc.

4. — Les *reptiles* sont des vertébrés à sang froid. Ils ont la peau couverte d'écailles. Ils rampent, en général. Ils sont ovipares. Exemples : crocodiles, tortues, lézards, serpents, etc.

5. — Les *batraciens* ont le sang froid. Ils ont la peau nue. Ils respirent dans le jeune âge avec des branchies et dans l'âge adulte avec des poumons. Ils changent de forme. Exemples : grenouille, crapaud, salamandre, etc.

6. — Les *poissons* sont des vertébrés à sang froid. Ils ont la peau couverte d'écailles ; ils ont quatre nageoires disposées par paires. Ils passent toute leur vie dans l'eau et respirent au moyen de branchies. Exemples : la perche, l'épinoche, le saumon, la truite, la carpe, la tanche, la morue, l'anguille, le brochet, la raie, etc.

FONCTIONS DES PRINCIPAUX ORGANES DES ANIMAUX.

1. — Les animaux vivent, se développent, se meuvent. Mais, pour vivre, ils doivent s'assimiler des aliments (*digestion*), qui seront distribués à tous les organes par le sang (*circulation*), etc.

2. — De là, de grandes fonctions aussi importantes que variées. Nous étudierons succinctement les principales.

CIRCULATION.

1. — La circulation est l'étude du sang et de son mouvement.

2. — Le sang est formé d'un liquide incolore tenant en suspension des milliers de globules rouges. Ce sont ces globules qui lui donnent sa couleur. Ils ne sont visibles qu'au microscope.

3. — Le sang est chassé dans toutes les parties du corps par un muscle appelé *cœur*. Du cœur, il passe dans les *artères*, vaisseaux qui se ramifient en canaux de plus en plus petits. Ils aboutissent enfin à un réseau de canaux très fins appelés *capillaires* parce que leur diamètre est comparable à celui d'un cheveu. Ces vaisseaux se réunissent peu à peu pour en former d'autres, de plus en plus gros, qui portent le nom de *veines*. Les veines ramènent le sang au cœur.

4. — Mais dans ce trajet le sang s'est modifié. Les artères avaient emporté du cœur un sang rouge propre à entretenir la vie. Les veines y ramènent un sang noir, qui doit être revivifié. Il est conduit par les *artères pulmonaires* dans des organes appelés *poumons*, où il se purifie sous l'action de l'air. Les *veines pulmonaires* le ramènent ensuite au cœur, d'où il est de nouveau chassé dans toutes les parties du corps.

5. — Dans son trajet à travers le corps, le sang recueille dans les organes digestifs les éléments nutritifs venus du dehors. Il distribue ensuite ces éléments à tous les membres et à tous les organes, d'où son nom de *fluide nourricier*.

RESPIRATION.

1. — On appelle *respiration* la transformation du sang noir ou veineux en sang rouge ou artériel.

2. — Cette transformation se produit par un simple échange gazeux.

3. — Elle a lieu dans les poumons. Quand ceux-ci se dilatent, l'air y pénètre par un canal appelé *trachée artère ;* l'oxygène se fixe sur les globules du sang. Quand les poumons se contractent, l'acide carbonique et la vapeur d'eau, dont le sang s'est chargé pendant la circulation, sont rejetés au dehors.

4. — Pour que la respiration et la circulation s'effectuent dans les meilleures conditions, il est d'une extrême importance que l'air du milieu dans lequel vivent les animaux soit parfaitement pur et le plus riche possible en oxygène.

5. — C'est assez dire que le cultivateur soucieux de la santé de ses bestiaux, et par conséquent de son intérêt, doit veiller avec soin à ce que, dans leurs logements, l'air soit très souvent, si ce n'est constamment, renouvelé.

6. — On voit par là combien il importe que la peau des animaux soit entretenue propre, et combien il est nécessaire de les brosser, de les étriller, de les bouchonner chaque jour, de les laver quand ils en ont besoin, et même de les baigner quand la chose est possible et la saison favorable.

7. — D'autant plus que par ces soins on favorise non seulement l'absorption de l'oxygène de l'air par la peau, mais encore la transpiration cutanée, fonction si importante que si, par une cause quelconque, elle venait à être complètement supprimée, l'économie en serait troublée profondément et quelquefois mortellement.

8. — A cause du grand rôle que joue la respiration relativement à la circulation, il n'oubliera pas non plus quand il aura à acheter des animaux, de les choisir avec une poitrine largement développée, indice d'une cavité thoracique suffisante pour le jeu régulier des poumons.

ORGANES DE LOCOMOTION.

1. — Les organes de locomotion sont : le *squelette,* les *muscles,* les *articulations.*

2. — Le *squelette* est la charpente osseuse du corps. On distingue dans le squelette les os de la *tête,* du *tronc,* des *membres.*

3. — Les principaux os de la tête sont le *frontal* en avant, l'*occipital* en arrière, les *temporaux* ou os des tempes, les *maxillaires* qui portent les mâchoires, les os *molaires* qui forment la pommette des joues.

4. — Le *tronc* est formé, en arrière, par la *colonne vertébrale.* La colonne vertébrale se compose de petits os nommés *vertèbres,* soudés les uns au-dessus des autres. Ces vertèbres sont toutes percées à leur centre, de sorte que par leur superposition elles forment un canal appelé *canal médullaire.*

5. — Sur la colonne vertébrale s'insèrent les *côtes.* Il y en a douze paires. Les sept premières paires se rattachent en avant à

un os long et plat, le *sternum*, qui se trouve en avant de la poitrine. Elles sont dites *vraies côtes*. Les cinq paires de *fausses côtes* sont rattachées aux vraies par des *cartilages*.

6. — Les os des membres supérieurs sont : dans l'épaule l'*omoplate*, os large et plat, situé en arrière ; la *clavicule*, qui se rattache, d'un côté, à l'omoplate, de l'autre, au sternum ; dans le bras l'*humérus* ; dans l'avant-bras, le *cubitus* et le *radius* ; dans le poignet, le *carpe* ; dans la main, le *métacarpe* et les *phalanges*.

7. — Les os des membres inférieurs sont : les *os du bassin* ; le *fémur* dans la cuisse ; le *tibia* et le *péroné*, dans la jambe ; et enfin, les *os du pied* et les *phalanges* ou *os des doigts*.

8. — Les *muscles* sont des organes fibreux, c'est-à-dire composés d'éléments anatomiques longs et grêles qui se contractent ou s'allongent.

9. — On appelle *articulations* le mode de jointure des os. Les unes sont fixes, comme celles des os du crâne. Celles des membres, au contraire, sont mobiles.

SYSTÈME NERVEUX.

1. — On appelle système nerveux l'ensemble des organes qui permettent à l'homme de penser, de vouloir, de sentir, de coordonner ses mouvements.

2. — Le système nerveux comprend : 1° des *masses centrales*. 2° des *nerfs*.

3. — Les *masses centrales* sont : le *cerveau* et le *cervelet*, situés dans le crâne, et la *moëlle épinière*, située dans le canal médullaire.

4. — Le cerveau est formé de deux substances, l'une blanche, interne ; l'autre grise, extérieure. La substance grise est creusée de nombreux sillons qui forment autant de *circonvolutions*. On a remarqué que l'intelligence est proportionnelle au poids relatif du cerveau et au nombre des circonvolutions.

5. — Les *nerfs* sont des filaments qui partent du cerveau (*nerfs crâniens*) ou de la moëlle épinière (*nerfs rachidiens*).

6. — On les divise encore en *nerfs moteurs* et en *nerfs sensitifs*. Les premiers transmettent aux muscles les ordres venus du cerveau et déterminent les mouvements. Les seconds transmettent au cerveau les impressions des sens.

7. — Il existe, de plus, de chaque côté de la colonne vertébrale, deux chaînes de petites masses nerveuses ou *ganglions*. Leur ensemble porte le nom de système *ganglionnaire* ou du *grand sympathique*. Ce système préside aux mouvements qui ne sont pas sous la dépendance de la volonté, comme les battements de cœur, les contractions de l'estomac, etc.

LA DIGESTION.

1. — La digestion est la fonction par laquelle les animaux

élaborent les aliments, assimilent ce qui peut servir à la nutrition et rejettent le reste.

2. — Ces aliments sont de deux sortes. Les uns, formés de carbone, d'oxygène et d'hydrogène, sont dits *ternaires*. Les autres, formés de carbone, d'oxygène, d'hydrogène et d'azote, sont dits *quaternaires*: Les aliments ternaires se divisent eux-mêmes en substances *amylacées* (*riz, farine, fécule*) et en substances *grasses* (*huiles, graisses*, etc.) Les aliments quaternaires sont : la viande, l'albumine ou blanc d'œuf, etc.

3. — La digestion s'opère à peu de chose près chez les animaux comme chez l'homme. En voici le mécanisme :

4. — Les aliments introduits dans la bouche y sont divisés, triturés au moyen des dents (*mastication*) et imprégnés de salive (*insalivation*). Vient ensuite la *déglutition* · par les mouvements combinés de la langue et des parois de la bouche, notamment du palais, les aliments sont portés dans le pharynx, puis dans l'œsophage, puis dans l'estomac.

5. — Là, les aliments quaternaires se ramollissent, s'aigrissent, se *chymifient*, au moyen de ce qu'on appelle les *sucs gastriques*, sucs ayant des propriétés acides.

6. — A mesure que les aliments subissent cette première digestion et se transforment en ce que l'on nomme le *chyme*, sorte de bouillie homogène et grisâtre, ils sont poussés par les contractions des parois musculaires de l'estomac vers le pylore, qu'ils franchissent pour pénétrer dans le premier des intestins, appelé *duodénum*.

7. — Dans le duodénum viennent se déverser la *bile*, liquide très amer, d'un jaune verdâtre, sécrété par le foie ; le suc *pancréatique*, sécrété par une *glande* (1) appelée *pancréas*.

8. — La bile et le suc pancréatique *émulsionnent* les matières grasses, c'est-à-dire qu'elles les transforment en fines gouttelettes. Elles achèvent de plus la digestion des matières amylacées commencée dans la bouche sous l'action de la salive.

9. — Les aliments ainsi élaborés et transformés en chyle sont poussés dans l'intestin grêle.

10. — C'est dans cet intestin, par les vaisseaux dits *chylifères*, que le chyle, fluide blanc et comme laiteux, principe éminemment nutritif, se sépare du chyme, est introduit dans le sang et entraîné dans le torrent de la circulation.

11. — Ce qui reste alors de chyme devient plus consistant et prend une couleur plus foncée.

---

(1) Les glandes sont des organes granuleux de forme le plus souvent arrondie destinés les uns à faciliter l'assimilation des substances absorbées, les autres à éliminer du sang les substances qui ne sont plus aptes à la nutrition.

12. — Parvenu dans le gros intestin, le chyme finit par être dépouillé de tout le chyle qu'il renfermait encore, devient de plus en plus dur et est enfin évacué par l'orifice du rectum, autrement dit par l'anus.

13. — Tel est, en abrégé, le mécanisme de la digestion chez les mammifères *monogastriques*, c'est-à-dire n'ayant qu'un ventre, qu'un estomac. Cette fonction est un peu plus compliquée chez les ruminants et chez les oiseaux.

DIGESTION CHEZ LES RUMINANTS ET CHEZ LES OISEAUX.

1. — Les ruminants existent en grand nombre. Tous sont herbivores. Les plus intéressants pour nous sont le bœuf, le mouton, la chèvre. Après viendraient le buffle, le mouflon, le chameau, le renne, le lama, puis le cerf, le daim, le chevreuil, le chamois, la gazelle, la girafe, etc.

2. — Au lieu d'un estomac, les ruminants en ont quatre bien distincts, disposés de manière que ces animaux aient la faculté de faire revenir dans leur bouche, pour les mâcher une seconde fois, les aliments qui ont séjourné un certain temps dans le premier estomac appelé *panse, rumen* ou *herbier*.

3. — Les aliments, ramollis pendant leur séjour dans la panse, qui est le plus grand des quatre estomacs, passent en partie dans le deuxième estomac appelé *bonnet* ou *réseau*, qui en est le plus petit, et que l'on pourrait ne considérer que comme un appendice du premier. Après s'y être imbibés, ils se pelotonnent et remontent dans la bouche.

4. — A la seconde déglutition, les aliments passent directement dans le *feuillet*, qui est le troisième estomac ; et, de là, dans le quatrième, nommé la *caillette*, qui est en définitive le véritable estomac. De la caillette, la masse alimentaire passe dans le duodénum pour s'y transformer en chyle, comme il a été dit précédemment.

5. — Chez les oiseaux, l'estomac s'appelle *gésier*.

6. — C'est un appareil masticateur pourvu de muscles très épais, d'une force considérable et dont la puissance de trituration est encore augmentée par les petits cailloux que les oiseaux ont soin d'avaler à cette intention.

7. — Avant de passer dans le gésier, les aliments, chez un grand nombre d'oiseaux, passent d'abord dans une poche membraneuse nommée *jabot*, dont la capacité est relativement très grande chez les granivores. Ils y séjournent quelque temps, s'y imprègnent d'une liqueur analogue à la salive et s'y ramollissent ; puis ils passent dans une seconde poche appelée *ventricule succenturié*, où ils continuent de s'humecter. De là, ils pénètrent dans le gésier, où la trituration s'achève.

8. — Arrivés au duodénum, les aliments se convertissent en chyme et passent dans l'intestin grêle, où s'élabore le chyle comme chez les mammifères.

9. — Le résidu des substances alimentaires, continuant sa route par les gros intestins, aboutit à l'extrémité du rectum à une poche appelée *cloaque*, servant de réservoir aux urines et aux excréments avant qu'ils soient évacués.

IMPORTANCE D'UNE BONNE DIGESTION CHEZ LES ANIMAUX.

1. — Par tout ce qui vient d'être dit de la digestion, il est facile de comprendre qu'elle est d'autant plus profitable aux organes, qu'elle s'effectue dans de bonnes conditions.

2. — Les aliments que l'on met à la disposition des animaux doivent donc être le plus possible conformes à leur goût. S'ils sont assez sapides pour que les bêtes s'en montrent friandes, pour qu'elles paraissent les savourer, on est assuré qu'ils leur feront bon profit.

3. — En effet, dans ces conditions, ils s'imprègnent mieux de salive; la mastification en est mieux faite; ils plaisent plus à l'estomac, qui les digère avec moins de fatigue et d'une manière plus complète : toutes choses important beaucoup à la bonne confection du chyle et à la perfection des principes nutritifs et réparateurs qu'il verse dans le sang.

4. — Connaissant l'importance d'une bonne digestion chez ses animaux, le cultivateur intelligent saura leur fournir en quantité suffisante les aliments qui leur seront le plus profitables et leur distribuer leurs rations à des heures favorables, et le plus possible bien régulières, afin qu'ils ne s'inquiètent ni ne s'irritent comme cela arrive quand on les fait attendre.

5. — Il accordera aussi à ses bêtes de travail assez de temps pour manger et pour boire. Il veillera à ce que rien ne les trouble ni ne les tourmente pendant leur repas. De même, pendant les premiers instants de la digestion, il se gardera bien d'exiger d'eux des efforts trop violents et trop longtemps soutenus.

VÉGÉTAUX

Organes de la nutrition.

1. — Nous avons vu que les animaux sont doués d'organes, au moyen desquels ils vivent, se développent, se reproduisent et se meuvent. Les végétaux ont aussi des organes particuliers de nutrition et de reproduction, mais ils n'en ont point de locomotion, et c'est ce en quoi ils diffèrent le plus des animaux.

2. — Les organes de la nutrition sont : la *racine*, la *tige* et les *feuilles*.

RACINE.

1. — La racine est cette partie du végétal qui s'enfonce dans la terre.

2. — Elle est d'ordinaire couverte vers son extrémité de poils incolores qu'on a appelés *poils radicaux*. C'est par ces poils que le végétal pompe dans la terre une partie des substances dont il se nourrit.

3. — Les racines se distinguent en racines *pivotantes*, celles qui s'enfoncent perpendiculairement dans le sol (la carotte, la rave); en racines *fasciculaires* ou *fibreuses*, celles qui, dès la base, se divisent de manière à former un faisceau de fibres plus ou moins grêles (les palmiers, le poireau); en racines *tubérifères*, celles qui portent des tubercules (les orchis); en racines *bulbifères*, celles qui portent à leur partie supérieure un *bulbe* ou *oignon* (le lis, l'ail).

4. — Relativement à leur durée, on distingue les racines en *annuelles*, celles qui ne subsistent qu'une année (tel est le blé); en *bisannuelles*, celles qui ne durent que deux ans (telle est la carotte); et en *vivaces*, celles qui durent trois ans et plus (tels sont les arbres, la luzerne, le sainfoin etc.)

TIGE.

1. — La *tige* est la partie du végétal qui tend à s'élever verticalement dans l'air.

2. — Elle est dite *herbacée* lorsqu'elle est tendre et verte comme dans les plantes que l'on appelle des herbes; elle est dite *ligneuse* quand elle a une consistance solide comme celle du bois. Les arbres, les arbrisseaux, les arbustes, ont des tiges ligneuses.

3. — Si l'on coupe transversalement au moyen d'une scie la tige d'un arbre de nos climats, d'un chêne, par exemple, on remarque au centre de cette tige une sorte d'étui appelé *étui médullaire*, dans lequel est enfermée la *moelle*, substance cellulaire ou parenchymateuse légère, spongieuse, ordinairement tendre; puis, autour de l'étui médullaire des couches ligneuses formant des zones concentriques, c'est-à-dire se recouvrant les unes sur les autres.

4. — Ces couches sont séparées entre elles par du tissu cellulaire. Celles de ces couches qui sont les plus rapprochées de la moelle constituent le bois proprement dit ou le *cœur*, partie la plus dure de la tige. Après ces couches, en se rapprochant de la circonférence, on en distingue d'autres disposées de la même manière, mais plus tendres et d'une couleur un peu moins foncée, formant ce que l'on appelle l'*aubier*.

5. — Après l'aubier, vient l'enveloppe extérieure de la tige, l'*écorce*, composée de plusieurs parties.

6. — La partie la plus extérieure de l'écorce s'appelle *épiderme*. Sous l'épiderme et immédiatement, se trouve l'*enveloppe herbacée*, dite encore la *moelle externe*, substance cellulaire ayant une couleur verdâtre; puis, après, touchant à l'aubier, le *liber*, *livret* ou *couches corticales*, formées de feuillets superposés.

7. — De l'étui médullaire, rayonnent comme des lignes qui vont

aboutir à l'écorce et qui marquent la direction suivie par des lames verticales d'un tissu semblable à la moelle, s'étendant du centre à la circonférence du corps ligneux de la tige. Ces lames sont ce que l'on appelle les *rayons* ou *prolongements médullaires*. C'est par les prolongements médullaires que la moelle et l'écorce sont mises en communication.

FEUILLES.

1. — On appelle *feuilles* des organes minces, membraneux, ordinairement d'une couleur verte plus ou moins foncée, qui sont insérés sur la tige et sur ses prolongements, les branches et les rameaux.

2. — On distingue dans une feuille le *pétiole*, c'est la queue, et le *disque* ou le *limbe*, partie plus ou moins large formée par l'épanouissement des fibres du pétiole.

3. — Dans le limbe, on remarque les *nervures*, qui en sont comme le squelette, et le *parenchyme*, tissu cellulaire tendre et verdâtre qui remplit l'espace compris entre les nervures. Les deux faces du limbe sont, de plus, revêtues d'un épiderme présentant plus ou moins d'orifices tout petits appelés *stomates*.

4. — Dans les arbres, les deux faces des feuilles ne présentent pas le même aspect : la face supérieure est ordinairement plus verte, plus lisse et comme plus vernissée ; la face inférieure offre un tissu moins serré, moins ferme, elle est souvent couverte de poil et de duvet, elle est beaucoup plus poreuse que la face supérieure.

5. — Dans les herbes, les deux faces des feuilles présentent moins de différence ; il y a autant de stomates d'un côté que de l'autre.

ORGANES DE LA REPRODUCTION.

1. — Les organes de la reproduction sont la *fleur*, le *fruit* et la *graine*.

FLEUR.

2. — La fleur, lorsqu'elle est complète, ce qui n'existe pas toujours est ordinairement un assemblage de quatre cercles ou verticilles d'organes situés à l'extrémité d'un pédicelle et dont voici les noms par ordre, en commençant par le plus extérieur : le *calice*, la *corolle*, les *étamines* et le *pistil*. Ces deux derniers sont les organes essentiels, et constituent seuls en réalité, ce que l'on doit appeler la fleur.

3. — Le *calice* est l'enveloppe extérieure de la fleur. Il est le plus souvent d'une couleur verte. Il affecte différentes formes. Il est composé d'une ou de plusieurs pièces, et dans ce dernier cas, chaque pièce est désignée sous le nom de *sépale*. Le calice n'est pas un organe essentiel, ce qui fait qu'il n'existe pas dans toutes les fleurs.

4. — La *corolle* est la seconde enveloppe de la fleur. Elle présente les couleurs les plus vives et les plus variées, et elle exhale dans bien des plantes les parfums les plus agréables et les plus suaves.

5. — Le principal rôle de la corolle paraît être, comme celui du calice, d'abriter, de protéger les véritables organes de la fécondation, les étamines et le pistil.

6. — La corolle est dite *monopétale* quand elle est formée d'une seule pièce, *polypétale* quand elle l'est de plusieurs. Chacune de ces pièces est un *pétale*.

7. — Les *étamines* ou *organes mâles* de la fleur sont des espèces de filaments plus ou moins nombreux qui entourent le pistil et qui portent à leur extrémité supérieure une petite poche, ordinairement double, appelée *anthère*, dans laquelle est enfermé le principe fécondant, nommé *pollen*.

8. — Le *pollen* se présente sous la forme d'une poussière à grains très fins dont la couleur est le plus souvent jaune.

9. — Le *pistil* est l'*organe femelle* de la fructification des plantes. Il est le plus souvent composé de trois parties : l'*ovaire*, le *style* et le *stigmate*.

10. — L'*ovaire* est la partie inférieure du pistil. Elle est renflée, creuse, et contient les *ovules*, rudiments des graines, germes du fruit.

11. — Le *style* est la partie moyenne du pistil, elle se dresse en colonne déliée et creuse comme un tube.

12. — Le *stigmate* est la partie supérieure et terminale du pistil. C'est une sorte de glande destinée à recevoir le principe fécondant, le pollen, pour le transmettre à l'ovaire.

13. — Quelquefois le style manque. On dit alors que le stigmate est *sessile*.

FÉCONDATION.

Voici comment la fécondation s'opère dans les plantes :

1. — Quand les diverses parties de la fleur ont acquis tout leur développement, qu'elles sont complètement épanouies, les organes mâles, les étamines, ouvrent leurs anthères et en laissent échapper le pollen dans la partie de l'organe femelle appelée stigmate. Du stigmate, le pollen descend jusque dans l'ovaire pour y féconder les germes qui s'y trouvent renfermés.

2. — Lorsque l'instant de la fécondation est arrivé, on remarque dans un grand nombre de plantes des mouvements très remarquables dont le but est de faciliter l'introduction du pollen dans le pistil.

3. — Il y en a même quelques-unes dans lesquelles se développe une chaleur assez sensible s'élevant jusqu'à 20 et parfois jusqu'à 40 degrés, ce qui indiquerait qu'un degré de chaleur convenable est nécessaire à la fécondation pour qu'elle s'effectue dans de bonnes conditions.

4. — L'air est aussi indispensable à cette fonction comme le prouverait la manière dont elle s'opère chez les plantes qui vivent dans l'eau. Quand l'instant favorable est arrivé, les organes de ces plantes remontent toujours à la surface, et dès que l'operation est terminée, chacun d'eux redescend à sa place.

5. — Toutes les plantes ne sont pas *hermaphrodites*, c'est-à-dire ne réunissent pas les deux sexes dans une même fleur.

6. — Il en est qui sont dites *monoïques*, c'est-à-dire que les fleurs mâles et les fleurs femelles sont séparées sur le même individu Exemple : le maïs.

7. — Il en est même qui sont dites *dioïques*, c'est-à-dire que leurs fleurs mâles et leurs fleurs femelles se trouvent sur des tiges distinctes. Exemples : le chanvre, le houblon, le saule, le peuplier.

8. — Ordinairement, dans ce dernier cas, les tiges mâles et les tiges femelles croissent à proximité les unes des autres, afin de faciliter la fécondation.

9. — La fécondation est aussi favorisée par les vents, par les insectes, tels que les abeilles et les papillons, qui, en voltigeant de fleur en fleur, transportent partout le pollen attaché à leur corps.

10. — Quand la fécondation s'effectue mal ou dans de mauvaises conditions, par des temps de grande pluie, ou par une temperature relativement froide, les fleurs restent en grande partie stériles. Ce que l'on appelle la *coulure* n'a pas d'autres causes.

FRUIT.

1. — On donne le nom de fruit à tout ovaire fécondé Par extension, le nom de fruit se donne aussi à l'ensemble des ovaires fécondés portes et rassemblés sur un même pédoncule. Exemples : la fraise, la framboise, la mûre.

2. — Le fruit est essentiellement composé de deux parties : la *graine* et le *péricarpe*.

3. — Le *péricarpe* est la partie la plus extérieure du fruit, celle qui sert d'enveloppe à la graine. C'est cette partie d'un grand nombre de fruits, comme la pomme, la poire, la cerise, que l'on peut manger quand ils ont acquis tout leur développement, qu'ils sont mûrs.

4. — La *graine* ou *semence* est cette partie du fruit contenue dans le péricarpe et qui renferme elle-même le rudiment d'une plante, c'est-à-dire un petit corps organisé qui, placé dans des circonstances favorables, peut produire un végétal semblable à celui d'où il sort

5. — Le point par lequel la graine adhère au péricarpe se nomme le *hile* Le côté de la graine où se trouve le hile est considéré comme étant la base de cette graine.

6. — On distingue dans la graine deux parties essentielles : le *tégument propre* ou *épisperme*, vulgairement la *peau* de la graine, et l'*amande*, sorte de noyau recouvert par l'épisperme.

7. — L'amande est entièrement constituée par le germe de la plante future.

8. — Ce germe prend le nom d'*embryon* dès qu'on peut y distinguer les premiers linéaments du végétal qu'il est destiné à produire.

9. — L'embryon est composé de quatre parties : la *radicule*, les *cotylédons*, la *tigelle* et la *gemmule*.

10. — La *radicule*, petite protubérance conique, est l'extrémité de l'axe de l'embryon, celle qui doit donner naissance à la racine.

11. — Les *cotylédons* sont insérés sur les côtés de l'axe ; ce sont les rudiments des premières feuilles de l'embryon.

12. — La *tigelle* est la partie moyenne de l'axe, celle à laquelle les cotylédons sont adhérents.

13. — La *gemmule* ou *plumule* est l'extrémité supérieure de la tigelle, le commencement du bourgeon. C'est un petit corps qui prend naissance entre les deux cotylédons, dans le cas de végétaux *dicotylédonés*, ou dans l'intérieur même du cotylédon, dans le cas de végétaux *monocotylédonés*.

14. — Parmi les organes des végétaux, ceux qui fournissent les caractères les plus constants sont les cotylédons. De là vient la division de tous les végétaux connus en trois grandes tribus : 1° les *acotylédones*, 2° les *monocotylédones*, 3° les *dicotylédones*.

15. — Les *acotylédones* sont tous les végétaux qui n'ont point d'embryon et par conséquent point de cotylédon. On les nomme aussi *cryptogames*. Ils se reproduisent par quelques-unes de leurs parties appelées *sporules*, sortes de graines non fécondées. Les algues, les champignons, les lichens, les mousses, les fougères, sont des acotylédones ou encore des *végétaux acotylédonés*.

16 — Les *monocotylédones* sont tous les végétaux dont l'embryon ne présente qu'un seul cotylédon. Les graminées (froment, seigle, orge, etc.), les palmiers, l'ail, l'oignon, l'asperge, le safran, l'iris, etc., sont des monocotylédones.

17. — Les *dicotylédones* sont tous les végétaux dont l'embryon présente deux ou plusieurs cotylédons. Le tabac, la pomme de terre, les légumineuses, tels que la luzerne, le trèfle, le sainfoin, le pois, le haricot, la fève, la lentille, l'artichaut la laitue et pour ainsi dire tous les arbres, arbrisseaux et arbustes de nos climats sont des dicotylédones.

18. — Les végétaux dicotylédonés sont les plus nombreux de tous et les acotylédonés les moins nombreux.

GERMINATION.

1. — On entend par *germination* le développement, dans des conditions favorables, du germe contenu dans une graine pour produire une plante semblable à celle dont cette graine est issue.

2. — Lorsque la graine est mise dans la terre, elle se gonfle peu à peu par l'action de l'air, de la chaleur et de l'humidité ; ses enveloppes se ramollissent, finissent par se rompre, et la radicule, en s'allongeant, constitue la racine, pendant que la gemmule ou rudiment de la tige se développe dans le sens opposé.

3. — Le plus souvent on voit la gemmule soulever les cotylédons et les porter hors de terre, et ceux-ci forment alors ce que l'on appelle les *feuilles séminales*.

4. — Dès que la gemmule est parvenue à l'air libre, les folioles qui la composent se déroulent peu à peu, verdissent et prennent bientôt le caractère des feuilles.

5. — Il est trois choses essentiellement nécessaires à la germination : l'air, la chaleur et l'eau.

6. — L'air agit par l'oxygène qu'il contient. Il enlève une portion de carbone au périsperme ou aux cotylédons, et forme de l'acide carbonique, qui se dégage dans l'air. Par un eff. t de cette soustraction du carbone, la fécule du périsperme ou des cotylédons devient laiteuse, sucrée, soluble et propre à servir d'aliment à la jeune plante. De là vient que le périsperme et surtout les cotylédons sont quelquefois qualifiés de *mamelles végétales*.

7. — C'est l'absence de l'air qui fait que des graines trop profondément enterrées ne germent pas du tout.

8. — Sans l'action de l'humidité, il n'y a point non plus de germination Les graines restent dans un repos complet et se conservent pour ainsi dire indéfiniment dans la terre parfaitement sèche.

9. — Toutefois, si l'humidité est indispensabl , il n'en faut point par excès, les graines pourriraient.

10. — La chaleur, du moins une chaleur moyenne, n'est pas moins indispensable à la germination que l'air et l'eau. A la température de la glace, au-dessous de zero, point de germination ; au-dessus de 45 degrés, il en est de même.

11. — La température la plus convenable est de 25 à 30 degrés.

12. — La lumière, loin d'être favorable à la germination, la retarde au contraire et même pourrait l'empêcher si elle était trop vive.

13. — Les différentes sortes de graines mettent plus ou moins de temps à germer. Il en est qui germent en un jour ou deux ; d'autres en trois, quatre, cinq, huit ou quinze jours ; d'autres auxquelles il faut un ou plusieurs mois ; d'autres un an ; d'autres même deux ans.

BOUTURE. — MARCOTTE. — GREFFE.

1. — Les végétaux ne se reproduisent pas seulement par la graine, ils peuvent aussi se reproduire par la *bouture*, par la *marcotte* et par la *greffe*.

2. — La *bouture* consiste tout simplement à couper une jeune branche d'un arbre ou d'une autre plante vivace et à la planter en terre. Cette branche prend racine et se développe à la manière d'un végétal qui proviendrait d'une graine.

3. — La *marcotte* consiste à prendre une branche tenant à la plante-mère, à la courber et à la mettre en terre. A cette branche poussent des racines, et quand les racines sont assez développées, on la détache de la tige et on la plante.

4. — La *greffe* consiste à transporter, à insérer une jeune tige d'un végéta ou une portion d'écorce pourvue d'un bourgeon sur un autre végétal, afin de réunir en un seul les deux individus qui étaient séparés.

5. — Il y a deux espèces principales de greffe : la greffe *en fente* et la greffe par *écusson*.

6. — L'arbre que l'on veut greffer est désigné sous le nom de *sujet*. Le rameau que l'on y insère se nomme *greffe* ou *scion*.

GREFFE EN FENTE (Fig. 9).

1. — Voici comment on procède pour greffer en fente. On coupe avec une serpette, ou bien avec une scie la tige de la branche du sujet à un endroit où l'écorce soit bien lisse et bien nette. Si l'on a employé la scie, il faut rafraîchir la plaie avec la serpette, parce que la plaie faite au moyen de la scie est bien plus lente à se cicatriser. On fend la branche sur laquelle doit être fixée la greffe en prenant garde de ne pas attaquer la moelle ; on maintient la fente ouverte au moyen d'un coin, puis on insère dans cette fente la greffe préparée à l'avance. Il est indispensable que l'aubier et le liber du sujet et ceux de la greffe correspondent parfaitement, car sans cela, la sève du sujet, pendant sa circulation, ne pourrait pas passer dans la greffe et y entretenir la vie.

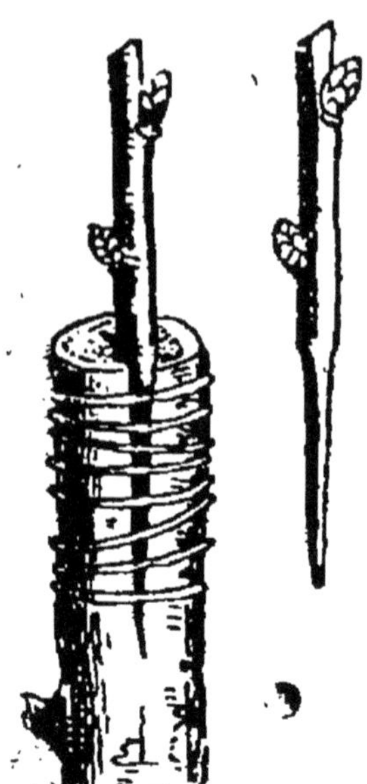

Fig. 9.

2. — Avant d'introduire la greffe dans la fente du sujet, on l'avait taillée en coin afin de rendre cette introduction plus facile, mais en ayant soin de ne pas endommager les yeux ni l'écorce, surtout dans la partie qui devait se trouver en contact avec celle du sujet.

3. — La greffe ne doit pas être trop longue ; on laisse ordinairement deux yeux seulement au-dessus du sujet.

4. — Quand les greffes sont placées sur le sujet, il est essentiel de les soustraire à l'action du soleil, du vent et de la pluie. A cet effet on applique sur la plaie un mélange de glaise et de bouse de vache, appelé onguent de *Saint-Fiacre*, ou, ce qui est bien préférable, une sorte de mastic appelé *cire à greffer*.

5. — Les greffes doivent être des rameaux d'un an coupés sur des arbres bien sains, ni trop vieux, ni trop jeunes, produisant de bons fruits, et du côté le mieux exposé de ces arbres.

6. — Il est bon de tenir les greffes fichées en terre, au nord, pendant une quinzaine de jours avant de s'en servir.

7. — L'époque la plus favorable pour greffer en fente est le printemps, quand la sève commence à circuler.

8. — La greffe dite en *couronne* ne diffère de la greffe en fente qu'en ce que l'on ne fend pas le bois du sujet, et que l'on insère la greffe, taillée en biseau, entre le bois et l'écorce du sujet.

GREFFE EN ÉCUSSON (Fig. 10).

1. — La greffe en écusson consiste à prendre sur un végétal un petit tubercule placé à l'aisselle des feuilles, tubercule qui est un bourgeon naissant appelé *œil*, en ayant soin que cet œil soit entouré d'un peu d'écorce, et à l'introduire dans une incision faite en forme de T sur l'écorce du sujet. Le bourgeon ainsi levé avec une lame d'écorce autour, est ce que l'on nomme l'*écusson*.

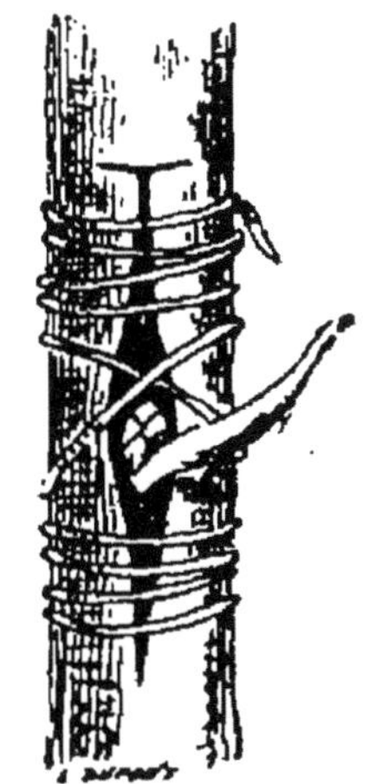

Fig. 10.

2. — Il est important de s'assurer, avant de s'en servir, que l'œil est bien intact.

3. — Avant d'introduire l'écusson dans l'écorce du sujet, on avait soulevé cette écorce avec précaution. Dès que l'œil est en place, on rapproche les parties ouvertes de cette écorce et on les maintient rapprochées, sans les serrer trop, par une ligature faite au moyen d'un fil de laine ou de coton ; puis on coupe le sujet à un œil ou deux au-dessus de la greffe.

4. — Un mois après, quand la greffe paraît bien soudée, on desserre ou on enlève la ligature.

5. — Afin de faciliter le développement de l'écusson, on le pince dès que sa pousse a une quinzaine de centimètres.

6. — La greffe en écusson se pratique à la sève de printemps ou à la *sève d'été*, quand l'écorce se détache facilement de l'aubier.

7. — Pratiquée au mois de mai, elle est dite à *œil poussant* : le bourgeon se développe dans l'année.

8. — Pratiquée en juillet ou en août, elle est dite à *œil dormant* : le bourgeon ne se développe que l'année suivante.

9. — On ne peut greffer entre eux que des sujets appartenant au même genre ou au moins à la même famille, et encore n'est-on bien sûr de réussir que quand on opère sur des individus de même espèce : il faut qu'il y ait analogie de structure entre les deux êtres que l'on veut ainsi réunir et que leur végétation se fasse à la même époque.

DE LA NUTRITION.

1. — On peut dire que l'air et l'eau forment la base de l'alimentation des végétaux, les matériaux essentiels de leur nutrition. L'eau agit particulièrement comme dissolvant.

2. — Les végétaux, au moyen d'organes appropriés, ont la faculté d'attirer en eux, d'absorber, de s'*assimiler*, c'est-à-dire de convertir en leur propre substance, les fluides et les gaz dont ils ont besoin pour vivre et se développer. C'est dans la terre et dans l'air qu'ils puisent ces éléments de nutrition. Il est utile de savoir comment cette *assimilation* s'opère.

3. — Par les poils radicaux, les racines pompent dans la terre en suçant avec une force vraiment prodigieuse (*succion, absorption*), les éléments dont le végétal a besoin.

4. — Ces éléments sont essentiellement le carbone, l'oxygène et l'hydrogène, et de plus, pour quelques parties, l'azote. A ces éléments doivent être encore ajoutées différentes matières salines, terreuses et métalliques.

5. — Le carbone est fourni par l'acide carbonique répandu dans l'air, et par l'humus contenu dans les terres végétales; l'hydrogène est fourni par l'eau ; l'oxygène, par l'air et par l'eau ; l'azote est fourni par l'air et par les engrais ammoniacaux.

6. — C'est dissoutes dans l'eau, ou au moins charriées par l'eau, que ces substances passent dans les racines, et de là montent jusqu'aux feuilles pour redescendre ensuite en subissant diverses modifications pendant ce trajet : telle est la fonction désignée par le mot *circulation*.

7. — Les parties de ces substances qui ne servent pas à la nutrition, sont rejetées dans l'atmosphère par les feuilles, ordinairement sous forme de vapeurs ; et, quelquefois, lorsqu'elles sont très abondantes, sous forme de gouttes liquides remarquables par leur limpidité. C'est là ce que l'on appelle la *transpiration*.

8. — Les végétaux respirent aussi. Toutes leurs parties jouissent de la propriété d'absorber l'oxygène de l'air et de rejeter l'acide carbonique.

9. — Mais les parties vertes contiennent une substance particulière la *chlorophylle* qui, sous l'action de la lumière décompose l'acide carbonique. Elle fixe le carbone et laisse dégager l'oxygène.

10. — Il en résulte que, dans le jour, les plantes dégagent plus d'oxygène que d'acide carbonique.

11. — On voit que la lumière exerce une grande influence sur la nutrition des végétaux. Son influence n'est pas moindre sur leur coloration.

12. — Si l'on oblige une plante à végéter dans l'obscurité, elle *s'étiole*, c'est-à-dire qu'elle s'allonge en devenant blafarde, grêle et moins résistante.

SÈVE.

Nous avons employé le mot sève à propos de la respiration des plantes.

1. — Ce que l'on appelle *sève* et pour ainsi dire le sang des végétaux, c'est le liquide incolore, sans saveur, que les racines pompent dans le sol, qui se perfectionne en se combinant avec les principes de l'air respiré par les feuilles, et qui contient à l'état de dissolution les éléments nécessaires à la vie et au développement de toutes les parties de la plante à travers laquelle il circule.

2. — La sève monte dans les végétaux par les couches ligneuses, principalement par celles qui sont le plus rapprochées de l'étui médullaire.

3. — C'est au printemps qu'a lieu sa principale ascension.

4. — Dans beaucoup de végétaux on en observe une seconde, qui se produit à la fin de l'été et que l'on appelle la *sève d'août*.

5. — Arrivée jusqu'aux feuilles et débarrassée de son excès d'eau par la transpiration, la sève acquiert des qualités nouvelles. D'abord claire et limpide, elle va s'épaississant peu à peu à mesure qu'elle redescend. En descendant, elle suit une voie nouvelle : elle circule entre le liber et l'aubier. Elle change aussi de nom, elle devient le *cambium*.

6. — C'est le cambium qui fournit au végétal les matériaux de la nouvelle couche d'aubier et de la nouvelle couche de liber dont il s'augmente chaque année.

7. — Il n'est peut-être pas inutile de remarquer que la nouvelle couche d'aubier se forme en dehors des anciennes, tandis que la nouvelle couche du liber se forme en dedans des anciennes.

8. — Le cambium ne sert pas seulement à la nutrition et au développement du végétal, il sécrète encore diverses matières dont les unes sont élaborées par des organes particuliers et dont les autres sont rejetées au dehors en donnant lieu à ce que l'on appelle les *excrétions* des plantes.

9. — Ces excrétions sont tantôt gazeuses, tantôt plus ou moins liquides, tantôt solides, sucrées, gommeuses, résineuses, etc.

10. — Les racines elles-mêmes ont aussi leurs excrétions ou leurs déjections, qui sont bienfaisantes ou malfaisantes pour les autres végétaux se trouvant dans leur voisinage. De là vient que certaines plantes semblent se plaire ensemble, tandis que d'autres paraissent réciproquement animées d'une véritable et quelquefois mortelle antipathie.

PLAIES ET MALADIES DES VÉGÉTAUX.

1. — Les végétaux sont exposés à éprouver dans leurs organes et leurs fonctions des altérations plus ou moins graves auxquelles il est utile de savoir porter remède.

2. — Si une portion de l'écorce a été enlevée par un instrument tranchant, la blessure peut se cicatriser seule par la formation de nouvelles couches de cambium. Mais cette cicatrisation s'effectuera plus rapidement si l'on a soin de garantir la plaie du contact de l'air, quand ce ne serait que par le procédé suivant, aussi commode qu'efficace.

3. — On prend des cendres de bois bien fines ; on en fait une bouillie assez épaisse, au moyen d'un peu d'eau, et on enduit de cette bouillie la partie dénudée en la frottant avec le pouce ou mieux avec un bouchon d'herbe, de manière à ce que la cendre entre le mieux possible dans les interstices du bois.

4. — Par ce procédé, que l'on devrait employer toutes les fois que l'on a coupé une branche de quelque importance, on empêche

le suintement de la sève ; on empêche aussi le bois de se fendiller par l'action de l'air, du soleil et de la pluie, et on éloigne les insectes.

5. — Dans le cas de blessures par des instruments contondants, il est nécessaire de rafraîchir la plaie au moyen d'un instrument tranchant ; autrement il se produirait des sortes d'*exostoses*, et le végétal en souffrirait.

6. — Quand la blessure a pénétré jusqu'au corps ligneux, quand il s'est formé des *ulcères*, de la *carie*, des *chancres*, ou que le végétal en est menacé, on doit se hâter de faire disparaître par le fer, en taillant le bois jusqu'au vif, les parties altérées, si l'on ne veut pas voir le végétal promptement dépérir et mourir.

7. — Voici encore un moyen facile de guérir les chancres des végétaux :

Au milieu du chancre, au moyen d'une vrille, et perpendiculairement à la branche, on perce cette branche de part en part. La plaie se cicatrise peu à peu, les coins se soudent, et l'arbre reprend sa vigueur.

8. — Dans tous les cas, on doit mettre au plus tôt les plaies à l'abri de l'air, soit en les recouvrant de cire à greffer, soit de toute autre manière.

9. — Comme les animaux, les végétaux sont sujets à bien d'autres accidents, à bien d'autres maladies. On trouvera dans les ouvrages spéciaux la description de ces maladies et l'indication des moyens propres à les prévenir et à les combattre.

LIVRE PREMIER

NOTIONS SOMMAIRES D'AGRICULTURE

Différentes espèces de sols (1).

1. — L'*Agriculture* est l'art de cultiver la terre.

2. — Elle a pour but de faire rendre à la terre, avec le moins de frais, le plus de produits possible, tout en la maintenant dans un bon état de fertilité.

3. — On appelle, en agriculture, *terre arable*, ou simplement *sol*, la couche superficielle de la terre que l'on cultive ou qui est susceptible d'être cultivée.

4. — Les principaux éléments du sol sont : l'*argile* ou *terre glaise*, la *silice* ou *sable*, la *chaux* et l'*humus*.

(1) Pour l'enseignement, chaque numéro devra donner lieu à une et même à plusieurs questions. Nous avions d'abord songé à les mettre au bas des pages, mais il est si facile de les formuler, que nous avons cru devoir en laisser le soin aux Instituteurs, afin de ne pas augmenter le prix de ce volume.

5. — L'*humus*, sans lequel la terre serait improductive, est une substance noirâtre formée principalement de débris d'animaux et de végétaux en décomposition.

6. — Plus un sol renferme d'humus, plus il est fertile. Les terres riches en humus produisent naturellement la *fumeterre*, l'*yèble*, le *mouron*, le *sèneçon commun*, etc.

7. — Dans la plupart des terrains, on trouve de l'argile, du sable et du calcaire, mais on dit que le sol est *argileux*, *siliceux* ou *calcaire*, suivant qu'y domine l'un ou l'autre des trois éléments.

Ces différents sols présentent des caractères qui ne permettent pas de les confondre.

8. — Les sols argileux sont compactes, tenaces et difficiles à cultiver. En hiver, ils retiennent l'eau, et, pendant l'été, ils se durcissent et se crevassent.

9. — Les sols siliceux, légers et sans consistance, sont, au contraire, faciles à cultiver dans tous les temps, parce qu'ils ne retiennent pas l'eau.

10. — Les sols calcaires ont ordinairement une couleur blanchâtre. Détrempés par la pluie, ils sont pâteux; la sécheresse les réduit en poussière. Comme les terres siliceuses, ils ne retiennent pas l'humidité.

11. — Parmi les plantes qui y croissent naturellement et peuvent les faire reconnaître, on indique la *sauge des prés*, le *tussilage* ou *pas d'âne*, le *mélampyre des champs*, vulgairement *queue de renard*, *rougeole* ou *blé de vache*.

12. — Les terres où l'argile domine s'appellent encore *terres fortes*. Une terre est déjà forte lorsqu'elle contient de 15 à 20 pour 100 d'argile réelle. Il est bien rare de trouver des terres qui en contiennent plus de 35 pour 100.

13. — On nomme *terres franches* les terres où l'argile, la silice et la chaux sont en proportions convenables. Ces terres contiennent de 8 à 15 pour 100 de calcaire et guère plus de 2 à 3 pour 100 d'argile réelle.

14. — Les terres sablonneuses sont souvent désignées sous le nom de *terres légères*.

15. — Par *terres froides*, on entend des terres argileuses qui, ayant peu de pentes, restent humides pendant la plus grande partie de l'année.

16. — Un des meilleurs moyens d'améliorer les terrains froids et tous les terrains argileux ou trop compactes, est, sans contredit, le *drainage*.

Cette opération consiste à ouvrir dans le sol des tranchées plus ou moins profondes, qu'on remplit après avoir posé bout à bout à leur partie inférieure des tuyaux de terre cuite appelés *drains*.

Les eaux provenant de l'égout des terres s'écoulent par les canaux souterrains, légèrement inclinés, que forment ces tuyaux.

On produit aussi l'écoulement des eaux au moyen d'une couche de pierres déposées au fond des tranchées.

17. — Quand l'un des éléments constitutifs d'un bon sol manque à une terre ou n'y entre pas en quantité suffisante, on peut améliorer cette terre au moyen des *amendements*.

Amendements.

1. — Les *amendements* sont des substances minérales qu'on ajoute à certains sols auxquels elles font défaut, afin d'améliorer ces sols en en changeant la nature.

2. — Les principaux amendements sont : l'*argile*, le *sable*, la *chaux*, la *marne*.

3. — L'*argile* améliore les sols siliceux et les sols calcaires.

Le *sable* améliore surtout les sols argileux.

La *chaux* convient aux sols siliceux et surtout aux sols argileux.

La *marne*, de même que la chaux, convient aux sols siliceux et aux sols argileux.

La marne qui contient beaucoup de calcaire est propre aux terrains argileux.

Si la marne est argileuse, elle convient particulièrement aux terres siliceuses.

4. — Pour employer efficacement la marne, on la dépose en petits tas dans le champ avant l'hiver. Lorsque les gelées l'ont réduite en poussière, on la répand et on l'enterre par un léger labour.

5. — La chaux s'emploie à peu près de la même manière. Seulement il faut avoir soin, si on l'applique à des terres humides, de les bien assainir auparavant, au moyen du drainage.

6. — Les effets de la marne se font sentir pendant une trentaine d'années et souvent plus longtemps ; ceux de la chaux, pendant huit ou dix ans.

7. — On se tromperait étrangement si l'on pensait que l'emploi de la marne et de la chaux dispense de fumer une terre. Ces substances facilitent seulement l'action de l'engrais. Une terre marnée ou chaulée serait bientôt ruinée si on ne la fumait pas.

8. — Le *plâtre* est aussi considéré comme amendement, et est précieux pour les terres argileuses : on le dit *amendement stimulant.*

Engrais. — Engrais mixte. — Fumier.

1. — Il ne faut pas confondre les *engrais* avec les *amendements.*

Les *amendements* modifient la nature du sol, sans augmenter la quantité d'humus qu'il contient ; les *engrais* ont pour effet de rendre à la terre ses propriétés fertiles, que la production des plantes a affaiblies.

2. — Toutes les matières végétales ou animales en décomposition peuvent être utilisées comme engrais.

3. — Les engrais se divisent en *engrais animaux,* composés de déjections ou de débris d'animaux ; ce sont les plus puissants ; en *engrais végétaux,* composés entièrement de matières végétales ou débris de feuilles et de plantes, et en *engrais mixtes,* composés de produits végétaux et animaux.

4. — L'engrais le plus employé est le *fumier,* qui est un engrais mixte.

5. — On appelle *fumier* les excréments des bestiaux mêlés au foin ou à la paille qui leur sert de litière.

6. — Les fumiers ont des propriétés différentes suivant les animaux qui les ont produits. Ils sont tous bons sur toutes les terres, mais ils agissent plus efficacement, selon leur nature, sur quelques-unes.

7. — Ainsi, le *fumier d'étable* ou *de vache* convient parfaitement aux terres légères, siliceuses ou calcaires. Ce fumier est dit *fumier froid.*

8. — Le *fumier d'écurie* ou *de cheval,* qu'on appelle *fumier chaud,* convient mieux aux terres argileuses et humides.

9. — Le *fumier des bergeries,* qui possède à peu près les mêmes propriétés que celui du cheval, doit être employé de même ; mais ses effets sont moins durables.

10. — Le *fumier de cochon,* quoique très bon partout, convient plus particulièrement aux terres calcaires.

11. — Quel que soit le fumier employé, on ne doit pas le laisser séjourner en tas dans les champs ; dès qu'il y est, on doit l'épandre et l'enterrer.

12. — Le fumier est la richesse d'une ferme. Un cultivateur ne doit rien négliger pour en produire le plus possible et pour ne lui laisser perdre aucune de ses propriétés.

Il ne faut pas que le tas de fumier s'étende sur une trop grande surface. Mieux vaut qu'il s'élève en hauteur. Il est moins exposé à se dessécher. Généralement il convient de bien mêler le fumier provenant des divers animaux de l'exploitation. Le fumier quand on l'amène sur le tas doit être étalé le mieux possible. Au fur et à mesure que le tas s'élève, il importe de le tasser énergiquement. Il est entendu que le fumier doit être remué le moins possible, car plus on le remue plus le carbonate d'ammoniaque qu'il renferme s'évapore.

13. — L'emplacement destiné au fumier doit être abrité, autant que possible, contre l'action du soleil. On rend cet emplacement imperméable au moyen de glaise battue, et l'on établit une pente peu sensible vers un fossé, également imperméable, où se réunit le jus.

Ce qui est encore très important, c'est que le fumier soit placé de manière à ne jamais être lavé par les eaux pluviales. A cet effet, on entoure son emplacement par des talus de terre tassée de 25 à 30 centimètres de hauteur.

14. — Par les temps de sécheresse, le fumier doit être arrosé avec le purin, ou, à défaut de purin, avec de l'eau. L'arrosage ne doit pas être excessif. De légers arrosages souvent répétés conviennent mieux. Ils entretiennent dans le tas une humidité suffisante.

15. — Pour empêcher que les gaz fertilisants du fumier ne s'évaporent, on a recommandé de saupoudrer les différentes couches dont il se compose, avec du plâtre cru en poudre, ou avec de la poussière de charbon, ou avec de la couperose ou sulfate de fer ou

encore de les arroser avec de l'acide sulfurique étendu d'eau. Il résulte d'expériences concluantes faites par M. Joulie, que ce sont des pratiques auxquelles il faut renoncer, parce qu'elles sont plus nuisibles qu'utiles et que, loin de diminuer les pertes d'azote qui ont lieu pendant la fermentation, elles les augmentent.

Répandre de la chaux sur les fumiers serait encore plus préjudiciable.

16. — Ce qu'il y a de mieux à faire pour prévenir la déperdition des gaz qui constituent la richesse du fumier, c'est, au fur et à mesure que le tas s'élève d'une trentaine de centimètres, de le recouvrir d'un lit de terre de cinq à six centimètres d'épaisseur.

17. — Si l'on ne peut employer le fumier tout de suite, il faut, pour qu'il ne perde pas trop ses propriétés actives, recouvrir le tas d'une légère couche de terre argileuse.

Engrais animaux. — Engrais végétaux.

18. — Les principaux *engrais animaux* sont la *poudrette*, la *colombine*, le *guano*, le *purin* et le *parc*.

19. — La *poudrette*, formée des excréments de l'homme, désinfectés, desséchés et réduits en poudre, convient à tous les sols, mais surtout aux sols argileux. Son action est puissante, mais de peu de durée.

20. — La *colombine* ou *fiente de pigeon* et de *poule*, est aussi un des engrais les plus actifs. Il a à peu près les mêmes propriétés que la poudrette.

21. — On appelle *guano* de la fiente d'oiseaux de mer déposée en masses énormes sur quelques côtes de l'Océan.

Cet engrais, un des meilleurs que l'on connaisse, s'emploie à peu près comme la poudrette.

22. — Le *purin* est l'égout des écuries et des fumiers.

23. — On le mêle avec une quantité égale d'eau pour qu'il ne brûle pas les végétaux ; on y ajoute de la couperose pour y fixer l'ammoniaque, et on en arrose les plantes en végétation, tout au moins les prairies.

24. — On nomme *parc* l'engrais que les moutons déposent sur un terrain où on les fait parquer.

25. — On désigne sous le nom de *fumures vertes* ou d'*engrais verts* des plantes que l'on cultive pour être enterrées avant la formation de leur graine.

26. — Celles qui conviennent le mieux aux terres argileuses sont le *sarrasin*, la *navette*, le *colza* et le *trèfle*.

27. — Pour les terrains calcaires, on doit préférer les *pois*, les *vesces*, les *fèves*, le *lupin*, la *moutarde blanche*.

28. — Toutes ces plantes empruntent à l'atmosphère la quantité d'azote, relativement considérable, qui entre dans leur composition. Si en les enfouissant on y ajoute les engrais chimiques complémentaires (phosphates et potasse) réclamés par le sol et les plantes qu'on y veut cultiver, on a une fumure excellente et avantageuse sous tous les rapports.

Substances diverses dont on ne doit pas négliger l'emploi comme engrais.

1. — Voici encore quelques substances qu'on a tort de laisser perdre, car elles peuvent beaucoup profiter aux récoltes.

2. — Les *cendres*, qu'elles aient été employées à la lessive ou non, sont bonnes dans tous les terrains et particulièrement dans les terres froides.

Le parti le plus avantageux qu'on en peut tirer consiste à les répandre, par un temps calme et humide, sur les prairies naturelles ou artificielles et sur les sarrasins.

3. — Les *os*, composés de phosphate de chaux, conviennent parfaitement à tous les sols pauvres en principes calcaires.

4. — Il faut les broyer de manière à les réduire en poudre très fine avant de les répandre.

5. — La *suie* convient à tous les terrains, mais elle est plus avantageusement employée dans les terres humides et froides. Elle produit un bon effet sur les prairies où poussent des joncs ainsi que sur celles que la mousse commence à envahir.

6. — Les débris des maisons en démolition, composés ordinairement de terre salpêtrée, de chaux, de sable, de plâtre, conviennent à tous les sols et notamment aux sols argileux.

7. — Le *sang* des animaux est un engrais des plus actifs et des plus nourrissants. Il convient à tous les sols.

8. — La *chair* des animaux abattus, si on savait l'utiliser, en la combinant, dans des fosses et au moyen de la chaux, avec toutes sortes de débris végétaux, même les plus grossiers, pourrait fournir un engrais très précieux par son activité.

9. — Les *balayures des rues* ne doivent pas être dédaignées, malgré les graines de toutes sortes qu'elles renferment et qui saliraient le sol ; on peut, à cause de cet inconvénient, les utiliser dans les prairies et dans les terrains où l'on veut semer, soit du sarrasin, soit des vesces. Ces plantes étouffent les mauvaises herbes.

10. — Les *marcs* de raisin, de pommes, de poires, quand ils ont fermenté avec de la chaux dans des fosses, sont des engrais qu'on ne doit pas dédaigner.

11. — Les *tourteaux* de noix, de chènevis, de colza, etc., réduits en poudre et répandus dans les champs, en augmentent singulièrement la fertilité.

12. — Les *chiffons de laine*, lorsqu'ils ont été taillés en très petits morceaux, et qu'on les a laissés macérer suffisamment dans le purin, forment aussi un engrais dont l'effet dure longtemps. On les sème à la volée dans les champs et on les enterre par un léger labour.

13. — Les *rognures de cuir*, les vieilles chaussures hachées en tout petits fragments, les plumes des oiseaux et enfin tous les débris quelconques d'animaux sont des engrais, et d'excellents engrais, dont l'effet est durable.

14. — Les *eaux de savon*, les *eaux de lessive*, étendues des deux tiers d'eau, conviennent surtout pour arroser les légumineuses.

On fera toujours bien, si on ne les utilise pas de cette manière, d'en arroser les fumiers, dont elles augmenteront les propriétés fertilisantes.

15. — Les *curures* de puits, de fossés, d'étangs, de rivières, de marais, mélangées avec de la chaux dans la proportion d'un quart, et soumises, en tas, à l'influence du soleil et de l'atmosphère, peuvent être employées au bout de cinq à six mois. On a alors un engrais qui convient à tous les sols, mais particulièrement aux sols siliceux.

16. — Il n'est pas jusqu'aux plantes réputées les plus nuisibles qui, étant bien décomposées, ne puissent fournir des engrais.

Rien n'est perdu par un cultivateur intelligent. Il tire parti de toutes les plantes inutiles provenant des sarclages, aussi bien que des feuilles sèches, des marcs de pommes ou de poires et de la sciure de bois qu'il peut avoir à sa disposition. Les plantes de toutes espèces, les fougères, les bruyères, les orties, les roseaux, les ajoncs, les genêts, les chardons et le chiendent même deviennent des engrais.

Voici le moyen à employer. Il est facile et peu dispendieux.

Dans une fosse, on entasse les débris de végétaux qu'on a rassemblés, on en fait une première couche de 30 centimètres d'épaisseur, qu'on recouvre de chaux en poudre, mêlée de cendres, de suie, de marne, de curures de fossés ; puis une seconde couche pareille, également recouverte de chaux, et ainsi de suite ; on arrose de temps en temps avec du purin ; et, au bout de quelques mois, on a un très bon terreau. C'est ce qu'on appelle un *compost*.

Labours.

1. — Les *labours* ont pour objet de diviser la terre, de l'aérer, de la soumettre aux influences de la chaleur et de la lumière, de détruire les racines ; en un mot, de l'ameublir, avant d'y semer la graine des plantes que l'on veut faire fructifier.

2. — Il y a trois espèces de labours : le *labour à plat*, qui convient aux sols sains et facilement perméables ; le *labour en billons*, qui convient aux sols humides et à ceux dont la couche arable n'est pas assez

profonde, et le *labour en planches*, qui est le meilleur, et qui finira par être pratiqué presque partout, quand tous les sols froids et argileux seront assainis par le marnage et le drainage.

3. — Un labour est bien fait, quand la terre est parfaitement retournée et qu'on n'aperçoit plus ni herbe ni rien de ce qui appartenait à la surface du champ avant le passage de la charrue. En général, il ne saurait être trop profond.

4. — Une planche est bien faite lorsqu'elle est bien bombée au milieu, de manière que les eaux de pluies puissent s'écouler facilement.

Ensemencements.

5. — Il y a deux manières de semer : on sème *à la volée* ou *en lignes*.

6. — Ce dernier procédé est de beaucoup préférable dans la plupart des cas, parce qu'il offre une économie de semence, qu'il facilite la circulation de l'air entre les lignes, et qu'il présente plus de commodité pour une opération trop souvent négligée, le *sarclage*, c'est-à-dire l'arrachage des mauvaises herbes.

7. — On doit, dans tous les cas, choisir pour semence, les graines les plus belles, les plus pesantes, et celles qui ne sont pas trop vieilles. Il convient qu'elles soient parfaitement nettoyées.

8. — Il est bon, et quelquefois il est indispensable pour un cultivateur, de renouveler la semence qu'il emploie, c'est-à-dire de la faire venir d'un autre pays, ou de la prendre dans la récolte d'un champ dont le sol soit d'une nature différente de celui où il veut la répandre.

Instruments aratoires. — Conservation de ces instruments.

1. — Les instruments employés en agriculture sont aujourd'hui bien nombreux. Tous les jours, on en invente de nouveaux. Mais un cultivateur prudent n'achète que ceux dont les avantages sont parfaitement constatés par l'expérience.

2. — La *charrue* est le premier et le plus indispensable de tous les instruments aratoires (fig. 14 et 15, *p.* 73).

Fig. 14. — Charrue pour tous labours.

3. — Les autres instruments aratoires les plus utiles

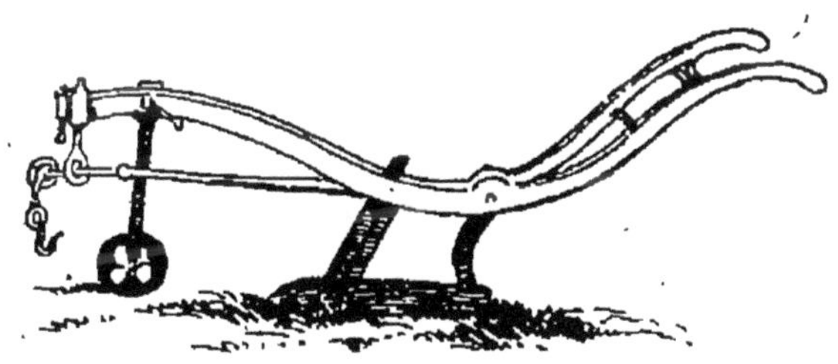

Fig. 15. — Charrue sous-sol ou fouilleuse.

après la charrue, sont : la *herse,* le *rouleau,* l'*extirpa-*

teur, le *scarificateur*, la *houe à cheval*, le *buttoir*, le *semoir*, la *machine à battre*, la *faucheuse*, la *moissonneuse*, la *râteleuse*, le *tarare*, etc.

4. — La *herse* (fig. 16, *p*. 74) sert à enlever les racines et les mauvaises herbes, à unir la surface du sol,

Fig. 16. — Herse Valcour.

à enterrer les graines ; et, au printemps, à faire taller les blés.

5. — Le *rouleau* (fig. 17, *p*. 74) sert à briser les

Fig. 17. — Rouleau Croskhill.

mottes des terres fortes et à donner plus de consistance aux terres trop légères.

6. — L'*extirpateur* (fig. 18, *p.* 75) sert à couper les

Fig. 18. — Extirpateur.

racines entre deux terres et à remuer la terre sans la retourner.

7. — Le *scarificateur* (fig. 23, *p.* 80), dont les dents sont disposées comme le coutre d'une charrue, sert à déchirer et à fouiller la terre plus énergiquement encore que l'extirpateur.

8. — La *houe à cheval* (fig. 19, *p.* 75) est employée pour le binage des plantes sarclées, c'est-à-dire pour

Fig. 19. — Houe à cheval Dombasle.

détruire les mauvaises herbes qui croissent entre les plantes, et pour ameublir le sol.

9 — Le *buttoir*, charrue à deux versoirs, est destiné, comme l'indique son nom, à *butter* ou *chausser* les plantes qui demandent cette opération, ainsi qu'à tirer des raies d'écoulement à travers les terres humides.

10. — Le *semoir* est un instrument très utile pour disposer les semences en lignes, ce qui est préférable dans la plupart des cas et ce qui est beaucoup plus économique.

11. — La *machine à battre* (fig. 20, *p.* 76), qui économise tant de main-d'œuvre, a rendu un immense

Fig. 20. — Machine à battre.

service à l'homme, en le dispensant du battage au fléau.

12. — La *faucheuse*, la *moissonneuse*, la *râteleuse*, rendent aussi d'immenses services, surtout à l'époque actuelle, où les bras manquent à l'agriculture.

13. — Le *tarare* (fig. 26, *p.* 85) remplace avec avantage le van, pour nettoyer les grains.

14. — Dans toutes les bonnes exploitations agricoles, on se sert encore de différents appareils ou instruments très utiles, entre autres du *coupe-racines* (fig. 21, *p.* 76), du *hache-paille* (fig. 22, *p.* 77), des *presses à fromages.*

Fig. 21. — Coupe-racines.

15. — En fait d'appareils qu'il serait désirable de voir dans toutes les fermes, on peut encore indiquer une pompe portative comme celle imaginée par M. Ch. Esclavy, membre de la Société d'Agriculture de Joigny, et construite par M. Suiriau, de Paris.

16. — Elle est établie de

manière à pouvoir servir à l'arrosage des fumiers et des jardins, au lavage des voitures et surtout comme pompe à incendie.

Fig. 22. — Hache-paille.

17. — Elle n'est pas encombrante. Elle ne pèse, y compris son double balancier, qu'un peu plus de 25 kilog. Deux hommes peuvent facilement la transporter partout et la manœuvrer. Elle projette l'eau jusqu'à seize et dix-huit mètres. C'est assez dire les services qu'en cas d'incendie elle est appelée à rendre n'importe où, mais particulièrement dans les fermes écartées, où, le plus souvent, les pompiers n'arrivent que quand le feu a tout détruit.

18. — Les instruments en bois ou en fer se détériorent plus peut-être sous l'influence du soleil et de l'humidité que par l'usage. Un cultivateur intelligent a soin, lorsqu'il ne se sert plus de ses outils, de les ranger à l'ombre et à l'abri.

19. — Un bon moyen de conservation, pour les instruments aratoires, c'est de les faire recouvrir d'une couche de peinture. On arrive au même résultat par un procédé moins dispendieux et plus à la portée de tout le monde.

20. — Voici ce procédé : on fait chauffer de l'huile siccative (de lin, de noix, de chènevis, d'œillette) et, à l'aide d'un pinceau ou d'un chiffon, on en frotte toutes les parties de l'instrument. Au bout de quelques jours, cette huile est sèche et forme un vernis qui empêche le fer de se rouiller au contact de l'air humide, et le bois, qu'il pénètre, de se fendre sous l'influence de la sécheresse.

21. — Par une surveillance active, la ménagère peut beaucoup pour la conservation des instruments aratoires.

Plantes agricoles. — Jachère. — Assolement.

1. — Les plantes *agricoles* peuvent se diviser en quatre catégories : les *céréales*, les *plantes fourragères*, les *racines* et les *légumineuses à graines farineuses*.

Avant de parler de la culture de ces plantes, il est bon de dire ce qu'on entend par les mots *jachère* et *assolement*.

2. — On croyait autrefois que la terre a besoin de se reposer, et on laissait les champs improductifs pendant un an ou deux. Ces champs en friches s'appellent des *jachères*.

3. — Aujourd'hui on se garde bien de suivre un pareil er ement, et, si l'on voit encore des jachères, ce n'est que dans les pays arriérés.

4. — Cependant, comme la terre serait vite épuisée, si on lui demandait chaque année les mêmes produits, on a soin d'alterner les cultures d'une manière rationnelle.

5. — Par *assolement*, on entend l'ordre régulier dans lequel se succèdent les différentes récoltes.

6. — L'assolement est dit de *trois ans*, de *quatre ans*, suivant que la même récolte revient sur le même terrain tous les trois ou tous les quatre ans.

7. — Un assolement facile à suivre, et qui est généralement le plus convenable, est l'assolement *quadriennal* ou *quatre ans*.

Céréales.

1. — On désigne sous le nom de *céréales* des plantes qui appartiennent généralement à la nombreuse famille des *graminées*, et dont les grains servent à la nourriture de l'homme et du bétail.

2. — Les principales céréales cultivées en France, suivant leur ordre d'importance, sont : le *blé*, le *seigle*, l'*orge*, l'*avoine*, le *maïs*, le *sarrasin*.

3. — Le *blé* ou *froment*, dont la farine sert à faire le pain, est, sans contredit, la plus précieuse des céréales.

4. — Les variétés principales sont : le *blé ordinaire* ou *blé d'hiver*, le *blé barbu* et le *blé de printemps*.

5. — Le blé est sujet à plusieurs maladies, la *rouille*,

le *charbon* et la *carie,* que l'on doit prévenir en *chaulant* la semence avant de la mettre en terre.

6. — Comme il importe essentiellement que le blé de semence soit pur de toute mauvaise graine, on ne saurait trop approuver les ménagères, qui, pendant les longues heures des soirées d'hiver, occupent leurs enfants à passer la semence, poignée par poignée, sur des assiettes, pour la débarrasser des grains trop petits et de toutes les graines étrangères qui la salissent.

7. — Les meilleures terres à blé sont les terres argileuses consistantes et profondes, lorsqu'elles sont bien saines et bien préparées.

8. — Le blé de printemps est moins exigeant sur la nature du terrain que le blé d'automne, mais aussi ses produits sont inférieurs sous tous les rapports.

9. — Le blé mis en tas dans les greniers doit être remué à la pelle, de temps en temps, si l'on ne veut pas qu'il s'échauffe, et que les charançons l'attaquent.

10. — Le *seigle* se sème un peu plus tôt que le froment. Il réussit très bien dans les terres légères. On n'a pas besoin d'en chauler la semence.

11. — La paille de seigle, désignée sous le nom de *glui,* est utilisée de mille manières, pour des paillassons, pour couvrir des meules, pour faire des ruches, etc.

12. — Le seigle est sujet à une maladie appelée *ergot,* parce que les épis qui en sont attaqués portent des grains allongés en forme d'ergots.

Le *seigle ergoté* est vénéneux.

13. — L'*orge,* pour prospérer, demande une terre grasse et fertile.

14. — Il y en a deux variétés principales : l'*orge d'hiver* et l'*orge de printemps.* La culture de l'orge est souvent très avantageuse.

15. — L'orge d'hiver est surtout recherchée pour la fabrication de la bière.

16. — L'*avoine* est cultivée pour la nourriture des animaux domestiques et principalement pour celle des chevaux.

17. — Presque tous les terrains conviennent à l'avoine, et elle est bien moins exigeante que les autres céréales quant à la préparation préalable du sol.

Néanmoins, les terrains où elle donne le plus de produits sont ceux qui conservent une certaine fraîcheur.

Fig. 23. — Scarificateur.

18. — Le *maïs* demande bien des soins et ne réussit guère que sous un climat chaud et dans un sol bien amendé.

19. — Au nord et au centre de la France, on ne peut cultiver avec avantage que des espèces très hâtives, le *quarantain* et le *maïs à poulets*.

20. — La farine de maïs sert à la nourriture de l'homme et à l'engraissement des animaux.

21. — Les tiges sont employées comme fourrage et, de ses feuilles sèches, on remplit les paillasses des lits, ce qui fait un coucher parfaitement sain, très usité dans le Midi.

22. — Le *sarrasin* ou *blé noir*, qui appartient à la famille des polygonées, se plaît particulièrement dans les sols siliceux.

Comme il n'est pas difficile sur la qualité du terrain, il est une précieuse ressource pour les contrées froides et peu fertiles.

23. — Comme les grains les premiers mûrs tombent ordinairement sur la terre, on peut, pour qu'ils ne soient pas perdus, conduire dans le champ, après la récolte, un troupeau d'oies ou de dindes qui savent bien les ramasser.

24. — Employée comme litière, la paille de sarrasin fournit un très bon fumier.

Plantes fourragères.

1. — Les *plantes fourragères* proprement dites sont

celles dont les tiges et les feuilles servent à la nourriture des bestiaux.

2. — Les *prairies naturelles* ou *prés* sont des terres qu'on ne laboure point et qui produisent naturellement du foin.

3. — Les *prairies artificielles* sont des terres labourables dans lesquelles on sème, pour la nourriture du bétail, différentes sortes d'herbes appartenant, pour la plupart, à la famille des légumineuses.

Prairies artificielles.

4. — La multiplication des prairies artificielles, en améliorant les terres et en permettant d'élever et de nourrir des bestiaux, est peut-être ce qui a le plus contribué au bien-être des cultivateurs et, par suite, au perfectionnement de l'agriculture.

5. — Les principaux fourrages cultivés comme prairies artificielles, sont : la *luzerne*, le *sainfoin*, et le *trèfle.*

6. — La *luzerne* vient bien dans tous les terrains, s'ils ne sont pas trop humides, et s'ils ont été préalablement bien défoncés et bien fumés.

7. — Dans de bonnes conditions, elle donne ordinairement deux coupes, et, dans les sols très riches, trois et jusqu'à quatre par an.

8. — Elle dure cinq à six ans au moins, et parfois jusqu'à douze.

9. — Le *sainfoin* est le fourrage des terrains secs et calcaires.

On ne peut le cultiver que là avec avantage ; il produit moins que la luzerne et dure moins longtemps.

On ne le coupe qu'une fois l'an.

10. — Le *trèfle* ne dure guère qu'un an, deux ans au plus.

C'est le fourrage qu'on doit semer dans les sols humides et froids, où il donne de bons produits, surtout si ces sols ont été bien ameublis.

11. — La *lupuline* est un excellent fourrage de printemps, qui ne dure qu'une année.

Elle se plaît dans les terres légères, maigres et pierreuses. On ne la coupe qu'une fois.

12. — Le *trèfle incarnat* est aussi un fourrage précieux, en ce qu'il peut être fauché avant tous les autres.

La culture en est peu dispendieuse. Après la récolte d'une céréale, on le sème simplement sur le chaume et on l'enterre avec la herse.

13. — La *moutarde blanche* et la *caméline* donnent de bons produits dans un sol frais et léger, s'il est fertile et bien cultivé.

14. — Les *vesces* se sèment, comme le trèfle, dans les terres argileuses.

Celles *de printemps* donnent des produits moins abondants que celles *d'automne,* mais aussi elles ne courent pas la chance d'être détruites par les gelées.

C'est un fourrage qui n'épuise pas le sol et qui le débarrasse des mauvaises herbes. Il convient aux chevaux et aux moutons.

15. — Le *pois bisaille* vient bien dans les terrains calcaires, s'ils ne sont pas trop secs.

Moyen d'augmenter le produit des plantes fourragères.

16. — Le meilleur moyen d'augmenter le produit des plantes fourragères, c'est de répandre du plâtre cuit en poudre sur leurs tiges naissantes, par une matinée humide du printemps, et de les arroser de temps en temps avec du purin mélangé d'au moins moitié d'eau.

17. — Cet arrosage ne se fait pas dans beaucoup de pays, mais il serait excellent partout.

18. — L'instant le plus convenable pour faucher les prairies artificielles est celui où la plus grande partie des plantes est en fleurs.

Prairies naturelles.

1. — Quoique l'herbe pousse naturellement dans les prés, ce n'est pas une raison pour les négliger. Ils demandent, au contraire, des soins, qui, donnés à propos, en augmentent singulièrement les produits.

2. — Un cultivateur soigneux améliore ses prés en les assainissant quand ils sont humides, en les irriguant dans le cas contraire, s'il est possible de le faire, en les terrant, en les fumant, et en les amendant avec de la curure des mares, avec de la boue des chemins et surtout avec des cendres, de la suie, etc.

3. — Les cendres doivent être réservées pour les endroits les plus humides, où leur action est souvent prodigieuse.

4. — Il faut aussi, chaque année, avoir soin de répandre la terre des taupinières.

Fauchaison et Fenaison.

5. — L'instant le plus favorable pour faucher les prés est celui où ils commencent à défleurir, c'est-à-dire celui où la moitié de l'herbe est déjà en graine.

6. — Le foin, pour être rentré dans de bonnes

conditions de conservation, doit être bien sec et *avoir jeté son feu*.

7. — Il est dans ces conditions quand on a été assez heureux pour le faucher, le faner et le rentrer, sans qu'il ait été mouillé par la pluie.

8. — Tant que l'herbe est restée en andains, sans avoir été remuée par la fourche, la pluie l'altère moins.

9. — Quand, après l'avoir répandu au soleil, dans la journée, le foin n'est pas suffisamment sec le soir, on le met en meulons.

Plantes-racines.

1. — Les *plantes-racines* sont celles que l'on cultive pour leurs racines ou leurs tubercules.

2. — Les plantes-racines cultivées sont : la *pomme de terre*, la *betterave*, la *carotte*, le *navet*, le *topinambour*, le *rutabaga*, etc.

3. — La plus utile des plantes-racines est, sans contredit, la *pomme de terre*, qui nous a été apportée d'Amérique, et que Parmentier a propagée en France au siècle dernier.

Fig. 26. — Tarare ou Ventilateur.

4. — Les plus grosses pommes de terre, qui contiennent beaucoup d'eau, sont sans doute excellentes pour le vaste estomac des bestiaux ; mais, pour la nourriture de l'homme, il vaut mieux choisir celles qui contiennent plus de fécule et ont un goût plus délicat : telles que la *vitelotte*, la *jaune hâtive de Hollande* et plusieurs autres variétés de moyenne grosseur.

5. — Les terres siliceuses, à la fois légères et fertiles, sont celles dans lesquelles la pomme de terre donne les produits les meilleurs et les plus savoureux.

6. — On doit choisir, pour la plantation, des tubercules de moyenne grosseur.

7. — Quand on se sert de gros tubercules, on peut les diviser en morceaux pour les planter ; mais il faut les diviser ainsi quelque temps à l'avance, par exemple, la veille du jour où on les enterre, afin que la plaie faite par le couteau ait le temps de sécher, et ne fasse

pas pourrir le tubercule quand il sera en contact avec l'humidité du sol.

8. — Les germes de pomme de terre, que l'on jette généralement au printemps, peuvent être employés très bien pour semer ; ils donnent souvent de beaux produits quand on les soigne convenablement.

9. — On conserve les pommes de terre dans des caves sèches et dans des silos.

10. — La *betterave* fournit une nourriture excellente pour l'engraissement des bœufs et des vaches.

La betterave, cuite au four et sous les cendres, sert aussi à la nourriture de l'homme.

11. — On la cultive encore pour faire du sucre ou pour en tirer de l'alcool par la distillation.

12. — Elle se plaît particulièrement dans les sols frais, bien fumés et bien ameublis.

13. — Les principales variétés sont : la *betterave disette*, qui croît à moitié hors de terre, et la *betterave de Silésie*, qui s'enfonce dans le sol.

Il y a encore la *betterave jaune*, qui, comme la précédente, contient beaucoup de principes sucrés.

14. — Pour conserver les betteraves, on les place dans un lieu sec, dont la température ne doit pas descendre au-dessous de zéro, afin qu'elles ne gèlent point, ni dépasser 8 à 9 degrés, pour empêcher qu'elles ne germent.

15. — La meilleure manière de les donner au bétail est de les couper et de les mêler avec un sixième de leur poids de paille ou de foin hachés, et de laisser fermenter le mélange pendant vingt-quatre heures.

16. — La *carotte* exige, plus que la betterave, un sol riche, profond, bien fumé et ameubli.

17. — On doit, comme pour les betteraves, les sarcler et les biner avec soin si l'on veut qu'elles donnent un bon rendement.

18. — C'est une mauvaise opération que de couper les fanes des carottes pendant la végétation : on nuit au développement de la racine.

19. — Les *rutabagas*, les *turneps* ou *gros navets*, les *choux-raves*, les *choux-navets* (fig. 27) se cultivent à peu près comme la carotte et demandent le même sol et les mêmes soins.

20. — Le rutabaga résiste aux froids les plus rigoureux. La variété dite *jaune* doit être préférée à la variété *blanche*.

21. — Le *topinambour* n'est pas difficile sur la nature du terrain. Il donne des produits, même dans des sols très médiocres, pourvu qu'ils soient calcaires.

On le plante dès février et on le cultive comme la pomme de terre.

22. — Il ne redoute pas les plus fortes gelées. Aussi peut-on le laisser en terre et ne le récolter l'hiver qu'à mesure des besoins.

23. — Il a la propriété de se reproduire de lui-même par les moindres débris de racines laissés dans le sol.

24. — Les carottes, les rutabagas, les topinambours

Fig. 27.

sont employés, comme la betterave, à nourrir les bestiaux.

Graines légumineuses.

1. — Les principales plantes appelées *légumineuses* dont les grains servent à l'alimentation de l'homme et des animaux, sont : le *haricot*, la *fève*, la *féverole*, la *lentille* et le *pois*.

2. — On les désigne souvent sous le nom de *légumes secs* ou de *légumes farineux*.

3. — Ces plantes sont surtout précieuses par la facilité qu'on a de conserver leurs graines.

4. — Les haricots demandent un terrain léger, riche, bien assaini, ni trop humide, ni trop sec. Des binages et des sarclages lui sont très utiles.

5. — Il y en a plusieurs variétés. Les meilleurs haricots *à rames* sont le *soissons*, le *sabre* et le *rouge de Prague.*

6. — Les meilleurs haricots sans rames sont : le *flageolet*, le *soissons nain* et le *nain suisse.*

7. — Les *fèves* demandent une bonne terre un peu humide.

8. — Elles doivent être sarclées, binées, buttées. Au moment de la formation des gousses, on les *pince* ou plutôt on les *écime*, ce qui veut dire qu'on retranche les sommités des tiges.

9. — On les sème ordinairement en mars ou au commencement d'avril. Elles exigent des binages.

10. — Les *féveroles* enfouies en vert sont un des meilleurs engrais végétaux.

11. — La culture des féveroles n'épuise pas le sol : elle améliore considérablement les terres fortes et argileuses, et est, dans ces terres, une excellente préparation pour les récoltes de froment.

12. — Coupée quand elle est en fleur, la féverole est un excellent fourrage ; mais c'est de son grain sec qu'on tire le parti le plus avantageux ; il convient pour les jeunes chevaux.

13. — On sème les lentilles en mars et en avril, mais seulement dans les terrains secs, sablonneux et fumés.

14. — On les sème en lignes convenablement espacées pour la facilité des sarclages.

15. — Il est plus avantageux de conserver les graines dans leurs cosses pour ne les battre qu'au fur et à mesure des besoins.

16. — Les meilleures variétés sont la *grosse lentille blonde* et la *lentille à la reine* ou *petite lentille rouge.*

17. — Les *pois* préfèrent un terrain chaud et calcaire. Ils ne doivent pas être trop fumés, parce qu'alors ils poussent tout en tiges et grainent peu.

C'est pour cela que généralement on les fait suivre une récolte de céréales. Ils épuisent la terre, qui exige, après, une bonne fumure.

On les sème en mars à la volée ou en lignes.

18. — Le *pois vert normand* et le *pois anglais de Norfolk* sont ceux qui doivent être préférés par la grande culture.

19. — Semés trop souvent sur le même terrain, les pois ne grainent plus et deviennent amers.

Plantes industrielles ou commerciales.

1. — Les plantes *industrielles* ou *commerciales* sont celles dont l'industrie s'empare pour les soumettre à différentes opérations et en tirer divers produits qu'elle livre ensuite au commerce.

2. — Les plantes industrielles se divisent en plantes *oléagineuses*, plantes *textiles* et plantes *tinctoriales*.

Plantes oléagineuses.

3. — On nomme plantes *oléagineuses* (*fig.* 28) celles dont les graines produisent de l'huile.

4. — Les principales sont : le *colza*, la *navette*, le *pavot blanc* ou *œillette*, la *moutarde* et la *caméline*.

Fig. 28.

5. — Les sols frais, consistants, bien fumés, bien ameublis et bien assainis sont ceux où le colza réussit le mieux.

6. — La culture la plus avantageuse du colza consiste à le semer en pépinière depuis juillet jusqu'à la moitié du mois d'août, puis à le repiquer en lignes au mois de septembre ou d'octobre. On le récolte à la fin de juin.

7. — Le colza s'égraine facilement ; les vents, la pluie, les oiseaux sont à redouter.

8. — Avant qu'il soit complétement mûr, quand les siliques commencent à jaunir et les grains à brunir, on coupe les tiges à la faucille, on les réunit en grosses javelles, et, au bout de quelques jours, quand les graines sont mûres, on le rentre et on le bat. Dans quelques contrées, le battage se fait dans le champ même sur une large toile : c'est une bonne pratique.

9. — On doit remuer souvent les graines de colza réunies en tas, pour les aérer et les empêcher de s'altérer.

10. — La *navette* donne des produits un peu moins abondants que le colza, mais elle est moins exigeante sur la qualité du terrain.

11. — Elle est cultivée assez avantageusement, même dans des terres médiocres, pourvu qu'elles soient bien ameublies et bien fumées.

12. — On la sème à la volée depuis la fin de juillet jusqu'au commencement de septembre. On éclaircit au printemps, on bine et on fait la récolte comme pour le colza.

13. — Les variétés de colza et de navette, dites *de printemps*, sont moins difficiles sur le terrain que celles d'hiver, mais elles rendent beaucoup moins.

14. — Le *pavot* ou *œillette,* demande des sols légers et sablonneux, mais riches et profondément labourés.

15. — On le sème au commencement du printemps. La culture en lignes est préférable, parce qu'elle donne plus de facilité pour le binage et les sarclages.

Plantes textiles.

16. — Les plantes *textiles* (*fig.* 29) sont celles dont
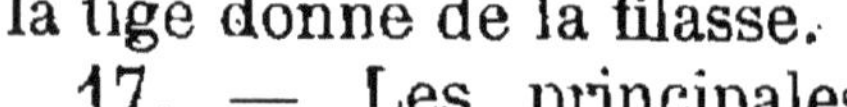
la tige donne de la filasse.

Fig. 29.

17. — Les principales sont le *chanvre* et le *lin.*

18. — Le *chanvre* demande, pour donner des produits avantageux, une terre excellente, profondément remuée et copieusement fumée.

19. — On le sème à la volée dès que les gelées ne sont plus à craindre. On recouvre très légèrement la graine et on veille avec soin à ce que les oiseaux ne la viennent pas manger.

20. — On doit, s'il est possible, renouveler la semence tous les ans.

21. — Dans certaines localités, on dit improprement *le mâle* pour désigner les tiges qui portent la graine ou *chènevis*, et *la femelle* pour désigner les tiges qui ne portent point de graines.

22. — Les tiges de chanvre, débarrassées de leurs feuilles, qu'on ne doit pas perdre, parce qu'elles forment un excellent engrais, sont liées en petits paquets et tenues dans l'eau, celles du mâle pendant huit jours, et celles de la femelle pendant douze à quinze ; cette opération s'appelle *rouissage*.

23. — Elles sont ensuite séchées, puis *teillées*, c'est-à-dire qu'on les broie pour séparer les chénevottes des filaments. On a alors la filasse, qui, peignée, puis filée, sert à faire la toile.

24. — Le chénevis sert à faire de l'huile à brûler. On l'emploie aussi à la nourriture des oiseaux de volière et de basse-cour.

25. — Les terres qui conviennent le mieux au *lin* sont les terres riches, fraîches, parfaitement nettoyées et ameublies.

26. — Il donne de bons produits sur le sol bien préparé des prairies défrichées. La filasse qu'il fournit est bien plus fine que celle du chanvre. On fait subir aux tiges de lin les mêmes opérations qu'à celles du chanvre.

27. — La graine de lin est employée à faire de l'huile *siccative* pour les peintres. La médecine l'utilise aussi de diverses manières.

Plantes tinctoriales.

28. — On appelle *plantes tinctoriales* celles qui fournissent des substances colorantes.

29. — Les principales sont : la *garance*, la *gaude*, le *pastel*, le *safran* et la *renouée des teinturiers*.

30. — Ces plantes sont cultivées dans quelques contrées spéciales qui en font l'objet d'un grand commerce.

Autres plantes industrielles.

31. — Les principales autres plantes industrielles sont : le *tabac*, plante annuelle, qu'on ne peut cultiver sans autorisation, et de la vente duquel le gouvernement s'est réservé le monopole.

32. — La *cardère* ou *charbon à foulon,* indispensable à l'industrie des tissus ;

33. — La *chicorée sauvage,* dont la racine, torréfiée et réduite en poudre, est vendue pour être mélangée avec le café ;

34. — Et le *houblon*, plante grimpante, dont les fleurs sont employées à la fabrication de la bière.

35. — A ces plantes on peut ajouter le *mûrier* et l'*aylante.*

36. — Le *mûrier* et l'*aylante* sont des arbres dont les feuilles servent à la nourriture des vers à soie.

De la Vigne.

1. — Pour qu'un végétal quelconque prospère, il lui faut de l'espace ; ses racines en ont besoin aussi bien que ses rameaux, ses fleurs et ses fruits.

C'est donc à tort que, généralement, dans la plantation des vignes (*fig.* 31), on ne laisse pas assez de distance entre les ceps.

2. — La distance entre les ceps varie selon diverses circonstances relatives à la nature des terres et à l'espèce des cépages. Il ne devrait pas y avoir, en général, moins d'un mètre d'intervalle entre les *lignes* ou *perchées.*

3. — Ainsi espacés, les ceps ont de la place pour étendre leurs racines. Ils sont, par conséquent, plus vigoureux ; ils s'usent moins promptement. Mieux exposé à l'air et au soleil, le raisin

Fig. 31.

fleurit dans de meilleures conditions ; il mûrit plus tôt et acquiert plus de qualité ; il est plus beau, plus volumineux, et en somme, le rendement est plus considérable.

4. — A ces avantages, on peut en ajouter un autre, immense aujourd'hui que la main-d'œuvre est devenue presque ruineuse, celui de pouvoir beaucoup plus commodément et sans aucun inconvénient, employer la charrue pour donner aux vignes les trois ou quatre labours qu'elles exigent chaque année.

5. — Parmi les travaux d'entretien de la vigne, il en est qui sont ordinairement réservés aux femmes. Ainsi, entre autres, ce sont elles, et souvent avec elles des enfants, qui *accolent*, qui *ébourgeonnent*, qui *rognent*.

6. — L'*ébourgeonnement* consiste, dès que les bourgeons ont de 15 à 20 centimètres, à supprimer tous ceux qui fatigueraient inutilement la vigne, c'est-à-dire ceux qui ne portent point de fruits et qui ne sont pas nécessaires pour la taille de l'année suivante. On ne doit pas ébourgeonner tant que les gelées sont encore à craindre.

7. — Cette opération doit être renouvelée, sans faute et sans retard, à mesure qu'il en est besoin.

8. — On doit aussi retrancher, dès qu'ils apparaissent, tous les sarments qui poussent dans l'aisselle des feuilles.

9. — On fait bien, en ébourgeonnant, de laisser un ou deux bourgeons, des plus beaux, au talon des coursons qui semblent un peu trop allongés.

10. — Les bourgeons ainsi conservés permettent, à la taille suivante, de raccourcir le vieux bois, qui, en bon principe, doit être tenu le moins long possible, surtout s'il s'agit de cépages communs.

11. — Il ne faut pas trop tarder pour procéder à l'*accolage* des vignes, car il arrive que le vent abat, quand ils ne sont pas attachés, un certain nombre des sarments les plus beaux et les plus chargés de fruits.

On accole quand la vigne commence à entrer en fleurs.

12. — On commence à *rogner* la vigne quand elle est hors de fleur et que le grain du raisin est bien formé.

13. — Cette opération se renouvelle à mesure que les sarments dépassent le haut des échalas.

14. — Quelquefois, pour hâter la maturité du raisin, on *épampre*, c'est-à-dire qu'on enlève un peu de feuilles à chaque sarment qui en est trop chargé. On ne doit ainsi enlever des feuilles qu'à la face du cep qui regarde le levant.

15. — Les gelées, particulièrement celles du printemps, font très souvent un mal considérable dans les pays vignobles.

Parmi les moyens employés pour garantir les vignes de ces gelées, on indique la formation de nuages artificiels. Ces nuages se produisent au moyen d'huile lourde de goudron de gaz brûlant dans des godets de tôle fabriqués exprès. On prend ses dispositions pour que ces nuages planent sur tout le vignoble, de trois à six ou sept heures, pendant les froides matinées d'avril et même de mai, quand cela est nécessaire.

16. — Un autre moyen, peut-être plus sûr, consiste dans l'emploi de toiles grossières et à bon marché, que l'on tient tendues horizontalement au-dessus des ceps en les fixant sur les échalas ou les fils de fer pendant tout le temps que les gelées printanières sont à redouter.

Ces toiles, si l'on en prend soin, peuvent servir pendant un bon nombre d'années.

Le Phylloxéra.

Il n'est pas possible de parler aujourd'hui de la vigne sans parler du phylloxéra.

Cet insecte a déjà causé tant de ruines, depuis son apparition en France, vers 1863, et l'on a si peu l'espoir d'en être jamais complétement débarrassé qu'il est du devoir de chacun de le bien connaître afin de pouvoir mieux aider à le combattre.

Les indications qui suivent sont empruntées à l'instructif et intéressant ouvrage d'un de nos savants les plus autorisés, M. Maurice Girard, (1).

(1) Le Phylloxéra; par Maurice Girard, vol. in-12. (*Hachette*).

Aperçu entomologique.

1. — Le phylloxéra est un insecte articulé, qui comprend :

1° Des femelles sédentaires, rostrées, c'est-à-dire pourvues d'un rostre ou bec, sans ailes : ce sont elles qui dévorent les racines de la vigne ;

2° Des femelles de migration, ailées et rostrées ;

3° Des sexués, mâle et femelle, sans ailes et sans rostre : ces derniers sont beaucoup plus petits que les autres ; ils ne mangent pas.

2. — Le phylloxéra est d'autant plus redoutable que la nature l'a doué des moyens les plus parfaits de reproduction, de propagation et de destruction.

3. — Il est d'autant plus difficile de le détruire qu'il n'exerce pas son action extérieurement, mais en se cachant profondément dans la terre, sur les racines. Il est de plus d'une extrême petitesse. Il n'a pas plus de 3/4 de millimètre de long sur un demi-millimètre de large.

4. — Sa forme, dans l'ensemble, se rapproche assez de celle d'un petit pou. Sa couleur est d'un jaune brun.

5. — C'est un suceur ayant quelque analogie avec le puceron des rosiers, des pêchers, des poiriers, etc., quoiqu'il ne soit pas un puceron.

6. — Son bec est solide et d'une longueur à peu près égale à la moitié de celle de son corps. A l'aide de ce bec, il se fixe sur une racine et il en pompe la sève n'abandonnant sa proie que quand la plante se trouve épuisée. Il la quitte alors pour aller se fixer sur un des ceps les plus voisins ; et c'est ainsi que, de proche en proche, ses innombrables bataillons finissent, en assez peu de temps, par détruire les vignobles de toute une contrée.

7. — Le phylloxéra se multiplie et se propage de plusieurs manières, principalement par des œufs qu'il dépose à l'air sur l'écorce des ceps pendant la belle saison et qui éclosent au printemps suivant, vers le mois d'avril.

8. — La plupart des femelles sans ailes qui sortent de ces œufs, dits *œufs d'hiver,* gagnent tout de suite les racines, et comme elles-mêmes sont fécondées,

elles ne tardent pas à y produire la série des colonies souterraines de dévastation.

Symptômes de la maladie phylloxérienne.

1. — Il importe de reconnaître la présence du phylloxéra dans une vigne.

D'après M. Maurice Girard,

« Les points d'attaque ou taches se reconnaissent à distance par les feuilles flétries, jaunes ou rouges, contournées sur les bords, par les raisins arrêtés dans leur croissance et ridés, si le mal est invétéré.

2. — On est en outre frappé du rabougrissement des ceps comparés aux ceps voisins, du faible nombre de leurs feuilles, de la petitesse de celles-ci.

3. — Si l'on a affaire à une attaque datant de deux à trois ans, on voit au centre quelques ceps morts et sans feuilles, tout autour des ceps chétifs, n'ayant que quelques feuilles et pas de fruits, puis une ceinture de ceps à feuilles flétries et tachées, enfin une dernière ceinture de ceps verts et luxuriants, et cependant déjà atteints par l'insecte sur leurs racines ; c'est là l'apparence de la *tache d'huile*, suivant la juste et pittoresque expression de M. Gaston Bazille. »

Propagation du Phylloxéra.

« Le phylloxéra s'avance des vignes malades aux vignes saines de plusieurs manières :

1. — 1° A l'état ailé, avec l'aide des vents, il va tomber parfois à 10 ou 12 kilomètres de distance, ce qui est la marche normale, annuelle de l'invasion phylloxérienne ; mais les vents violents peuvent les porter accidentellement beaucoup plus loin.

Les femelles de migration peuvent encore être portées au loin de différentes autres manières.

2. — 2° A l'état aptère (sans ailes) par propagation à faible distance. Ici, deux modes de parcours. Par les jours de grande chaleur, on peut les suivre à la surface du sol, rampant des ceps malades aux ceps sains. En outre, l'insecte se déplace sous terre d'une racine à l'autre à travers les fissures du sol et les interstices des pierres. »

Destruction du phylloxéra par les procédés chimiques ou toxiques.

1. — Bien des essais ont été faits. Une foule de toxiques d'un maniement plus ou moins dangereux ont été employés. De toutes ces expériences, il résulte que, jusqu'ici, le procédé le plus efficace et le plus pratique est l'emploi direct du *sulfure de carbone*.

2. — Cette substance est introduite dans le sol au moyen d'appareils particuliers dont le plus perfectionné est le *pal injecteur Gastine*. Il ne doit être confié qu'à des ouvriers prudents ayant appris à s'en servir.

3. — « Par l'emploi du sulfure de carbone on est arrivé à maintenir en récolte satisfaisante beaucoup de vignes en opérant deux traitements par an : le premier de novembre à mars, le second en juin

4. — Chaque traitement doit être suivi d'une forte fumure avec chlorure de potassium pour fortifier la vigne.

5. — Ordinairement, on fait quatre trous de pal par mètre carré, avec 6 à 10 grammes de sulfure de carbone par trou.

6. — L'injecteur doit être introduit verticalement autant qu'on le peut et aussi profondément que le terrain le permet. »

De l'arrachage.

1. — Dans un pays où l'invasion commence, on peut enrayer le mal en faisant la *part du feu*, c'est-à-dire par l'arrachage des parties attaquées du vignoble, à la condition que cet arrachage soit judicieusement effectué.

2. — « Il faut l'étendre aux vignes encore saines qui entourent les taches d'attaque et principalement avoir le plus grand soin, avant toute opération pratiquée sur le sol, de l'arroser d'un liquide empoisonné, de bouleverser tout le sol profondément, de le mêler de chaux vive, en brûlant d'ailleurs, après les avoir arrosées de pétrole ou de goudron, toutes les racines arrachées que l'on a pu atteindre.

3. — Sans ces précautions, les vignes qu'on replanterait seraient infectées de nouveau, et même, si le

sol restait en friche, les vignes voisines pourraient être infectées aussi.

4. — Avant de toucher au sol, l'empoisonnement est indispensable, sinon les pieds des hommes et leurs outils porteront avec eux la maladie partout où ils seront promenés. »

Submersion.

1. — On a remarqué que les vignes qui restent submergées pendant une partie de l'hiver ne sont pas ravagées par le phylloxéra. Comme préservatif on a donc pu avec raison recommander la submersion. Par malheur, c'est un moyen qui n'est praticable que dans un très petit nombre de cas, les vignes étant généralement plantées sur des coteaux et loin des eaux.

2. — Quand il est possible d'user de ce préservatif, il faut tenir la vigne complètement submergée pendant au moins quarante jours si l'on veut être absolument sûr du succès. La submersion doit être renouvelée tous les ans ou au moins tous les deux ans.

Résistance des vignes plantées dans des sols peu perméables à l'eau.

1. — Les vignes qui reposent sur un sous-sol argileux et imperméable, qui sont très mouillées l'hiver, résistent aussi bien mieux que d'autres.

2. — Les propriétaires de ces vignes, s'ils ne peuvent les tenir complètement submergées pendant l'hiver, feront bien, au lieu de chercher à les assainir, de les tenir inondées le plus longtemps qu'ils le pourront.

Résistance des vignes plantées dans le sable.

« L'expérience a aussi constaté que les vignes qui poussent dans un sol presque entièrement sablonneux sont rebelles au phylloxéra. Il ne peut circuler entre les racines, ni trouver passage pour pénétrer sous le sol d'un cep à un autre. »

Destruction de l'œuf d'hiver aérien.

1. — Pour tuer les œufs d'hiver que les femelles

ailées déposent sur les sarments et jusque sur le collet de la racine, on indique le badigeonnage complet de toutes les parties de chaque cep, au moyen d'un pinceau plat, avec un liquide composé de neuf parties de goudron de houille et d'une partie d'huile lourde, substances que l'on se procure dans les usines à gaz.

2. — Ce badigeonnage doit être effectué pendant l'arrêt de la végétation, après la taille, dans le courant de février ou de mars.

Précautions à prendre lors de la taille de la vigne.

1. — Il est recommandé de faire ramasser avec le plus grand soin tous les sarments éliminés par la taille, parce que ces sarments peuvent recéler quelques œufs d'hiver. On les brûlera sur place ou on les emportera loin du vignoble pour les remiser dans un endroit clos, abrité et sec.

2. — Lorsque les sarments restent exposés à l'air et à l'humidité, les œufs peuvent conserver leur vitalité et éclore au printemps.

Moyen facile d'empêcher la propagation du phylloxéra par les boutures de vigne.

1. — Il résulte d'expériences faites par M. Georges Couanon et récemment exposées par lui à l'Académie des sciences que pour tuer complètement tous les phylloxéras qui peuvent se trouver sur des boutures de vigne, il suffit de plonger celles-ci dans de l'eau chaude (de 45 à 50 degrés).

2. — C'est une précaution aussi facile à prendre qu'inoffensive et que l'on ne devrait jamais négliger quand on a des boutures de vigne à expédier ou à employer, surtout aujourd'hui que le phylloxéra se manifeste dans tant de vignobles où l'on ne soupçonnait pas sa présence.

Reconstitution des vignobles français au moyen de cépages américains.

1. — Beaucoup de vignobles de France, qui avaient été détruits par le phylloxéra, ont pu être reconstitués

pendant ces dernières années à l'aide de cépages américains.

2. — Pour être amené à employer ce moyen, on a considéré que si l'insecte dévore les racines de notre vigne française (*vitis vinifera*), il respecte celles de certaines vignes américaines, d'un autre genre, d'une autre espèce que la nôtre, et ne s'attaque qu'à leurs feuilles.

3. — On a donc planté de ces vignes, notamment le *scuppernong,* qui est une vigne ou arbre à peu près sauvage, et l'on a greffé dessus des cépages français.

Du Vin.

1. — Dans bien des contrées le vin serait beaucoup meilleur s'il était fabriqué et conservé avec plus de soin.

2. — Le plus souvent on vendange trop tôt.

3. — On ne s'inquiète pas non plus assez des futailles et des soins qu'elles exigent.

4. — Lorsqu'on met le vin dans des futailles qui ont déjà servi, il faut toujours s'être assuré auparavant qu'elles n'ont aucun mauvais goût ; et, dans presque tous les cas, il convient de les laver, d'abord avec un lait de chaux, puis à plusieurs eaux.

5. — Pour qu'il se comporte bien, le vin, dès qu'il est fait, doit être placé, sans retard, à la cave ou au cellier dans des tonneaux exempts de tout mauvais goût, et qui soient solidement cerclés.

6. — Ces tonneaux doivent être tenus constamment pleins.

7. — Le vin, et il en est de même du cidre, qu'on tire du tonneau pour l'usage journalier perd beaucoup de sa qualité en restant longtemps en vidange.

8. — Il faut faire en sorte que les tonneaux de vin ou de cidre ainsi consommé soient le plus petits possible.

9. — Le bon vin qu'on veut garder pendant plusieurs années, doit être mis en bouteilles et déposé dans un endroit frais. Il est important que les bouteilles soient parfaitement bouchées. On fait bien d'employer des bouchons neufs et d'enduire le dessus de ces bouchons avec de la cire à cacheter.

10. — Avant de mettre le vin en bouteilles, il faut le clarifier en le *collant* avec des blancs d'œufs ou avec de la pulvérine d'Appert ou avec de la colle de poisson.

11 — Quand un tonneau vient d'être vidé, on le fait égoutter, on y brûle un bout de mèche soufrée, on le bouche hermétiquement et on le place dans un endroit sec.

12. — Il peut arriver qu'une ménagère n'ait à sa disposition que du vin nouveau et que cependant elle ait besoin de vin vieux, soit pour un malade ou un convalescent, soit autrement.

Voici un procédé expéditif pour vieillir le vin :

On entonne ce vin dans des bouteilles de manière à ce qu'elles ne soient pleines qu'aux trois quarts ou à peu près On les bouche et on les place debout dans une chaudière. Dans cette chaudière, on verse de l'eau jusqu'à ce que le niveau atteigne le bas du goulot des bouteilles. Puis on met chauffer le tout. La température de l'eau ne doit guère dépasser une soixantaine de degrés. Lorsque les bouteilles sont restées environ une heure dans cette eau chaude, on les retire de la chaudière, on finit de les remplir, on les rebouche et on les descend à la cave. Ainsi traité, le vin acquiert les qualités que lui auraient données plusieurs années de bouteille.

Comment on peut bonifier le vin dans les années où le raisin ne mûrit pas parfaitement.

1. — Certaines années, qui par malheur se présentent trop souvent, les vendanges ne mûrissent qu'imparfaitement et le raisin n'ayant pu acquérir tout le sucre qui lui est nécessaire pour produire du vin de qualité marchande, il y a lieu de suppléer à ce défaut en fournissant au moût le sucre qui lui manque.

2. — Il ne faut employer que de bon sucre de canne ou de betterave. On peut se servir de sucre raffiné, mais on obtient plus économiquement le même résultat par l'emploi de sucre blanc en poudre, de la sorte dite nº 3, type de Paris.

3. — Ce sucre est très blanc, en beaux cristaux, d'une saveur agréable, d'une pureté très grande : il

contient ordinairement 99 p. 100 de sucre. Son prix est inférieur de dix francs par 100 kilos à celui du sucre raffiné en pains.

4. — L'expérience a appris qu'il faut ajouter, par hectolitre de moût, 1 kilo 700 de sucre pour chaque degré alcoolique dont on veut que le vin soit renforcé.

5. — Les années où le cidre est de médiocre qualité on fait bien de lui rendre la force alcoolique qui lui manque au moyen du sucre en procédant comme il vient d'être dit pour le vin.

6. — On peut aussi employer des raisins secs dits de Corinthe, au lieu de sucre cristallisé, pour rehausser et bonifier les vendanges défectueuses.

7. — Voici l'indication de la quantité de raisins secs à employer.

En calculant que 100 kilos de raisins frais peuvent produire 70 litres de vin, il y a lieu d'ajouter, pour chaque degré alcoolique dont on veut augmenter la masse, environ deux kilos de raisins secs.

Vins de seconde cuvée ou vins de marc.

1. — La ménagère, qui ne doit jamais perdre de vue l'approvisionnement de sa maison, ne manque pas d'insister pour que l'on tire le meilleur parti des marcs en les utilisant à la confection d'une seconde cuvée de vin.

2. — Voici comment on procède pour la fabrication des vins de marc.

Quand le vin de goutte est tiré de la cuve, on verse sur le marc une solution sucrée contenant autant de fois 1 kilo 700 de sucre blanc cristallisé que l'on veut obtenir de degrés alcooliques : soit, pour 10 degrés, 17 kilos de sucre par hectolitre d'eau. Si l'on voulait du vin à 8 degrés seulement, il ne faudrait que 13 kilos 600 de sucre.

3. — Avec du sucre en quantité suffisante on peut donner au vin le degré que l'on veut. Mais l'expérience a démontré qu'il est plus prudent de faire du vin pesant entre 8 et 10 degrés ; la fermentation, dans ces conditions, s'effectue d'une manière plus régulière.

4. — L'expérience a aussi indiqué qu'au lieu de faire

dissoudre en une seule fois tout le sucre dans l'eau, il est préférable de laisser la fermentation s'établir dans une solution plus faible (8 à 10 kilos de sucre par hectolitre d'eau) et ajouter ensuite peu à peu le complément de sucre, lorsque le moût est en pleine fermentation.

5. — Le vin ainsi obtenu est agréable et très sain. On peut en tirer bon parti soit en le consommant à la maison soit en le vendant.

6. — Il est sans doute inutile de dire que, dans ce dernier cas, la probité commande de ne le vendre que pour ce qu'il est et non de tromper l'acheteur en le lui fournissant comme vin de mère goutte. Du reste, en agissant de cette manière déloyale, on s'exposerait à se faire justement condamner par les tribunaux.

7. — Au lieu de sucre on peut aussi très avantageusement employer des raisins secs pour les vins de seconde cuvée. Dans ce but, il suffira d'ajouter au marc des raisins secs macérés dans de l'eau tiède et écrasés dans la proportion de 1 kil. de raisins secs pour 3 litres d'eau.

8. — Après une nouvelle fermentation, qui durera de cinq à huit jours, on procédera à un nouveau soutirage. Ce second vin aura emprunté au marc de la cuve ses matières colorantes ; il contiendra de 8 à 12 pour cent d'alcool, et sera parfait pour la consommation.

9. — Après que l'on a tiré le vin de seconde cuvée, on peut en obtenir une troisième. On procède absolument comme il vient d'être dit, soit avec du sucre cristallisé soit avec des raisins secs.

10. — Dans l'intérêt du goût et aussi de la fermentation, on fait bien, en général, pour les vins de seconde cuvée et particulièrement pour ceux de troisième, de faire dissoudre dans l'eau un peu d'acide tartrique en même temps que le sucre.

11. — Quand on ne peut pas utiliser le marc de vendange immédiatement après son pressurage, il importe de le conserver à l'abri de toute altération. Si on le laissait exposé à l'action de l'air, il ne tarderait guère à être complètement perdu.

C'est pour cela que, si on n'en fait pas tout de suite

de l'eau-de-vie, il faut l'enfermer dans des tonneaux que l'on enfonce soigneusement et que l'on tient hermétiquement bondés, en attendant l'instant de le distiller.

12. — Il n'est peut-être pas inutile de rappeler ici qu'en vertu de la loi du 29 juillet 1884 et du décret du 22 juillet 1885, il est accordé aux cultivateurs une réduction de droits sur les sucres qu'ils emploient soit pour relever le degré alcoolique du vin ou du cidre provenant de leur récolte, soit pour utiliser les marcs de leur vendange en en faisant des vins de marc. Ces droits sont pour eux réduits, dans ce cas, à 20 fr. les 100 kilos de sucre raffiné ; et l'on peut dire que bien mal avisés sont les vignerons qui ne profitent pas des incontestables avantages de cette réduction.

Du Cidre et du Poiré.

1. — Toutes les pommes peuvent être employées à faire du *cidre,* mais le jus qu'elles rendent est en plus ou moins grande quantité et a plus ou moins de qualité suivant les espèces.

2. — On considère comme les meilleures parmi les pommes à cidre, celles qui sont les plus âcres et dont la chair est la plus sèche.

3. — On ne doit pas récolter les pommes avant qu'elles soient suffisamment mûres. Il est temps de les cueillir lorsque le pépin est noir, et lorsqu'on les détache facilement de la branche sans rompre la lambourde qui les porte.

4. — On choisit pour la cueillette une belle journée, un temps sec. On attend dix à onze heures du matin, instant du jour où l'air et le soleil ont bu la rosée.

5. — On doit gauler les branches avec précaution, afin de ne pas abattre les bourgeons à fruits.

6. — Lorsqu'elles ont mûri en tas pendant une huitaine, on écrase ou l'on casse les pommes jusqu'à ce qu'elles soient réduites en petits morceaux, dont les plus gros ne doivent pas dépasser le volume d'une noisette ; puis on les met sous le pressoir et on les presse en procédant à peu près comme pour le raisin.

7. — Aussitôt que le cidre est fait, on le verse dans des tonneaux bien préparés et bien nettoyés. Ces tonneaux sont placés sur des chantiers dans un cellier ou dans une cave dont la température ne doit guère varier entre 8 et 15 degrés. On les remplit exactement, on ferme la bonde tout simplement en appliquant dessus un petit morceau de linge mouillé, et on attend que la fermentation soit terminée pour fermer hermétiquement avec un bondon.

8. — C'est une erreur de croire que le cidre se conserve mieux sur la lie. Pour que le cidre puisse se garder longtemps, on doit, comme en Normandie et à l'île de Jersey, le soutirer deux fois : d'abord immédiatement après la fermentation, puis un mois après.

9. — Une autre précaution qui contribue puissamment à la bonne conservation du cidre, c'est de le *soufrer* quand on le verse dans les tonneaux.

10. — Le *poiré* est une boisson fabriquée absolument comme le cidre, mais avec des poires au lieu de pommes.

11. — Le poiré est plus capiteux et moins salubre que le cidre. On fait bien de le boire, comme le vin rouge, en y ajoutant de l'eau.

12. — En mélangeant les pommes et les poires, on

obtient une boisson qui réunit les qualités du cidre et du poiré, et qui se garde bien.

leur raison d'être dans sa commune. Chacun sait que, entre autres, les sociétés coopératives de consommation, notamment les boulangeries, rendent les plus signalés services dans un assez grand nombre de localités.

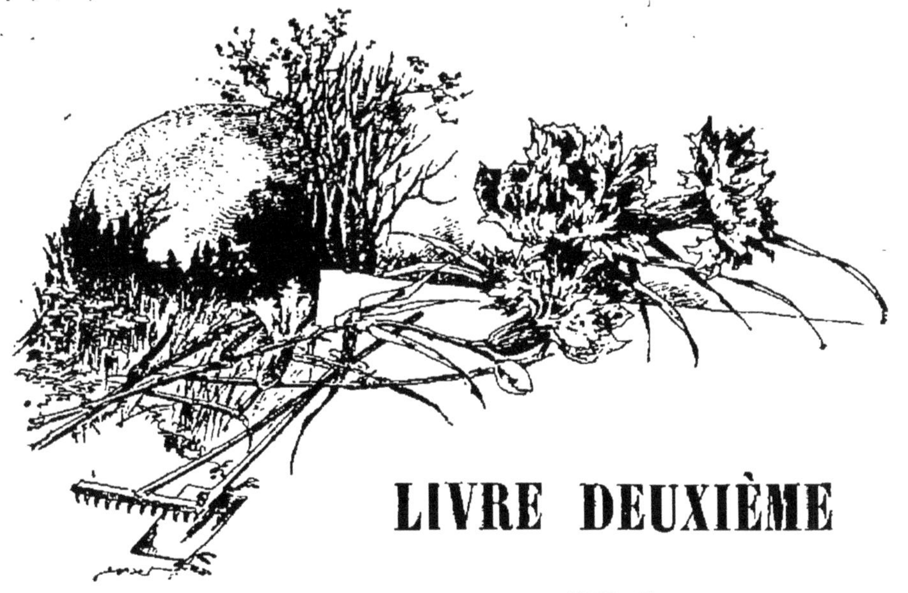

LIVRE DEUXIÈME

NOTIONS DE JARDINAGE

CONSEILS GÉNÉRAUX

Emplacement du jardin. — Travaux et soins que le jardin exige. — Indication des principaux appareils ou instruments usités par le jardinage.

1. — Dans la plupart des petites exploitations, c'est à la ménagère qu'on abandonne le soin de cultiver le jardin.

Beaucoup de cultivateurs croient que le potager est d'un trop minime rapport pour qu'ils s'en occupent, et c'est à peine s'ils consentent à ce qu'on y donne les soins nécessaires : ils ont bien tort.

2. — Que la bonne ménagère les laisse dire et qu'elle ne se décourage pas.

Une fois la terre de son jardin bien amendée et bêchée par les hommes, qui ne peuvent pas lui laisser faire ce travail trop pénible pour elle, qu'elle sème, qu'elle plante, qu'elle arrose, qu'elle sarcle surtout, et, au bout de l'an, si elle récapitule tout ce que ses soins ont produit en légumes et en fruits, elle sera bien satisfaite, on peut le lui certifier.

Pour l'aider, voici quelques conseils généraux dont elle fera bien de profiter.

3. — Le jardin doit être établi, autant que possible, près de la maison, sur un sol fertile, profond, incliné au midi. Il doit aussi être clos de murs ou au moins d'une haie.

4. — Sans être très étendu, il doit l'être assez pour satisfaire à tous les besoins.

5. — Les allées, assez larges pour qu'on puisse y circuler avec une brouette, devraient être bordées : les unes d'oseille mâle, c'est-à-dire qui ne monte pas en graine, les autres de thym ou de marjolaine, et la plus grande partie, de beaux buissons de fraisiers des Alpes sans coulants.

6. — Aux angles des carrés, on devrait voir s'élever ou de beaux arbres à fruits de la meilleure espèce, ou des groseilliers, ou des buissons de lilas, de seringat, de genêts d'Espagne, de rosiers et d'autres arbustes à fleurs odoriférantes.

7. — Il y a des jardins où les plates-bandes sont garnies de fleurs de toutes sortes et de toutes saisons, si bien disposées, sous le rapport de la hauteur des tiges, qu'on dirait une étagère couverte de fleurs artistement disposées pour se faire ressortir les unes les autres. Au bout des allées de ces jardins s'élèvent des berceaux de chèvrefeuille, de houblon, de jasmin, de vigne vierge, d'aristoloche, de clématite, de rosiers grimpants. Les chefs d'exploitation diront que c'est un luxe inutile ; cependant on peut conseiller à toute fermière d'essayer d'embellir ainsi son jardin ; elle y trouvera de douces distractions.

8. — Il est bon que le terrain du potager soit défoncé à une profondeur de 50 à 60 centimètres. Dans le plus grand nombre de cas, on fait bien de le drainer.

9. — Le sol du jardin demande des labours et des sarclages, on l'a déjà dit ; il exige encore des binages, des arrosages et l'emploi d'engrais bien décomposés.

10. — Les façons données avant l'hiver sont extrêmement favorables. L'action des gelées rend la terre plus meuble et la prépare, on ne peut mieux, à recevoir les semis du printemps.

11. — On doit se servir, pour arroser, d'eau exposée à l'avance, pendant quelques heures, à l'air et au soleil.

12. — Au printemps, les arrosages doivent avoir lieu vers le milieu du jour ; et ils ne doivent pas être trop abondants, afin que la surface de la terre ait le temps de sécher avant le soir ; car, autrement, les plantes seraient exposées aux gelées nocturnes ou matinières de cette saison.

13. — En automne, on arrose le matin pour la même raison.

14. — En été, on arrose le soir, parce que, si on arrosait pendant le jour, l'action du soleil, absorbant rapidement l'humidité du sol, en ferait durcir la surface.

15. — La bonne ménagère ne plantera ni ne sèmera jamais sur un terrain frais labouré ou encore trop humecté par la pluie. Elle attendra que la surface du sol soit bien ressuyée.

16. — Tous ses semis seront recouverts d'un léger paillis destiné à empêcher la terre de durcir après les arrosages. Du crottin de cheval émietté remplace avantageusement ce paillis.

17. — Les semences qu'elle emploiera ne seront pas des graines quelconques achetées au premier venu. Pour la première fois, ce seront des semences achetées à quelque jardinier habile et consciencieux ; mais, l'année suivante, notre fermière aura soin de récolter et serrer elle-même sa provision de graines et de la tenir dans des sacs bien étiquetés, en un lieu parfaitement sec.

18. — Pour les plantes *porte-graines*, qui sont l'espoir du jardin, elle choisira les plus belles, elle les arrachera avec la motte, elle les repiquera dans d'excellent terreau, et elle les arrosera ; enfin, elle les soignera parfaitement pour qu'elles arrivent à leur plus haut point de développement.

19. — Il n'est sans doute pas inutile de dire ici que plusieurs de ces *porte-graines* doivent être isolés, afin de prévenir *l'hybridation*, sorte de croisement de deux variétés différentes, qui est, en général, une cause de dégénérescence.

20. — Le semis ou le repiquage de toutes les plantes potagères, quelles qu'elles soient, sera toujours fait en lignes très espacées, afin de faciliter le sarclage, opération indispensable et qui doit être renouvelée plusieurs fois, si l'on veut que les légumes deviennent aussi beaux que possible.

21. — Pour les sarclages, notre ménagère se procurera une *ratissoire à pousser* : c'est un instrument très léger, facile à manier, au moyen duquel on peut faire en peu de temps, et sans trop de fatigue, beaucoup de bonne besogne.

22. — Le sarclage ne doit se faire que par un beau temps, quand la surface de la terre est bien sèche.

23. — Les principaux appareils employés pour le jardinage sont des *paillassons*, des *cloches*, des *châssis*, des *brise-vent*.

24. — Les principaux instruments ou outils sont : la *bêche*, la *pioche*, le *pic*, la *houe*, la *binette*, le *sarcloir*, le *râteau*, la *ratissoire*, la *serpette*, le *sécateur*, la *scie à main*, la *serpe*, le *croissant*, l'*échenilloir*, le *cueilloir*, les *arrosoirs*, les *brouettes*, des *plantoirs*, etc.

25. — Parmi les plantes cultivées dans le potager, les unes fournissent, pour l'alimentation, leurs racines, d'autres leurs feuilles ou leurs tiges, d'autres leurs graines, d'autres leurs fleurs, d'autres enfin leurs fruits.

26. — Nous allons étudier la culture des plus importantes de ces plantes, désignées ordinairement sous le nom de *légumes*.

Plantes à racines comestibles.

Plantes à racines tubéreuses et plantes à racines pivotantes.

POMMES DE TERRE.

1. — La *pomme de terre* se cultive dans les champs. Mais il est bon d'en avoir dans le jardin des variétés les plus hâtives, par exemple : des *Blanchard*, des *marjolin*, des *hydney*, d'Angleterre, des *sept-semaines*, de Belgique.

2. — On choisit, à cet effet, la terre la plus légère et une bonne exposition bien abritée. On plante à la fin de l'automne, dans des trous profonds, à cause de la gelée ; ou bien on plante dès le commencement de mars, et on garantit les jeunes pousses contre les gelées printanières au moyen d'un peu de litière étendue sur chacun des trous où l'on a placé les tubercules.

CAROTTES.

3. — Il y a plusieurs variétés de bonnes *carottes potagères* entre lesquelles on peut choisir. Ainsi, la *rouge courte hâtive de Hollande* est excellente et doit être cultivée pour sa précocité, la *jaune longue* ou *d'Achicourt* doit l'être pour sa douceur et parce qu'elle est peut-être la meilleure de toutes. Les *grosses blanches demi-courtes*, surtout celles de *Breteuil*, se conservent longtemps.

4. — Les *carottes* (*fig.* 35) demandent un bon terrain bien défoncé et fumé à l'avance. Dans un terrain pierreux, elles fourchent ; il en est de même quand elles croissent dans un terrain où se trouve du fumier long et pailleux.

Fig. 35.

5. — On sème sur une terre bien abritée, et jusqu'en juin. On peut aussi semer en septembre des carottes hâtives pour les récolter au printemps suivant.

6. — Le semis se fait à la volée ou en lignes. On recouvre légèrement la graine avec un râteau, ou, mieux, en répandant dessus une couche de terreau.

7. — On doit sarcler souvent les carottes, les éclaircir au fur et à mesure qu'elles augmentent de volume et jusqu'à ce qu'elles soient espacées de 15 centimètres. Les petites carottes forment des ragoûts délicats.

8. — Les carottes résistent aux gelées. On peut les laisser en terre, surtout si l'on a soin de les recouvrir de litière au moment des plus grands froids.

9. — Il serait plus sûr cependant de les rentrer en novembre ou en décembre et de les conserver dans du sable à la cave ou dans des silos.

10. — A la fin de l'hiver, les carottes conservées à la cave poussent des feuilles que l'on doit enlever avec une partie du collet de la racine, si on veut les conserver bonnes plus longtemps.

11. — On conserve à part des carottes choisies parmi les plus belles, et on les replante au printemps pour en faire des porte-graines.

12. — La graine de carotte peut se conserver jusqu'à quatre ans.

13. — Celle de deux ans donne des produits moins sujets à monter que celle d'un an.

NAVETS.

14. — Les meilleurs *navets* viennent dans les terrains sablonneux, secs et maigres.

15. — On les cultive à peu près comme la carotte. Ils croissent très vite, et quelquefois, quand le temps est favorable, il suffit de six semaines pour qu'on puisse jouir de leurs produits.

16. — Quand on emploie, pour les semis, de la vieille graine, ils sont moins sujets à monter.

17. — On peut semer les navets dès le mois de mars, à une bonne exposition, si l'on tient à en avoir de bonne heure.

18. — Il faut choisir, à cet effet, de la graine des navets les plus hâtifs, telle que celle du *navet blanc plat hâtif*, ou du navet dit des *Vertus*, et semer clair à la volée, et par un temps humide, sur un terrain récemment labouré. On sarcle et on éclaircit.

19. — Généralement, les navets se sèment de la fin de juin jusqu'au mois de septembre.

20. — Lorsqu'après l'hiver les navets commencent à monter, on peut fort bien en manger les jeunes pousses. On les fait blanchir dans l'eau bouillante avant de les assaisonner. C'est un aliment sain, que bien des ménagères de la campagne ont raison d'utiliser.

BETTERAVES.

21. — Il y a plusieurs variétés potagères de *betteraves*. La plus cultivée est *la grosse rouge ordinaire*, dite *champêtre*, qui réussit très bien.

22. — La betterave demande une terre meuble, profonde et largement fumée à l'avance.

23. — On sème ordinairement en pépinière depuis la fin de mars jusqu'en avril et on replante en lignes, à 40 ou 50 centimètres les unes des autres, les plus belles racines, dès qu'elles ont la grosseur du petit doigt.

24. — La récolte se fait en novembre. On coupe les feuilles, on laisse sécher les plaies à l'air, et on rentre dans une cave sèche à l'abri des gelées.

25. — Pour avoir de la graine, on replante au printemps quelques racines des plus belles et des mieux conservées.

26. — La graine de betterave, conservée dans un endroit sain, est bonne pendant cinq ans.

PANAIS.

27. — Le *panais* est cultivé, à peu près comme la carotte, pour sa racine, qu'on met ordinairement dans le pot-au-feu, afin de donner du goût au bouillon.

28. — La graine cesse d'être bonne lorsqu'elle a plus d'un an.

RADIS ET PETITES RAVES.

29. — Les *radis* et les *petites raves*, dont on compte un grand nombre de variétés, fournissent des produits en très peu de temps.

30. — On peut en avoir presque toute l'année, surtout de ceux dits *petits ronds*.

31. — Pendant l'hiver et aux premiers jours de printemps, on sème sur couche.

32. — Pendant le reste de l'année, on sème en pleine terre et on a soin de bien piétiner préalablement la planche, surtout si le terrain est très léger.

33. — Pendant l'été, on sème, peu à la fois, sur une terre légèrement ombragée, qu'on a soin d'entretenir humide par des arrosages fréquents.

34. — Le *raifort, radis noir* ou *gros radis,* se sème du mois de juillet au mois d'août. Il se conserve très bien tout l'hiver, dans du sable.

SALSIFIS. — SCORSONÈRES.

35. — Le *salsifis* demande un terrain ameubli, profond, frais et bien fumé l'année précédente.

36. — On le sème en rayons depuis mars jusqu'au mois de septembre.

37. — On arrose jusqu'à ce que le plant soit levé. Ensuite, on sarcle, on bine et on fait la récolte des racines, au fur et à mesure des besoins, depuis l'automne jusqu'au printemps, sans attendre qu'il soit monté en graine.

38. — Il est inutile de couvrir le salsifis pendant l'hiver, parce qu'il n'est pas sensible à la gelée.

39. — Le *scorsonère* ne diffère du salsifis qu'en ce que sa racine est plus grosse et a une écorce noire.

Il exige un sol plus engraissé et plus chaud.

40. — Ce n'est guère que la seconde année qu'on peut manger la racine du scorsonère, parce que, jusque-là, elle n'est pas assez grosse.

41. — Les racines du scorsonère sont encore bonnes même après que la plante a monté en graine.

42. — La graine de ces plantes ne se conserve que pendant deux années.

Plantes à racines bulbeuses.

OIGNONS.

1. — On cultive dans les jardins trois principales variétés d'*oignons* : le *pâle,* qui se conserve le plus longtemps ; le *rouge,* qui a peut-être une saveur plus agréable, et l'*oignon d'Egypte* ou *oignon rocambole.*

2. — L'oignon demande une terre substantielle assez forte, sans l'être trop, fumée à l'avance ou fumée avec un engrais bien consommé. Encore préfère-t-il généralement n'être pas fumé du tout.

3. — Le plus souvent, on sème en planches, aux premiers jours de mars, à la volée, sur un terrain qu'on a préalablement piétiné et même battu.

4. — On recouvre la graine avec une légère couche de terreau et on piétine de nouveau. Trois semaines après, la semence est levée.

5. — La proportion de graine employée doit être de 100 à 120 grammes pour un are.

6. — On sarcle avec soin. On arrose au besoin. On éclaircit dans le courant de juin, jusqu'à ce que la distance entre les plants soit d'environ dix centimètres. On saupoudre ensuite de suie, si l'on en a, dès que les oignons commencent à s'arrondir.

7. — Si, quand on éclaircit, le plan arraché est assez fort, on peut le transplanter ou l'utiliser à la cuisine.

Fig. 36.

8. — Lorsqu'on juge l'oignon assez gros, on dégage les bulbes pour les faire profiter encore un peu et en achever la maturité.

9. — Si l'automne est arrivé et que l'oignon paraisse encore vert, on en brise les fanes en marchant dessus.

10. — Lorsqu'enfin l'oignon paraît mûr, on l'arrache, on le laisse se ressuyer sur le terrain, et on profite d'un temps sec pour le rentrer.

11. — L'oignon blanc, que l'on consomme en été, se sème en août pour être repiqué en octobre. On l'abrite contre la neige et les fortes gelées avec de la litière.

12. — L'*oignon d'Egypte* (*fig.* 36), *oignon bulbifère* ou *rocambole*, produit, à la sommité de sa tige, un

paquet de bulbilles, que l'on conserve, l'hiver, à l'abri, dans un lieu bien sec, où règne une température moyenne, plutôt froide que trop chaude, pour prévenir la germination.

13. — On plante ces bulbilles au printemps, et elles se transforment en des oignons, le plus souvent très gros, qui demandent les mêmes soins que les oignons ordinaires.

14. — Pour se procurer des bulbilles nécessaires à la plantation d'une planche de 16 à 17 mètres carrés, on plante au printemps huit ou neuf gros oignons rocamboles de la récolte précédente ; ils ne tardent pas à monter et à fournir les bulbes dont on a besoin.

15. — Il ne faut pas oublier, pour la conservation des oignons rocamboles et de leurs bulbilles, que la moindre humidité les fait pourrir.

AIL.

16. — L'*ail* est une plante cultivée pour ses *bulbes*, vulgairement *têtes* ou *gousses*, qu'on emploie dans la préparation des aliments.

17. — Il se plaît dans une terre forte, pourvu qu'elle soit bien assainie.

18. — Le fumier de cheval doit être employé de préférence.

19. — En février et mars, on plante les caïeux la pointe en haut, à une profondeur de huit centimètres et à une distance de 15 à 20 centimètres.

20. — En juin, on tord la tige et on la noue pour favoriser l'accroissement des bulbes.

21. — On arrache l'ail dès que les fanes sont sèches. On le laisse quelque temps sur le terrain, exposé au soleil, et on en fait des bottes, qui doivent être conservées dans un endroit bien sec.

CIBOULE.

22. — La *ciboule* aime une bonne terre légère. Elle croît très promptement.

23. — On la sème en février et mars pour repiquer, un mois après, à quinze centimètres de distance. On peut semer jusqu'en septembre.

24. — On cultive aussi en bordure, dans les jardins, la *ciboule vivace*. Elle se multiplie par ses caïeux, que l'on sépare de la touffe, au printemps ou à l'automne.

CIVETTE OU APPÉTIT.

25. — La *ciboulette, civette* ou *appétit*, se reproduit, comme la ciboule, par ses caïeux, que l'on plante, au mois de mars, dans une bonne terre, et qu'on arrose quelquefois en été.

ÉCHALOTE.

26. — L'*échalote* demande une bonne terre, fumée à l'avance et bien assainie, car elle n'aime pas l'humidité.

27. — On peut choisir les plus petites bulbes, et on les plante peu profondément, en février, à dix centimètres de distance.

28. — Vers la fin de juillet, quand les tiges sont sèches, on les arrache, on les laisse quelques jours s'essuyer sur le sol, on les met en bottes et on les porte au grenier.

29. — Elles doivent passer l'hiver dans un endroit sec, mais à l'abri des gelées.

Plantes à feuilles ou à tiges comestibles.

ASPERGES.

1. — L'*asperge* (*fig.* 37) est un excellent légume dont la culture demande assez de soins. Sa racine redoute surtout l'humidité ; elle ne peut donc prospérer que sur un sol riche, parfaitement et profondément assaini.

2. — Les bonnes terres sablonneuses reposant sur un sol perméable sont celles où elle se plaît le mieux.

3. — L'asperge se multiplie de graines, que l'on sème au commencement du printemps, quelquefois sur place, à la volée, ou, préférablement, en rayons espacés de 25 centimètres. On recouvre légèrement la graine avec un râteau. On arrose, on sarcle et on bine.

4. — Mais voici comment on procède ordinairement pour établir à demeure un plant d'asperge, qui peut donner des produits quelquefois pendant quinze à vingt ans.

5. — Le terrain étant choisi, on y creuse des fosses profondes de 60 centimètres, larges du double, et séparées les unes des autres par une distance également de 60 centimètres, où la terre provenant des fosses s'accumule en ados.

Fig. 37.

6. — On remplit ces fosses de fumier et de bonne terre, et on y plante, au printemps ou à l'automne, des racines d'asperge à environ quarante centimètres les unes des autres, dans tous les sens ; puis on recouvre d'une couche de terre de huit centimètres. Les racines (*griffes* ou *pattes*) qu'on plante ainsi doivent provenir d'un semis d'un ou deux ans.

7. — Pendant la première année, on arrose, s'il en est besoin, on bine et on sarcle, en attendant le mois de novembre, époque où l'on enlève les tiges sèches, après les avoir coupées à une hauteur de trois centimètres au-dessus de terre : on recharge ensuite les planches de trois à six centimètres de terreau ou simplement de terre prise sur les côtés.

8. — Au commencement de la deuxième année, on dégage les pieds des asperges, on fume avec de l'engrais bien décomposé, et on terre ; puis, plus tard, on bine et on sarcle, quand ces opérations deviennent nécessaires. Au mois de novembre, on coupe encore les montants, comme l'année précédente ; on continue les mêmes soins pendant la troisième et la quatrième année.

9. — A la quatrième pousse, les asperges sont en plein rapport.

10. — Il n'y a pas d'inconvénients à utiliser, chaque

année, la berge qui sépare les planches en y cultivant, soit des pommes de terre, soit des pois, soit des haricots.

CHOUX.

11. — Il y a plusieurs espèces de *choux*, dont les principales sont : les *choux pommés* ou *cabus*, les *choux verts*, les *choux de Milan* ou *pommés frisés*, les *choux rouges* et les *choux-fleurs*.

12. — Les choux demandent une terre franche, profonde, un peu consistante, fraîche, bien meuble et bien fumée.

13. — Le fumier d'étable est l'engrais qui, généralement, convient le mieux aux choux. On fait bien, si on le peut, de mélanger à cet engrais des curures de fossés ou de mares, des boues des rues et d'autres amendements contenant des principes salins.

14. — On sème les choux à différentes époques, suivant les variétés, mais principalement au printemps et à l'automne.

15. — Les choux semés en automne sont repiqués en pépinière environ six semaines après. On les abrite contre les froids rigoureux et on les plante à demeure dès que le temps le permet.

16. — Les plants de choux, au moment où ils lèvent, sont assez souvent ravagés par les altises ou puces de terre. On éloigne autant que possible ces insectes en répandant de la cendre sur le plant pendant la rosée.

17. — Dès que le jeune plant a poussé sa quatrième feuille, il ne craint plus guère les altises. Il est donc bon de le faire pousser le plus rapidement possible.

18. — Les *choux verts* ou *non pommés* comprennent beaucoup de variétés, qui n'ont de commun entre elles que l'absence de pommes et la faculté de résister aux gelées.

19. — Ils sont d'une grande ressource pour les ménages des campagnes ; et, lorsque les gelées ont un peu attendri leurs feuilles, elles fournissent une alimentation assez bonne.

20. — Un grand nombre sont cultivés spécialement pour le bétail.

21. — Les principales variétés de *choux verts* sont le *vert frisé* et le *chou vert à grosses côtes ;* ce dernier surtout est un excellent légume pour l'hiver.

22. — On peut semer les choux verts dès le mois de février et, ensuite, jusqu'en automne ; mais l'époque ordinaire est de mars en mai, quand on veut les manger dans l'hiver.

23. — Le plant, dès qu'il est pourvu de quelques feuilles, se repique à une distance de cinquante centimètres à un mètre, suivant la grosseur à laquelle il doit parvenir.

24. — On arrose, on sarcle, on bine dans le courant de l'été, quand ces opérations sont jugées nécessaires.

25. — Le *chou à larges côtes* se sème de la fin de mai au commencement de juillet, pour être repiqué environ six semaines après.

26. — Pour obtenir la graine des choux verts, on en laisse en place quelques-uns qui fleurissent dans le mois de mai et dont on recueille les siliques dans le courant de juillet.

27. — Les *choux cabus* ou *pommés* comprennent le *chou d'York,* le *chou cœur-de-bœuf,* le *chou blanc de Bonneuil,* le *chou cabus* proprement dit, ou *gros cabus blanc,* le *chou quintal,* ou *gros chou d'Allemagne.*

28. — Les *gros choux cabus* se sèment dans le courant de mars, en pleine terre bien terreautée, ou mieux sur couche et à l'abri sous des cloches ou sous des châssis, et on les met en place environ six semaines après.

29. — On sarcle, on bine, on butte légèrement les pieds et l'on arrose.

30. — Les *choux d'York,* replantés en octobre, pomment au mois de mai suivant. Les *cœur-de-bœuf* les suivent de près. En juillet et août, c'est le tour des *gros cabus.* auxquels succèdent, jusqu'au mois de janvier, les choux semés au printemps.

31. — Les semis faits en été demandent une terre légère, bien meuble et ombragée.

32. — Les choux cabus craignent la pourriture. Ils sont aussi assez sensibles à la gelée. On ne doit pas attendre les grands froids pour les rentrer.

33. — Il y a des fermières qui, après avoir arraché leurs choux, les plantent à la cave, près les uns des autres. Il faut que le sol de la cave soit sain.

34. — Il en est d'autres qui creusent dans le jardin une fosse assez large et assez longue pour y planter, serrés les uns contre les autres, les choux qu'elles ont arrachés. Quelques perches placées au travers de la fosse permettent d'y placer des paillassons pour servir d'abri contre les gelées et la neige.

35. — Voici encore un mode de conservation qu'on peut employer avec avantage, quand le sol du jardin n'est pas trop humide.

On creuse un trou au pied de chaque chou et tout auprès ; on incline la pomme du chou dans le trou avec précaution pour ne pas trop déraciner la plante, et on l'y enfouit en foulant la terre qu'on accumule en butte dessus.

36. — Il y a bien des variétés de *choux de Milan* ou *pommés-frisés.*

37. — Ils sont un peu moins sensibles à la gelée que les choux cabus.

38. — On les sème ordinairement du mois de mars au mois de mai.

39. — La distance à laisser entre les plants varie, suivant la grosseur qu'ils doivent avoir, de cinquante centimètres à un mètre.

40. — Le *chou de Bruxelles* ou *chou à jets,* qu'on peut ranger parmi les choux de Milan, produit de petites pommes frisées, que l'on cueille au fur et à mesure qu'elles se forment, et qui sont un excellent manger.

41. — On peut le semer successivement depuis le mois d'avril jusque dans le courant de juin ; et, comme il résiste bien aux gelées, on recueille ses produits depuis l'automne jusqu'au commencement du printemps.

42. — Pour avoir de la graine de choux pommés, on coupe la pomme des plus beaux, au-dessus des premières feuilles. A la place de cette pomme poussent plusieurs rejetons qui fleurissent et fournissent la graine, qu'on récolte dès que les siliques sont jaunes.

43. — Les porte-graines des choux doivent être isolés si l'on veut prévenir l'hybridation.

44. — Quand on achète de la graine de chou, il faut choisir celle dont la teinte est presque noire, et se défier de celle qui est rougeâtre et dont la surface est ridée.

POIREAUX.

45. — Le *poireau* exige une terre fertile, bien ameublie et fumée l'année précédente.

46. — Les fumiers froids ne lui conviennent pas ; ils lui sont plus nuisibles qu'utiles. Les cendres lessivées lui sont, au contraire, très favorables.

47. — Le poireau se sème clair et à la volée, dans le courant de mars.

48. — En juin, quand il a atteint la grosseur d'un tuyau de plume, on choisit un temps humide pour le repiquer dans un terrain bien ameubli en espaçant les plants de quinze centimètres.

49. — Avant la plantation, on coupe l'extrémité des feuilles et du chevelu de la racine.

50. — On doit l'enterrer à dix ou douze centimètres.

51. — Ensuite on sarcle, on bine et on arrose, quand ces opérations sont nécessaires.

52. — Pour faire grossir les tiges, on rogne les feuilles plusieurs fois dans le courant de l'été.

ÉPINARDS.

53. — Il y a des *épinards à graines épineuses* et d'autres à *graines non épineuses*.

54. — L'épinard à graines épineuses comprend l'*épinard commun* et l'*épinard d'Angleterre* dont les feuilles sont plus larges.

55. — Parmi les épinards sans piquants, les plus remarquables sont celui de *Flandre* et celui de *Hollande*.

56. — Ce dernier a des feuilles très larges et doit être préféré, parce qu'il est généralement le plus productif de tous.

57. — Les épinards veulent une terre excellente, fraîche, bien meuble et parfaitement fumée. Il faut les arroser souvent.

58. — Pour n'en point manquer, parce qu'ils

montent très vite, on doit en semer tous les huit ou quinze jours, depuis mars jusqu'en octobre.

59. — Quand on coupe les épinards, on doit laisser quelques feuilles à chaque pied pour les empêcher de périr.

60. — Les graines se conservent bonnes pendant deux à trois ans.

OSEILLE. — PATIENCE DES JARDINS.

61. — L'*oseille* vient bien partout ; mais le terrain où elle se plaît le mieux est celui qui est léger, substantiel, ni trop sec ni trop humide.

62. — L'oseille se multiplie de semis faits au printemps ou à l'automne, ou, le plus souvent, par des éclats détachés des gros pieds, qu'on plante dans les mêmes saisons.

63. — On la cultive le plus fréquemment en bordure ; et, à cet effet, on doit choisir des éclats d'individus mâles, c'est-à-dire de ceux qui ne montent pas en graine.

64. — Les grandes chaleurs de l'été rendent l'oseille acide. A cause de cela, et pour en avoir toujours de la bonne, il est convenable d'en semer ou d'en planter à toutes les expositions.

65. — Plus on la coupe, plus elle est belle.

66. — La meilleure méthode à suivre pour récolter l'oseille est de la cueillir, les feuilles les unes après les autres, en commençant par les plus extérieures de la touffe.

67. — On doit cultiver de préférence l'*oseille de Belleville* et l'*oseille vierge*, moins acide que l'oseille commune.

68. — Il y a beaucoup de bonnes ménagères qui font usage comme aliment, et cela avec raison, de la feuille de la *patience des jardins*, nommée quelquefois *oseille épinard*.

69. — Elle a une saveur moins acide que celle de l'oseille ordinaire ; elle est plus précoce.

70. — On la multiplie dans tous les terrains avec de la graine semée au printemps, ou, mieux, à l'automne, ou au moyen d'éclats détachés des gros pieds.

71. — Le seul soin que l'on doive prendre consiste à couper, toutes les fois qu'il le faut, les tiges qui paraissent

vouloir monter en graine, parce que, si on les laissait, elles ne tarderaient pas à se répandre dans tout le jardin.

POIRÉE.

72. — On doit cultiver de préférence la *poirée à cardes blanches,* dont on peut tirer parti de deux manières dans les cuisines ; les feuilles se mêlent à l'oseille, dont elles diminuent l'acidité, et les côtes ou cardes se mangent assaisonnées à peu près comme celles des cardons.

73. — On la sème au mois de mars pour l'hiver ; et au commencement du mois d'août pour le printemps.

74. — Quand le plant est assez fort, on le place, en bordures ou en planches, à trente ou quarante centimètres de distance. On fait bien de les abriter, avec de la litière, contre les grandes gelées.

75. — La poirée monte en graine la deuxième année, et la graine peut se conserver, dans de bonnes conditions, quelquefois pendant dix ans.

Salades.

CÉLERI. — CÉLERI-RAVE.

1. — Le *céleri* aime beaucoup l'eau. On doit donc choisir pour lui un bon terrain qui soit frais, bien fumé et profondément ameubli.

2. — On le sème en pleine terre au mois de mars ou en avril, à une exposition abritée. Mais on ferait mieux de le semer plus tôt sur couche, pour le mettre en place lorsqu'il a la grosseur du petit doigt.

3. — On le dispose alors en rayons espacés de trente à quarante centimètres dans des sillons, profonds de trente centimètres, dont la terre, relevée de chaque côté, servira plus tard au buttage. On arrose sans retard et fréquemment.

4. — Pour le faire blanchir, lorsqu'il est assez fort, on profite d'un temps sec et on le lie de trois liens. Puis on le butte jusqu'au troisième lien en s'y reprenant à trois fois et à huit jours d'intervalle.

5. — Le céleri est extrêmement sensible aux gelées. Il ne faut pas attendre pour le butter et le pailler que les froids viennent le surprendre.

6. — On conserve le céleri en le plantant avec sa motte à la cave dans du sable sain.

7. — Quelques pieds, laissés en terre et bien recouverts de paille et de terre, doivent être réservés pour la graine.

8. — La graine la plus récente est celle qu'on doit préférer.

9. — Il y a une variété de céleri appelée *céleri-rave* dont la racine, grasse et charnue, se mange cuite.

10. — C'est un excellent légume, qui parfume agréablement le bouillon d'un pot-au-feu, et qu'on ne cultive peut-être pas assez.

11. — Il demande, encore plus que le céleri à côtes, à être arrosé souvent ; et, par les grandes sécheresses, on ne doit jamais craindre de le noyer ; le meilleur arrosement est celui par immersion, si on est à même de pouvoir l'employer.

CHICORÉE SAUVAGE. — BARBE DE CAPUCIN.

12. — La *chicorée sauvage* est vivace. Sa feuille, quand elle commence à pousser, donne une salade un peu amère, mais qui est très saine. On la sème en bordures, au printemps.

13. — La *salade d'hiver* dite *barbe de capucin* est de la chicorée sauvage qui a poussé des feuilles étiolées dans l'obscurité d'une cave.

14. — Pour avoir la barbe de capucin, on recueille, au mois de novembre ou décembre, les racines de la chicorée qui a été semée, à cet effet, dans le courant de l'année et particulièrement vers la fin d'avril. On lie ces racines en paquets et on les enterre, la tête en dehors, dans des couches de terre sablonneuse de huit centimètres d'épaisseur, qu'on tient fraîches en les arrosant de temps en temps.

15. — On coupe les tiges qui poussent à mesure qu'on en a besoin.

CHICORÉE FRISÉE ET SCAROLE.

16. — Ces plantes demandent un terrain léger et bien meuble.

17. — On les sème en pleine terre, à la fin d'avril,

ou plus tôt, si l'on veut, mais sur couche ou à des expositions favorables et bien abritées. On arrose, on sarcle, on éclaircit.

18. — Quand on met le plant en place, il doit être espacé d'environ trente centimètres.

19. — Une quinzaine à l'avance, on a coupé les fanes rez terre, en conservant le cœur, pour fortifier le pied.

20. — On doit arroser souvent pour que le plant reprenne mieux et que les feuilles soient plus tendres.

21. — Quand les plantes sont suffisamment développées, on les lie, par un temps bien sec, pour les faire blanchir, et ce résultat est obtenu au bout de dix ou quinze jours.

22. — Il ne faut plus alors arroser sur le haut de la plante, le cœur pourrirait, mais seulement au pied.

23. — La chicorée et la scarole sont sensibles au froid ; à l'approche des gelées, on doit les couvrir avec des paillassons ; et, quand la saison devient trop rigoureuse, on rentre ces salades à la cave, où on les enterre à moitié les unes à côté des autres, dans du sable.

24. — La graine de chicorée se conserve six ans. Plus elle est vieille, moins elle est sujette à monter.

CRESSON DE FONTAINE. — CRESSON ALÉNOIS.

25. — Le *cresson de fontaine* croît naturellement sur le bord des ruisseaux, mais on peut le cultiver dans des réservoirs d'eau quelconques en y plaçant des racines. L'eau doit être renouvelée assez souvent, si on veut l'empêcher de se corrompre.

26. — Le *cresson alénois* lève en vingt-quatre heures, mais il monte rapidement. Pour n'en point manquer, on doit en semer tous les quinze jours.

LAITUE POMMÉE. — CHICON OU ROMAINE.

27. — Ces plantes se plaisent dans une terre fertile et légère bien engraissée.

28. — La *laitue de printemps* se sème, dans le mois de mars, sur un terreau bien abrité ou sur couche pour être repiquée en avril. Après le mois de mars, on sème en pleine terre.

29. — La *laitue d'été* se sème successivement depuis mars jusqu'au mois de juillet.

30. — La *laitue d'hiver* se sème depuis la fin d'août jusqu'à la mi-septembre. On repique à la mi-octobre les plants qui ne sont pas trop avancés, sur des planches abritées par des murs.

31. — Il est bon, pendant l'hiver, de les couvrir de paillassons pour les garantir contre la neige et les grandes gelées.

32. — La laitue pommée de printemps qu'on doit préférer, est celle dite *Dauphine*, assez grosse, hâtive, à la graine noire.

33. — Pour l'été on sème celle de *Versailles :* elle pomme promptement et est lente à monter. Sa graine est blanche.

34. — Pour l'hiver, on choisit la *laitue de la Passion*, qui pomme ordinairement vers la semaine sainte.

35. — La meilleure *romaine* est celle dite *romaine blonde maraîchère*. Elle pomme naturellement ; mais les têtes s'emplissent mieux, si on prend le soin de la lier. Il faut choisir, pour cette opération, un temps bien sec.

36. — Quand la romaine est liée, on ne doit plus arroser qu'au pied.

37. — Il y a des variétés de romaine d'hiver, qu'on cultive de la même manière que la laitue de la passion.

38. — La graine de laitue, aussi bien que celle de romaine, se conserve pendant quatre ou cinq ans.

39. — Pour l'obtenir pure, on laisse monter les plus beaux pieds et on les tient isolés, afin d'éviter que quelques fleurs ne soient fécondées par le pollen d'une autre variété.

MACHE.

40. — La *mâche* ou *doucette* est une excellente salade qu'on peut semer à la volée tous les huit jours, en petite quantité, depuis la fin d'août jusqu'à la mi-octobre. On recouvre peu.

41. — Elle préfère un terrain bien meuble et fumé à l'avance.

42. — Toute la graine d'un pied de mâche ne mûrit pas à la fois.

43. — Les pieds qu'on laisse pour graine doivent, avant qu'on les arrache et qu'on les sèche, être secoués à plusieurs reprises sur une feuille de papier ou sur une toile, si l'on ne veut pas que la semence la première mûre soit perdue.

POURPIER.

44. — Le *pourpier* est sensible à la gelée. Pour ne point en manquer, on fait des semis en pleine terre, tous les quinze jours, depuis le commencement du printemps jusqu'en automne.

45. — La graine se sème clair et à la volée; et, comme toutes les graines fines, elle demande à n'être que très peu enterrée.

46. — On doit entretenir la terre légèrement humectée tant que le plan n'est pas levé.

47. — Le *pourpier* est utilisé comme assaisonnement de salade, ou cuit de la même manière que la laitue.

Fourniture.

PERSIL.

1. — Le *persil* est une plante bisannuelle qu'on cultive ordinairement en bordures.

2. — A peu près tous les terrains lui conviennent; mais il préfère un terrain fertile, frais et ombragé.

3. — On peut semer depuis le mois de février jusqu'au mois d'août, sur une terre bien façonnée.

4. — Le plus souvent on sème en mars ou en avril.

5. — La graine met quelquefois plus d'un mois à lever.

6. — Pour en avoir l'hiver, on doit l'abriter contre la neige et la gelée au moyen de paillassons ou de litière.

7. — Le persil ne monte en graine qu'à sa deuxième année, et sa graine peut être conservée bonne pendant deux ans.

8. — Une ménagère prudente ne cultive dans son jardin que du persil frisé, avec lequel il est impossible de confondre la petite ciguë, qui, comme on le sait, est une plante vénéneuse.

9. — La ciguë se distingue du persil en ce qu'elle n'a point d'odeur.

ESTRAGON.

10. — L'*estragon* est une plante vivace qui veut une terre bien préparée.

11. — Il se multiplie par des éclats de sa racine qu'on plante à trente centimètres les uns des autres, dès que les froids, auxquels cette plante est assez sensible, sont passés.

12. — Au commencement de l'hiver, on coupe les tiges, et on couvre l'estragon de terreau et de litière pour l'abriter contre les fortes gelées.

CERFEUIL.

13. — Le *cerfeuil* est une plante annuelle qui vient bien dans tous les terrains.

14. — On sème à toutes les époques, depuis le printemps jusqu'en septembre et octobre, afin de ne pas en manquer, mais peu à la fois, parce qu'il monte vite.

15. — Pendant les grandes chaleurs, on doit semer à l'ombre.

16. — Pour en avoir l'hiver, on sème en octobre, et on abrite pendant les grands froids.

Plantes aromatiques.

FENOUIL.

17. — On emploie les graines de *fenouil* (fig. 39) pour aromatiser les ratafias.

18. — Cette plante veut une terre légère.

Fig. 39.

19. — On sème en mars.

20. — Les graines doivent être recueillies un peu avant leur complète maturité, si on veut qu'elles ne soient pas perdues, car elles se répandent d'elles-mêmes sur la terre.

MARJOLAINE.

21. — C'est une plante aromatique, vivace, dont on se sert comme assaisonnement.

22. — On la multiplie d'éclats détachés des souches mères et plantés au printemps, ou au moyen de semis faits en mars, sur couche, et en repiquant les plants, dès qu'ils sont suffisamment développés.

23. — On en fait des bordures.

THYM.

24. — Le *thym* est cultivé pour être employé comme assaisonnement et pour faire des bordures.

25. — On le multiplie de deux manières : ou par les graines, semées dans le mois d'avril ou de mai, ou en séparant des pieds que l'on replante également au printemps. Ce moyen est le plus commode et le plus généralement usité. Les pieds de thym que l'on plante doivent être placés obliquement et peu profondément enterrés.

Plantes à graines comestibles.

HARICOTS.

1. — Il y a un grand nombre de variétés de *haricots*.

2. — On peut les diviser en deux classes : les haricots *grimpants* ou haricots *à rames* et les haricots *non grimpants* ou haricots *nains*.

3. — Les haricots fournissent à l'alimentation leurs cosses vertes, leurs grains, lorsqu'ils sont encore tendres, et leurs grains secs.

4. — Il est des variétés qu'on cultive spécialement pour leurs grains tendres, d'autres pour leurs grains secs, d'autres pour leurs cosses.

5. — Les haricots cultivés pour leurs cosses se nomment haricots *mange-tout* ou haricots *sans parchemin.*

6. — Les haricots peuvent revenir deux ou trois fois de suite sur le même terrain.

7. — Les engrais qui leur conviennent le mieux sont les cendres de bois et le fumier d'étable, lorsqu'il est bien pourri.

8. — Le haricot se plaît particulièrement dans les terres marneuses un peu fraîches, mais légères et fumées à l'avance.

9. — Dans un terrain sec et sous un climat chaud, on le sème en touffes ; on met cinq à six graines dans chacun des trous, et les trous doivent être séparés par une distance de trente à quarante centimètres.

10. — Quand on le cultive dans les terres fortes, fraîches et argileuses, on doit avoir préalablement très bien façonné et amendé le sol. Il faut aussi, dans ce cas, semer un peu plus tard et en lignes, en plaçant isolément, à sept ou huit centimètres de distance, les grains, que l'on enterre très légèrement ; les rayons doivent être espacés de trente-cinq centimètres.

11. — C'est une bonne méthode de répandre de la cendre sur les haricots qui viennent d'être semés. De la poussière de charbon produit aussi un excellent effet sur les haricots semés en terre fraîche.

12. — On sème les haricots dès que les gelées ne sont plus aucunement à craindre, parce qu'ils y sont très sensibles. On peut faire des semis successifs jusqu'en août, afin d'en avoir en cosses et en vert plus longtemps.

13. — On sarcle souvent, et, au deuxième binage, on chausse un peu les pieds.

14. — Pour ces différentes opérations, on choisit, avec soin, des instants où les feuilles ne sont mouillées ni par la pluie, ni par la rosée.

15. — Les principales variétés de haricots à rames sont : celui de *Soissons,* dont on mange le grain tendre ou sec ; le *haricot sabre,* qui produit considérablement,

et dont les cosses sont longues et larges ; il est bon vert ou sec, et devrait être cultivé de préférence ; les *haricots de Prague*, de diverses nuances, à grain rond, sans parchemin ; le haricot *d'Alger* et le haricot *prédome* ou haricot *princesse*, également *mange-tout* ; le haricot *d'Espagne*, à fleurs blanches, qui fournit de très gros grains blancs, excellents pour les purées.

16. — Ces variétés demandent de longues rames.

17. — Parmi les haricots sans rames, les meilleures variétés sont : le *haricot nain hâtif de Hollande*, qui est excellent en vert et le *haricot flageolet* ou *hâtif*, excellent en vert et assez bon en sec. Il y a encore le *Soissons nain*, le *nain blanc sans parchemin*, le *sabre nain*, plusieurs variétés de *haricots suisses*, bons en vert et en grains tendres ou secs, et le *rouge d'Orléans*, recherché surtout pour les grains secs.

18. — Les haricots d'un an cuisent ordinairement très bien, et ils sont très bons à employer comme semence. Il n'en est pas de même des haricots vieux.

19. — Les haricots vieux se reconnaissent en ce que leur épiderme paraît comme ridé et a perdu son luisant. On peut cependant s'y tromper pour les haricots de couleur ; mais, pour les blancs, l'erreur n'est guère possible, parce qu'en vieillissant ils perdent leur brillant et deviennent d'un blanc sale plus ou moins jaunâtre.

20. — Pour que les haricots en grains verts ou secs, aussi bien du reste que les autres légumes farineux, cuisent mieux ; pour en rendre la saveur plus agréable, et pour qu'ils soient d'une digestion plus facile, certaines ménagères soigneuses ont la bonne habitude d'ajouter, à chaque litre de l'eau où cuisent ces légumes, cinq grammes de cendres de bois renfermées dans un petit nouet de linge.

POIS.

21. — Les *pois* (fig. 40) n'aiment pas un terrain fumé. Celui qui leur convient le mieux est un terrain léger, sablonneux, ni trop sec, ni trop humide, et sur lequel il n'y en ait pas eu depuis quatre ou cinq ans.

22. — On les sème dès les premiers jours du prin-

temps, à une profondeur de huit centimètres, en touffes ou, plus ordinairement, en rayons séparés par une distance de trente à cinquante centimètres ; plus, du reste, les lignes sont espacées, mieux on fait, parce que le rendement est plus considérable. On piétine ensuite le terrain.

23. — Pour former les touffes ou *poquets*, on met cinq ou six pois dans des trous espacés de trente à quarante centimètres.

24. — La plantation en poquets convient mieux sous les climats chauds. La plantation en lignes et surtout en lignes solitaires est préférable sous les climats froids et humides.

Fig. 40.

25. — On bine, on sarcle, on arrose même, s'il est nécessaire, on rame les espèces qui ont besoin de l'être, on pince ou on écime les tiges des variétés hâtives, à la quatrième ou, au plus, à la sixième fleur.

26. — Pour avoir des pois de bonne heure, voici un moyen bien simple : dès qu'ils commencent à fleurir, on couche les tiges en posant sur leurs pieds quelques rames ou quelques lattes ; les tiges se redressent et ne tardent pas à fleurir ; on les écime à la quatrième ou cinquième fleur, et les cosses du bas sont mûres en très peu de temps.

27. — Il y a des pois dont on ne mange que les grains ; tels sont le pois *Michaux*, le pois de *Clamart*, le *nain sucré* ; on les appelle *pois à parchemin*.

28. — Il en est d'autres dont on mange les cosses avec la graine quand elles commencent à mûrir et tant qu'elles ne sont pas trop sèches ; et, plus tard, quand les cosses sont trop dures, on en mange seulement le grain : ce sont les pois *sans parchemin* ou pois *mange-tout*.

29. — Afin d'avoir des pois verts jusqu'à l'arrière-saison, on peut faire plusieurs semis successifs, en pleine terre, de pois *tardifs* et particulièrement de pois de *Clamart*, jusqu'en juillet.

30. — Les pois conservent très longtemps leurs propriétés germinatives, surtout si on les garde dans leurs cosses.

31. — Les variétés qu'on doit recommander à une fermière, comme rapportant beaucoup, sont : le *Prince-Albert*, les pois *Michaux*, le pois d'*Auvergne* ou *Serpette*, et surtout le pois *ridé* ou de *Knigth*. Ces deux derniers produisent le plus.

32. — Les *pois-chiches* peuvent aussi être cultivés. On les sème au printemps et on les récolte en automne. Ils s'emploient particulièrement pour faire d'excellentes purées.

MOUTARDE OU SÉNEVÉ.

33. — On cultive cette plante à peu près comme le cresson alénois.

34. — Ses jeunes pousses sont utilisées comme fournitures de salade. On sait l'emploi de sa graine pour la composition d'un assaisonnement fréquemment utilisé dans les sauces et sur les tables.

Plantes à fleurs comestibles.

ARTICHAUTS.

1. — Les *artichauts* demandent une terre fertile, fraîche et profondément défoncée, pour que leurs longues et fortes racines puissent s'étendre plus facilement.

2. — Au printemps, lorsque les vieux pieds ont une hauteur de vingt-cinq centimètres, on les déchausse jusqu'à ce qu'on voie la naissance des tiges nouvelles. Il y en a quelquefois jusqu'à une douzaine. On n'en laisse que trois, et on détache les autres avec leur talon.

3. — Ce sont ces tiges nouvelles qu'on appelle *œilletons*, et dont on choisit les meilleures pour les replanter.

4. — Les tiges qu'on veut planter doivent être coupées de quinze à vingt centimètres, et le talon rafraîchi avec un couteau.

5. — Quand la plaie faite avec le couteau a été ressuyée, on plante au plantoir, à dix centimètres de profondeur, deux œilletons ensemble, à dix centimètres de distance.

6. — L'espace ménagé entre chaque touffe doit être d'environ un mètre.

7. — On arrose dès que la plantation est faite et jusqu'à ce que la reprise soit assurée, puis on bine avec soin.

8. — Assez souvent on a des artichauts dès l'automne.

9. — Les artichauts sont sensibles à la gelée, et la neige les fait pourrir. Il faut les butter dès que les froids menacent. Auparavant on en coupe les plus grandes feuilles à une hauteur de vingt-cinq à trente centimètres.

10. — On détruit les buttes au printemps, quand les gelées ne sont plus à redouter.

11. — Il convient de faire une nouvelle plantation d'artichauts tous les trois ans ; passé la quatrième année, les produits diminuent.

12. — On doit avoir soin, quand on cueille un artichaut, d'en couper la tige près de la racine.

CHOUX-FLEURS.

13. — Les *choux-fleurs* demandent une bonne terre bien fumée, bien ameublie et entretenue humide.

14. — Il faut sarcler et butter avec soin, et souvent.

15. — On sème peu à la fois, du quinze février au quinze mars, sur couche, sous châssis, pour replanter en pleine terre, au commencement d'avril ou un peu plus tard.

Fig. 41.

16. — A partir d'avril, on fait, en pleine terre, des semis successifs jusqu'à la moitié de juin ; et, de cette manière, on peut avoir des choux-fleurs jusqu'à l'hiver.

17. — Les *brocolis* se cultivent comme les choux-fleurs, auxquels ils ressemblent beaucoup.

CAPUCINE.

18. — La *capucine* (fig. 41) est une plante grimpante annuelle, dont les fleurs, d'une couleur éclatante,

sont souvent employées comme assaisonnement des salades.

19. — Elle se reproduit de graines, qu'on sème après les gelées.

Plantes à fruits comestibles.

MELONS.

1. — Les deux principales variétés sont : le *melon ordinaire* et le *cantaloup*.

2. — Pour bien réussir dans la culture des melons, il faut une terre substantielle, plutôt légère que forte, du terreau, beaucoup d'engrais bien décomposé et un climat chaud.

3. — Dans le Midi, et dans quelques terres très fertiles du Centre, les melons demandent peu de soins et viennent en pleine terre.

4. — Dans les autres parties de la France, on commence à semer sur couche et sous châssis dès le mois de février.

5. — Quand les melons sont levés et assez forts, on les repique sur couche, soit à même le terreau, soit dans des pots, à une distance de soixante-quinze centimètres et on les recouvre d'une cloche sur laquelle on jette un peu de paille pour faire de l'ombre.

6. — On les accoutume peu à peu à l'air et à la lumière, en profitant des instants les plus chauds et les plus convenables.

7. — Il faut aussi les arroser peu à la fois mais souvent, en prenant la précaution de ne pas humecter les feuilles.

8. — Pour les melons en pleine terre, que l'on sème en place, sur couche sourde, dans le mois de mai, il est nécessaire d'avoir des cloches de verre.

9. — Sous chacune de ces cloches, on place, dans du terreau, trois graines, pour ne conserver que les deux plus beaux pieds, ou même qu'un seul.

10. — Il faut nécessairement tailler les melons, car, sans cela, malgré la qualité du terrain et malgré la chaleur du climat, les produits n'acquerraient pas la qualité désirable.

11. — Voici, pour tailler les melons, une méthode simple qui donne de bons résultats.

12. — Lorsque le plant a poussé sa quatrième feuille, on le pince ou on l'étête au-dessus de la deuxième. On laisse se développer les deux rameaux qui en résultent, jusqu'à l'instant où ils ont cinq ou six feuilles, et alors on les taille au-dessus du cinquième au septième œil, et on laisse croître en toute liberté les branches que cette taille a développées.

13. — Quand les rameaux sont garnis de fleurs, on les pince ou on les rabat au-dessus du troisième au sixième œil : cela dépend de la force de la branche. Alors, les fruits ne tardent pas à se nouer.

14. — A mesure qu'une fleur est nouée, on pince, un œil plus haut, la branche qui la porte.

15. — On ne garde que deux ou trois des fruits les plus verts et les mieux disposés. Tous les autres doivent être supprimés à mesure qu'ils se développent.

16. — On doit également supprimer toutes les branches qui ne servent pas à l'accroissement du fruit, et qui pourraient, au contraire, ne se développer qu'à son détriment.

17. — Pour préserver les fruits de l'humidité, on les pose sur une tuile ou sur une petite planchette.

18. — La graine de melon est bonne pendant sept ans et plus. On préfère pour les semis celle qui a déjà quelques années.

19. — Les meilleures graines proviennent d'un fruit choisi parmi les plus beaux et qu'on a laissé parfaitement mûrir et se décomposer en place. Après les avoir bien nettoyées, on les laisse se ressuyer parfaitement, et on les conserve dans un endroit sain.

POTIRONS. — CITROUILLES.

20. — Ces plantes demandent de la chaleur et de l'eau.

21. — On sème les graines en mars sur couche ou dans des pots bien abrités.

22. — Aux premiers jours de mai, on place le plant dans des trous remplis de fumier, et les soins qu'il réclame ensuite sont très simples.

23. — Moins on laisse de fruits sur un pied, plus ces fruits deviennent beaux. On n'en laisse ordinairement que deux.

24. — Lorsque le fruit est noué, on pince la branche à trois yeux au-dessus.

25. — On peut faire grossir les fruits en enterrant, dans sa plus grande longueur, la tige qui les porte. Il s'y forme alors des racines qui fournissent une sève plus abondante.

CONCOMBRES. — CORNICHONS.

26. — Les *concombres* se cultivent à peu près comme les melons ; mais ils sont moins exigeants.

27. — Le *petit concombre vert,* ou *cornichon,* que l'on fait confire, se sème en place, depuis le mois d'avril jusqu'en juin, sur un terrain chaud et bien exposé, dans des trous remplis de fumier et recouverts de terreau. On pince d'abord au-dessus du second œil, puis, les branches à cinq ou six yeux. Il faut arroser souvent.

28. — Pour avoir de la graine de concombre ou de cornichon, on laisse pourrir sur pied les plus beaux fruits, comme il a été dit des melons.

29. — Cette graine se garde bonne pendant sept ou huit ans.

FRAISIERS.

30. — Les *fraisiers* (fig. 42) sont des plantes vivaces qui viennent partout, mais dont les produits sont plus abondants dans une bonne terre, chaude, bien meuble et bien fumée à l'avance, surtout si on a soin de les arroser souvent.

31. — Il y a bien des variétés de fraisiers ; mais on doit préférer le *fraisier des Alpes,* dit *fraisier des quatre saisons, fraisier de tous les mois,* ou *fraisier remontant.*

32. — Le fruit de ce fraisier est plus gros, plus allongé et presque aussi délicat que celui du fraisier des bois. Il y en a depuis avril ou mai jusqu'aux gelées.

33. — On multiplie le fraisier des Alpes par le moyen

des coulants ou par des œilletons qu'on détache des souches mères, et qu'on plante au printemps ou à l'automne.

34. — On doit avoir soin d'ôter les coulants surabondants des fraisiers, de pailler légèrement le tour des pieds pendant l'été, pour que la terre ne durcisse pas et qu'elle se tienne fraîche; et, au commencement du printemps, d'enlever avec précaution, au moyen d'un râteau, tous les filets desséchés et convertis en une espèce de foin.

Fig. 42.

35. — C'est aussi l'instant favorable pour les terreauter et pour répandre à leurs pieds des cendres de bois, qui leur conviennent parfaitement.

36. — Malgré toutes ces précautions, on doit généralement renouveler une planche de fraisiers tous les trois ans.

37. — Il y a une variété de fraisier des Alpes sans coulants, qui pousse en touffes ou buissons, et qui convient parfaitement pour les bordures, parce que ses filets ne salissent pas les allées. C'est le fraisier *Gaillon*.

38. — Il se multiplie par les éclats ou œilletons qu'on détache des gros pieds, et qu'on plante à environ trente ou quarante centimètres de distance, pour faciliter les binages et les sarclages.

39. — On doit les renouveler tous les deux ou trois ans, car, quand les pieds deviennent trop gros, le milieu, où les tiges sont pressées, finit bientôt par s'étouffer.

40. — On fait bien d'avoir encore dans un jardin quelques variétés de grosses fraises, telles que la fraise *Prince Albert*, la fraise *Howey*, la fraise *Prince impérial*, l'*ananas de Bath*, etc.

41. — Quoiqu'ils ne donnent que pendant une saison, ces fruits acquièrent parfois un goût si exquis, et leurs

formes et leurs couleurs sont si belles, qu'on les voit toujours avec plaisir entrer dans la composition d'un dessert.

GROSEILLIER.

42. — Le *groseillier* n'est pas difficile sur la nature du terrain. Cependant il préfère une terre sablonneuse et un peu fraîche, dans laquelle il donne des fruits meilleurs et plus gros.

43. — Il demande peu de soins. A la fin de février, on coupe le bois mort et les tiges trop vieilles, et on rogne l'extrémité de celles qu'on laisse.

44. — Le groseillier se multiplie ordinairement en février ou à l'automne, de boutures, ou, mieux, de rejets enracinés détachés des vieux pieds.

45. — Passé cinq ans, les groseilliers finissent, dans la plupart des terrains, par dégénérer ; on doit alors les arracher et les renouveler.

46. — Outre le *groseillier ordinaire,* aux baies rouges ou blanches, on cultive encore, entre autres variétés, la *groseille blanche de Hollande* et la *groseille cerise,* dont les fruits atteignent la grosseur des cerises.

47. — Les groseilles s'emploient pour faire du sirop, de la gelée, des confitures.

48. — Le *cassis* ou *groseillier à fruits noirs*, dont on fait une liqueur qui est excellente et tonique, surtout quand on l'a laissée vieillir quelques années, se cultive de la même manière que le groseillier ordinaire et ne demande pas plus de soins.

49. — Les *groseilliers épineux* ou *à maquereau,* ainsi appelés parce que le suc de leurs fruits a été longtemps employé pour l'assaisonnement des maquereaux, ne demandent pas d'autres soins que les précédents.

50. — On fait avec la groseille à maquereau des confitures qui ne sont pas à dédaigner.

FRAMBOISIER.

51. — Le *framboisier* est un petit arbrisseau qui produit des fruits blancs ou rouges. Ses racines tracent vite. Il se plaît dans un terrain frais et un peu ombragé. Il vient bien au nord.

52. — On le multiplie de rejetons, qu'on plante depuis le milieu de l'automne jusqu'à la fin de l'hiver.

53. — Il demande peu de soins. On doit seulement, en février, abattre tous les brins qui sont morts ou qui ont déjà donné du fruit. Les autres sont taillés au tiers ou au quart de leur hauteur. Cette taille, très facile, est indispensable si l'on tient à avoir de beaux fruits. Le fruit est également plus beau si l'on bine et si l'on sarcle le terrain.

54. — Le framboisier, comme le groseillier, doit être renouvelé à peu près tous les cinq ans.

55. — On l'empêche de dégénérer en renouvelant la terre que ses racines ont usée.

56. — Les meilleures variétés de framboisiers sont : le framboisier *Victoria*, dont l'excellent fruit est presque aussi gros qu'un œuf de pigeon ; le framboisier *Gambon*, dont les fruits sont aussi très gros, et le framboisier commun.

Plantes d'agrément.

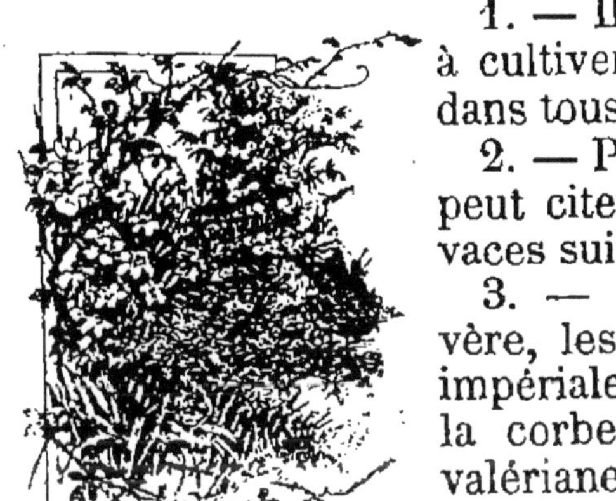

Fig. 43.

1. — Il est des fleurs si faciles à cultiver qu'on devrait les voir dans tous les jardins.

2. — Parmi les principales, on peut citer celles des plantes vivaces suivantes :

3. — La violette, la primevère, les muscaris, la couronne impériale, le narcisse, la pivoine, la corbeille d'or, le muguet, la valériane, le muflier, le lis, l'œillet de poète, la croix de Jérusalem, l'hémérocale, la campanule, les chrysantèmes, l'achilée, le phlox, les dahlias, la julienne, la camomille, l'iris, la tulipe, la véronique, le delphinium, la jacinthe, la rose tremière, le thlaspi, l'immortelle.

4. — A cette liste on doit ajouter quelques noms de plantes annuelles, tels que : la reine-marguerite, la balsamine, les giroflées, le réséda, le pois de senteur, la belle de nuit, le haricot d'Espagne, la mauve de

l'Isle-de-France, le pied d'alouette, le basilic, le pétunia, le zinnia, plusieurs amaranthes, le volubilis, le cobœa.

5. — Il serait préférable de semer sur couche les fleurs, aussi bien du reste que toutes les plantes potagères un peu délicates, pour les repiquer ensuite, lorsqu'elles ont acquis un développement convenable.

DES COUCHES.

6. — On appelle *couches* des lits de fumier recouverts de terreau, préparés pour faciliter la germination des graines et avancer la végétation des plantes.

7. — Pour construire une couche, on établit un tas de fumier de cinquante centimètres à un mètre de hauteur, en lui donnant une longueur et une largeur convenables, et on dispose dessus une couche de terreau.

8. — Les couches ainsi établies doivent être soutenues tout autour par des planches.

9. — Si le fumier qu'on emploie est du fumier de cheval, la couche est dite couche *chaude ;* si c'est un mélange de fumier de cheval et de fumier de vache avec des feuilles, elle est dite couche *tiède*. La couche tiède a une chaleur moins forte, mais plus durable que celle de la couche chaude ; et elle est préférable en ce qu'on n'est pas obligé d'y appliquer des *réchauds,* c'est-à-dire d'y mettre du fumier pour la réchauffer, le fumier pur de cheval perdant promptement sa chaleur.

10. — Les couches dites couches *sourdes* se font comme les précédentes, mais en plaçant le fumier dans des fosses creusées à cinquante ou soixante centimètres de profondeur, au lieu d'en faire un tas sur le sol.

11. — Si les plantes qu'on sème sur une couche ne doivent pas y rester, on recouvre le fumier simplement de terreau ; mais si les plantes qu'on y sème doivent y rester, il faut que le terreau soit mélangé d'une quantité de terre plus ou moins grande.

Plantes, animaux, oiseaux et insectes nuisibles à l'agriculture.

PLANTES NUISIBLES.

1. — Il y a d'abord les *plantes parasites,* c'est-à-dire celles qui vivent aux dépens des diverses parties des

plantes agricoles. Tels sont les petits champignons qui produisent les maladies désignées sous le nom de *rouille*, de *charbon*, de *carie*, d'*ergot*, d'*oïdium*; tels sont encore la *cuscute* ou *teigne*, le *rhizoctone*, le *gui*.

2. — Le remède à la *rouille* consiste à répandre sur les céréales qui en sont atteintes, un engrais pulvérulent très énergique.

3. — Le *charbon*, la *carie* et l'*ergot* sont aussi des maladies des céréales. On les prévient par le chaulage des semences au moyen d'une solution de sulfate de cuivre ou de sulfate de soude avant de les mettre en terre. Le charbon attaque particulièrement l'orge et l'avoine, la carie n'attaque que le froment. L'ergot affecte principalement le seigle.

4. — L'*oïdium*, maladie de la vigne, a pour remède la fleur de soufre, que l'on répand sur les pampres, les feuilles et les raisins au moyen d'un houppe ou d'un soufflet approprié, d'abord au moment de la pousse, puis une seconde fois dans le courant de juillet.

5. — La *cuscute*, qui s'attaque aux luzernes et aux trèfles, est assez difficile à détruire. On en peut venir à bout en fauchant à plusieurs reprises les endroits où elle exerce ses ravages et en les arrosant chaque fois avec une dissolution de sulfate de fer préparée dans la proportion de un à deux kilos de sulfate pour 10 litres d'eau. L'arrosage par cette dissolution non seulement tue la cuscute, mais rend aux luzernes une force de végétation très marquée.

Fig. 44.

On ne connaît guère de remède contre le *rhizoctone*, qui s'attache aux racines de la luzerne et de quelques autres plantes et les fait périr.

6. — Le *gui* (fig. 44), que tant de cultivateurs insouciants laissent en paix se développer sur les arbres fruitiers, doit être enlevé

jusqu'à sa racine au moyen de la serpette. On opère avant l'arrivée du printemps.

7. — La *mousse* qui se développe sur la tige et les branches des arbres, se détruit en grattant d'abord le plus épais au moyen de la serpette, puis en badigeonnant avec soin toutes les parties atteintes avec un lait de chaux. S'il le faut, on donne deux couches. Naturellement, ce badigeon doit être pratiqué pendant l'hiver.

8. — On peut encore se servir, pour détruire plus efficacement peut-être la mousse des arbres, d'une dissolution sulfuro-potassique ainsi préparée : on fait dissoudre deux kilogrammes de sulfure de potasse du commerce dans une vingtaine de litres d'eau bouillante ; on ajoute pendant l'ébulition environ un kilogramme de fleur de soufre ; on remue le tout avec un bâton ; et, quand le mélange est refroidi, on badigeonne les arbres.

9. — Par ce procédé, on a combattu avec succès, paraît-il, le *puceron lanigère*, qui fait parfois tant de mal aux pommiers. Ce serait aussi, assure-t-on, un moyen de prévenir l'oïdium de la vigne.

10. — Quant aux plantes inutiles qui infestent parfois les champs emblavés, telles que le *chardon*, le *coquelicot*, l'*ivraie*, la *rougeole*, la *nielle*, le *mélampyre*, la *moutarde sauvage* et bien d'autres, on n'en vient à bout que par des sarclages, plusieurs fois répétés avant qu'elles aient eu le temps de se mettre en graine.

11. — Pour détruire le chiendent, il faut qu'au moyen de la pioche, on en extirpe toutes les racines, souvent très longues, et qu'on les brûle.

ANIMAUX, OISEAUX ET INSECTES NUISIBLES.

1. — Les animaux nuisibles à l'agriculture sont très nombreux, et leurs ravages sont d'autant plus grands et d'autant plus difficiles à prévenir, que ces animaux sont plus petits. Souvent même ils échappent à l'œil de l'homme, et leur présence n'est révélée que par le mal qu'ils opèrent.

2. — Or ce mal est grand, puisque des savants, renseignés le mieux possible, l'évaluent, au minimum, pour la France seulement, à environ trois cent millions chaque année.

3. — Citons quelques-uns de ces animaux parmi les plus malfaisants.

4. — Le *mulot* (fig. 45), le *campagnol*, le *thérot*, le *hamster*, rongent les jeunes écorces, les fruits et les graines.

5. — La *limace* et le *limaçon* s'attaquent la nuit, et même le jour, par les temps pluvieux, aux pousses jeunes et aux fruits.

Fig. 45.

6. — Les *vers de terre*, pendant les nuits humides, sortent de leurs trous pour saccager les jeunes semis.

7. — Le *hanneton* et quelques autres *scarabéides lamellicornes*, à l'état de larves *(vers blancs)*, mangent les racines des plantes ; et, à l'état d'insectes parfaits, sont parfois assez nombreux pour dépouiller nos campagnes de toute trace de verdure.

8. — Les larves de quelques espèces de charançons rongent la moelle des aulnes, des saules, des pins et même des chênes.

9. — Les *lisettes* coupent les pousses nouvelles des poiriers, des pommiers, des pruniers.

10. — La *pyrale*, l'*eumolpe*, l'*altise* et le *phylloxéra* exercent leurs ravages sur la vigne.

11. — La *cécydomie*, la *noctuelle*, le *céphus pygmée*, le *puceron*, le *thryps*, l'*aiguillonnier*, attaquent les céréales sur pied, en attendant que le *charançon*, l'*alucite* et la *fausse teigne* dévorent le grain dans les greniers.

12. — La *chenille*, le *puceron*, la *mouche*, s'attaquent aux feuilles des arbres, les chenilles surtout. Elles les mettent parfois tellement à nu qu'on les croirait morts ; et elles se répandent ensuite sur les prairies naturelles et artificielles.

13. — La *noctuelle*, la *casside nébuleuse*, le *taupin*, la *mouche* et d'autres encore, s'en prennent à la betterave.

14. — Le *charançon*, le *puceron* et l'*altise* dévorent le colza.

15. — La *bruche* perfore et vide en partie les pois et les lentilles.

16. — Le *perce-oreille* recherche les fruits, tels que la pêche et l'abricot et d'autres, en s'attaquant, bien entendu, aux plus beaux.

17. — Le *tigre*, sorte de punaise, se fixe à la face inférieure des feuilles du poirier et la désorganise.

18. — Les *cynips* ont des larves qui, en se développant sous l'épiderme des feuilles, donnent lieu aux excroissances désignées sous le nom de *galles*.

19. — Les *fourmis* mangent les fruits, dénudent les racines des végétaux, en même temps qu'elles en infectent différentes autres parties.

20. — Les *courtilières*, en creusant leurs galeries souterraines, coupent les racines des plantes entre deux terres et les font mourir.

21. — Les *guêpes* et les *frelons* s'attaquent aux meilleurs fruits, particulièrement aux raisins.

22. — Les *sauterelles* et les *criquets*, forment parfois dans les contrées méridionales comme des nuées qui, sur leur passage, dépouillent des contrées entières de toute trace de végétation.

23. — Et ces insectes ne sont pas les seuls ; on pourrait en compter encore des milliers d'autres. Il y en a tant enfin que l'homme ne pourrait plus vivre sur la terre, si la Providence, à côté de tous ces animaux malfaisants, n'en avait pas placé d'autres bien mieux armés que lui pour leur donner la chasse et les exterminer.

Animaux, oiseaux et insectes utiles.

1. — Ces utiles animaux doivent être connus des cultivateurs afin qu'ils n'aient pas la coupable stupidité de les détruire ; afin qu'ils les protègent, au contraire, et qu'ils favorisent leur multiplication.

Nous allons indiquer les plus marquants en disant les services qu'ils rendent :

2. — La *taupe* se nourrit de larves d'insectes, principalement des larves du hanneton. Elle mange aussi des vers de terre.

3. — Le *crapaud,* quoique lait et repoussant, est un animal utile, non venimeux comme on l'a cru longtemps, complètement inoffensif, et qui fait une guerre acharnée aux limaces et aux limaçons. Il mange aussi des *fourmis,* des *mouches,* des *cloportes* et des *becmares,* espèces de charançons dont les larves rongent l'intérieur des végétaux et des fruits.

4. — Le *hérisson* détruit non seulement les souris et les insectes, mais encore les vipères, dont il est très friand et dont le venin n'a pas de prise sur lui.

5. — La *couleuvre,* non venimeuse, vit aussi de mulots et de souris.

6. — La *musaraigne,* désignée aussi sous le nom de *musette,* vit de vers et d'insectes.

7. — Le *coucou* vit de hannetons, de papillons, de chenilles ; les chenilles velues et venimeuses sont même, dit-on, pour lui le plus friand régal.

8. — Le *grimpereau* et la *fauvette* sont tous deux insectivores. Ils font particulièrement la guerre au cloporte, à la guêpe et à la chenille.

9. — La *mésange* vit de vers et d'insectes. Elle en fait une consommation considérable. On la voit souvent frapper de son bec l'écorce des arbres pour en faire sortir les insectes et les manger. Elle en dévore aussi les œufs.

10. — L'*hirondelle* (fig. 46) est aussi essentiellement

Fig. 46.

insectivore. On évalue au moins à son propre poids celui des insectes qu'elle happe chaque jour en volant dans les airs.

11. — L'*angoulevent* ou *crapaud-volant*, ou encore *tête-chèvre*, parce que les ignorants ont cru longtemps qu'il tetait les chèvres, ne tète rien du tout; mais il détruit chaque jour des milliers de cousins et d'autres insectes.

12. — La *chouette*, dont le cri ou la présence porte malheur, suivant certains imbéciles dont heureusement le nombre va diminuant chaque jour, loin d'être malfaisante, rend, au contraire, d'immenses services en détruisant au moins six mille souris chaque année, autant et plus qu'une demi-douzaine de chats, sans compter les rats, les reptiles et beaucoup d'insectes, car elle est extrêmement vorace. Elle avale ses victimes en bloc, os et poil, et ne semble jamais rassasiée.

13. — La *chauve-souris* fait la chasse aux hannetons et aux papillons nocturnes, absolument comme l'hirondelle la fait le jour aux moucherons.

14. — La *cigogne* se nourrit de reptiles.

15. — La *buse* vit de rats, de souris, de mulots, de taupes, on peut évaluer à quatre mille le nombre de ces petits animaux qu'elle dévore chaque année.

16. — Le *corbeau* (fig. 47) est avide de vers blancs; la pie fait la guerre aux insectes destructeurs du bois.

Fig. 47.

17. — La *caille*, le *râle* et la *perdrix* mangent des vers de terre; l'*alouette* s'attaque aux vers, aux grillons, aux sauterelles, aux œufs de fourmis, aux cécidomyes et aux élatérides.

18. — Le *rossignol* vit de larves de cossus, de scolytes et d'œufs de fourmis.

19. — Le *troglodyte* et le *roitelet huppé* se nourrissent de chenilles.

20. — Le *rouge-queue* fait une grande consommation de mouches de toutes sortes; il en est de même du *traquet*.

21. — Le *pinson* s'attaque aux aphidiens, et la *bergeronnette, hochequeue* ou *lavandière,* aux charançons du blé.

22. — Le *moineau,* malgré les dégâts qu'il commet à l'époque de la maturité des céréales et des fruits, ne laisse pas que de rendre aussi des services. Tout le reste de l'année, il vit de vers blancs, de hannetons, de pucerons, de vers et de mille sortes d'insectes.

23. — On en peut dire autant du *merle* et de la *grive,* qui font une énorme consommation de limaces, de limaçons, de sauterelles, de mordelles et d'un grand nombre d'autres insectes nuisibles.

24. — Plusieurs insectes inoffensifs pour l'homme et les plantes doivent aussi être respectés à cause de la guerre d'extermination qu'ils font aux insectes nuisibles. Tels sont les insectes carnassiers du genre *carabe* et, en particulier, le *carabe doré,* que l'on voit courir dans les jardins et dans les champs et qui y fait avec un curieux acharnement la chasse aux chenilles, aux limaces, aux hannetons et à leurs larves pour les manger.

25. — Tels sont les *cicindélètes,* les *staphylins,* les *coccinelles,* les *ichneumons,* les *fourmilions,* les *libellules,* les *hémérobes* ou *lions de pucerons* et plusieurs autres dont la voracité est extrême et qui se dévorent entre eux quand on les enferme ensemble.

26. — Les larves de ces insectes ne sont pas moins carnassières et détruisent aussi une immense quantité d'insectes, notamment de pucerons.

27. — Et dire qu'il y a encore, en France, des localités où l'instruction est assez peu répandue pour qu'on y voie des cultivateurs ne pas distinguer leurs amis de leurs ennemis, et prendre un plaisir sauvage à tuer des hérissons, des chauves-souris, des chouettes, afin de les clouer comme des trophées à la porte des granges ; à détruire les nids des petits oiseaux, qui nous rendent tant de services !

Quelques moyens de détruire les petits animaux et les insectes nuisibles.

1. — La guerre à outrance, sans trève et sans fin, des animaux, des oiseaux et des insectes utiles contre

ceux qui sont malfaisants ou nuisibles, n'est pas toujours assez efficace pour que l'homme puisse se dispenser d'y prendre part. Jamais l'ennemi n'est complètement exterminé. Ses légions se reforment avec une rapidité prodigieuse, et souvent, au moment où l'on ne s'y attend pas, elles se montrent si nombreuses, si audacieuses, si menaçantes, si destructives que ce n'est pas trop de toute la science humaine pour les combattre. Par malheur, cette science est quelquefois lente à trouver l'arme que l'on peut sûrement opposer au fléau envahisseur, témoin le *phylloxéra,* qui, si on ne l'arrête, finira peut-être par détruire tous nos vignobles de France.

2. — S'il importe que le cultivateur sache combattre personnellement et par tous les moyens les petits animaux et les insectes nuisibles, il n'importe pas moins qu'il connaisse ses alliés dans cette guerre et qu'il ne soit pas assez insensé pour tourner ses armes contre eux. Comment se fait-il alors qu'il ne sache pas mieux protéger les petits oiseaux, qui sont, sans contredit, ses auxiliaires les plus actifs et les plus infatigables ? Comment se fait-il que l'on voie encore dans les campagnes de stupides petits garçons et même des petites filles se livrer à la recherche des nids afin d'en détruire les œufs et les petits ?

3. — Cela dit, voici quelques-uns des moyens par lesquels les cultivateurs peuvent contribuer à garantir leurs récoltes.

4. — Contre les rats, mulots, souris et autres rongeurs qui pullulent trop souvent dans les exploitations, les chats sont en général ce qu'il y a de plus efficace. Il est quelquefois utile d'employer, en même temps, diverses sortes de pièges et même la *mort-aux-rats* ou d'autre poisons. On ne doit user de ces derniers moyens qu'avec précaution, afin que les animaux domestiques n'en soient pas victimes.

5. — Contre les chenilles on emploie le feu (fig. 48). Dans le courant de l'hiver, en janvier ou février, on débarrasse avec le plus grand soin les arbres de tous les nids ou *bourres* de ces hideux insectes ; on réunit toutes ces bourres et on les brûle sur le champ jusqu'à la dernière.

6. — Si quelques chenilles, que l'on a pu oublier, se montrent au printemps, vite il faut leur faire la chasse.

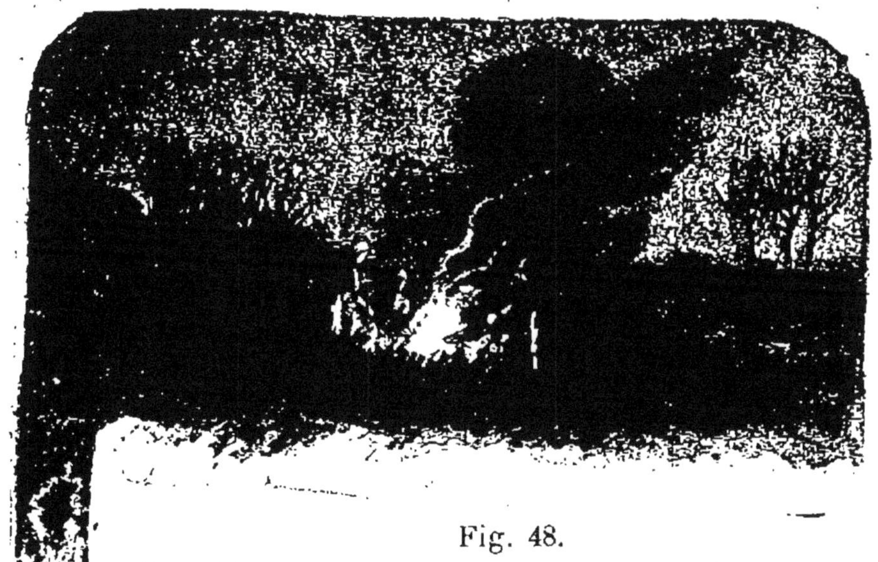

Fig. 48.

Il suffit qu'on les touche alors à l'aide de la barbe d'une plume préalablement trempée dans de l'huile pour qu'elles tombent asphyxiées.

7. — On affirme aussi qu'en suspendant des rameaux de genêts verts dans les branches d'un arbre, on en éloigne les chenilles qui peuvent s'y trouver : c'est, paraît-il, l'odeur du genêt qui leur est contraire.

8. — Contre les fourmis, on emploie de l'eau bouillante ou de la chaux vive que l'on éteint avec de l'eau. L'opération se fait sur les fourmilières, à condition de ne pas endommager les racines des végétaux qui se trouveraient à proximité.

9. — On peut aussi en détruire beaucoup en plaçant dans leur voisinage une carafe, une fiole ou une bouteille en verre blanc contenant un peu de liquide sucré ou miellé. Elles y pénètrent à la file, et quand elles y sont réunies en nombre, on les tue.

10. — De la suie délayée dans de l'huile de chènevis et appliquée au moyen d'un pinceau au bas d'un mur ou au pied d'un arbre y forme comme une barrière que, dit-on, elles ne franchissent pas.

11. — La chasse aux hannetons doit se faire le matin, vers le lever du soleil, quand l'insecte est encore engourdi. On secoue les branches sous les feuilles

desquelles il s'est posé, il tombe, on le ramasse et on le met dans des sacs ou dans des boîtes. On en donne à manger à la volaille et aux cochons tant qu'ils ne s'en rebutent pas ; le reste est détruit au moyen de la chaux ou de l'eau bouillante, puis enterré dans le fumier.

12. — Les *limaces, limaçons, escargots,* lorsqu'ils sont en nombre, font souvent de grands ravages, surtout dans les vignes. On leur fait la chasse par un temps humide. On les ramasse, on les réunit et on les tue avec de l'eau bouillante ou de la chaux. Les plus gros escargots sont conservés pour être mangés après qu'ils ont suffisamment jeûné.

13. — La chasse aux *vers de terre* se fait, lorsqu'ils paraissent en trop grande quantité, au moyen d'une lanterne sourde, le soir, après la tombée de la nuit ou de très grand matin. On opère par un temps humide. Les vers sont ramassés à la main et réunis dans un pot pour être donnés à la volaille ou tués par l'eau bouillante ou par la chaux.

14. — Contre la *courtilière,* on emploie un peu d'huile que l'on verse avec de l'eau dans sa galerie souterraine. Une seule goutte de cette huile atteignant ses organes respiratoires suffit pour l'asphyxier. Elle vient mourir au bord de son trou.

15. — Contre les *pucerons* qui s'attachent aux jeunes pousses des végétaux, on emploie diverses substances âcres, corrosives, suffocantes, vénéneuses, à l'état gazeux, liquide ou solide. On se trouve bien entre autres de l'emploi d'une forte décoction de tabac. On en arrose les pucerons, et ils périssent.

16. — Contre l'*altise (puceron noir sauteur),* on peut employer la chaux vive en poudre très fine. On répand cette chaux au moyen d'un tamis sur les jeunes plants qu'infeste le puceron. Il est bon d'arroser ces plantes auparavant.

17. — Les lapins, les lièvres et d'autres herbivores rongent souvent l'écorce des jeunes arbres fruitiers. Les rats d'eau exercent aussi souvent de semblables ravages dans les nouvelles plantations de saules et de peupliers établies à proximité des cours d'eau.

18. — Pour prévenir ces déprédations, on fait un mélange d'huile de poisson et d'ocre, ou de n'importe quel corps terreux en poudre, et, par un temps sec, on badigeonne le pied des jeunes arbres jusqu'à une hauteur de quarante à cinquante centimètres.

LIVRE TROISIÈME

PARTIES DE L'EXPLOITATION

DONT LA SURVEILLANCE OU LA DIRECTION RENTRE DANS LES ATTRIBUTIONS DE LA FERMIÈRE.

1. — La femme d'un cultivateur est quelquefois appelée à remplacer son mari absent, et, dans bien des circonstances, elle peut et doit lui donner son avis. Elle ne doit donc être étrangère à rien de ce qui concerne la direction générale de l'exploitation. Mais il est des parties de la ferme qui lui sont confiées d'une manière spéciale et qu'elle doit savoir plus parfaitement tenir ou diriger.

2. — Ainsi, c'est à elle qu'appartient d'abord ce qu'on pourrait appeler la toilette de la ferme, c'est-à-dire que, sans parler de l'intérieur, c'est à elle de veiller à la propreté et à la salubrité de la cour.

3. — C'est à elle de fermement vouloir et d'obtenir que chaque chose soit rangée à la place convenue, et que l'ordre règne partout.

4. — C'est à elle d'arriver à ce que les abords de la ferme, aussi bien que la ferme elle-même, n'offrent rien de blessant à la vue, je ne dis pas des gens de l'exploitation, on finit par s'habituer à tout, mais à la vue des personnes étrangères qui peuvent venir la visiter.

5. — A elle de veiller, en même temps, à la bonne tenue de toute la maison d'habitation et particulièrement de la cuisine, des chambres à coucher, du logement des domestiques, du grenier, de la cave, du légumier, du fruitier.

6. — A elle, en outre, la direction de la laiterie, de la basse-cour, de la vacherie, de la porcherie, de la bergerie, du jardin, du verger, du rucher.

Ces diverses parties d'une exploitation vont être passées successivement en revue, et montrées telles qu'on les voit dans une bonne ferme, intelligemment établie, bien dirigée et bien tenue.

Aspect extérieur d'une ferme dans de bonnes conditions, bien dirigée et bien tenue.

1. — Le chemin par lequel on arrive à cette ferme est large et aussi solidement ferré qu'une bonne route, parce que, chaque année, sans faute, une huitaine de jours de la saison d'hiver sont consacrés à son entretien.

2. — Il est bombé au milieu, et bordé de deux fossés qui reçoivent les eaux, de sorte qu'en tout temps on peut le parcourir sans presque y trouver de boue.

3. — Tous les bâtiments de l'exploitation sont construits en pierre, couverts en tuiles ou en ardoises, et non en paille, afin d'offrir moins de prise à l'incendie ; ils sont, en outre, crépis à la chaux et percés de larges fenêtres.

4. — La distance qui les sépare entre eux est assez grande pour que le feu ne puisse pas communiquer de l'un à l'autre, en cas d'incendie. Leur disposition n'en est pas moins telle qu'ils puissent être facilement surveillés.

5. — Les murs de ces bâtiments, aussi bien ceux qui donnent sur les champs que ceux qui donnent sur la cour, sont garnis de treilles, et l'on a bien soin de ne pas laisser croître à leur pied, comme cela se voit presque partout, des herbes inutiles, dont les touffes épaisses sont de véritables réservoirs d'humidité.

6. — Pour arriver à la maison d'habitation, on n'est pas obligé, comme en traversant la cour de tant d'autres fermes, de s'enfoncer jusqu'à la cheville dans un mélange de boue, de paille, de déjections d'animaux, et de toutes sortes de débris, que le soleil dessèche et que la pluie lave au détriment des champs, où l'on pourrait l'utiliser comme engrais.

7. — Grâce à la maîtresse de la maison, il ne s'écoule guère de temps sans qu'on voie quelqu'un, souvent un enfant, occupé avec un râteau et un balai, à râcler et à pousser cette boue et ces débris sur le tas de fumier, pour le grossir d'autant.

8. — Le fumier n'est pas accumulé contre les murs des écuries ou des étables.

9. — Il est à une distance convenable des murailles, dans des fosses qui longent les bâtiments, et dans lesquelles l'égoût des écuries arrive par des rigoles suffisamment inclinées.

10. — L'ombrage de quelques arbres l'abrite contre l'action du soleil. Des berges de terre glaise, qui l'entourent, lui servent de rempart contre les eaux pluviales.

11. — Un caniveau en pente reçoit, d'un bout à l'autre des fosses à fumier, le jus ou purin qui en découle, pour le conduire, sans qu'il s'en perde une goutte, dans un citerneau aux parois imperméables.

12. — C'est dans ce citerneau qu'on puise, au moyen d'une pompe, le purin qui doit être employé à l'arrosage des prairies ou à celui du fumier.

13. — A propos de cette pompe, il convient de dire qu'elle est construite en bois, plutôt qu'en métal, à cause de l'action corrosive du purin.

14. — Les charrues, les tombereaux, les charrettes, les herses, les rouleaux, ne sont pas çà et là dans la cour, au soleil ou à la pluie, ainsi qu'on le remarque si souvent ailleurs.

15. — Tous les instruments aratoires ont leur place réservée sous un grand hangar, où l'on a l'habitude de les ranger avec soin dès qu'on les ramène des champs.

Les champs de la ferme bien tenue.

1. — Si l'on parcourt les champs de l'exploitation, on peut constater le bon état dans lequel les terres sont tenues.

2. — Point de jachères, point de ces haies de séparation mesurant quelquefois jusqu'à trois ou quatre mètres de largeur, comme on en voit encore beaucoup dans les exploitations mal dirigées.

3. — Les clôtures ne sont que juste ce qu'elles doivent être pour arrêter les bestiaux, et on n'y voit pas s'élever ces mauvais baliveaux, désignés sous le nom de têtards, dont les émondes sont si loin de compenser le tort occasionné par leur ombrage et leurs racines.

4. — Ces baliveaux sont remplacés par de beaux poiriers de sauge, ou par des pommiers, dont les fruits donnent en abondance du cidre excellent.

5. — Ce dont on est particulièrement frappé, c'est de voir la vaste étendue de terrain qui est cultivée en plantes fourragères de toutes sortes. On s'explique alors le nombre et la beauté du bétail de la ferme ; et, par suite, la quantité et la qualité des engrais dont il a été possible de disposer pour améliorer et enrichir les terres.

Cuisine.

1. — La cuisine, dans une ferme, est en même temps la salle à manger. Ce doit donc être une pièce spacieuse et gaie, où l'air et la lumière abondent. La maîtresse de la maison s'attache à y faire régner la plus scrupuleuse propreté.

2. — Il n'y a pas beaucoup de meubles dans la cuisine.

3. — Juste au milieu, on voit une grande table où tout le personnel trouve à se placer commodément pour les repas.

4. — Les pieds de cette table sont cirés tous les matins ; le dessus est si bien lavé, chaque soir, avec une brosse de chiendent, de l'eau chaude et du savon noir, qu'on dirait toujours qu'elle sort des mains du menuisier, et que la personne la plus dédaigneuse et la plus délicate y mangerait sans aucune répugnance.

5. — Les deux rustiques bancs de chêne dont elle est flanquée, sont tenus aussi proprement.

6. — D'ailleurs, il en est de même de tous les meubles de la cuisine. Chaque matin, ils sont cirés et frottés avec tant de soin qu'on les croirait vernis.

7. — L'antique dressoir, encore en usage dans tant de fermes pour ranger la vaisselle, est remplacé par une large et haute armoire fermant à clef, sur les tablettes de laquelle on dépose, à l'abri de la poussière et des mouches, une foule de ces objets qui servent à l'usage journalier de la cuisine.

8. — Les différentes pièces de vaisselle ont là chacune leur place, où la cuisinière pourrait les prendre même les yeux fermés.

9. — C'est aussi sur ces tablettes, tenues rigoureusement propres, qu'on place les aliments déjà préparés et les restes qui devront reparaître sur la table.

10. — Une chose que l'on peut remarquer encore et qui paraît utilement disposée, c'est une double planche fixée à plat autour de la pièce à hauteur d'homme.

11. — Cette double planche est destinée à supporter le frottement des ustensiles de cuisine et à prévenir les dégradations de la muraille.

12. — Tous ces ustensiles sont, à l'extérieur aussi bien qu'à l'intérieur, d'une propreté qui fait plaisir à voir. Ce qui est cuivre est jaune et brillant comme de l'or ; ce qui est fer, jusqu'aux pelles et pincettes du foyer, est poli et luisant comme de l'acier.

13. — A côté de la porte est une fontaine où tout le monde se lave les mains avant le repas. Un large essuie-mains est suspendu tout auprès, et la maîtresse de maison veille à ce qu'il soit renouvelé souvent.

14. — Les autres pièces de linge destinées au service de la cuisine sont suspendues de même, et ont chacune

leur place marquée, où l'on est sûr de les trouver au besoin. Chacune n'est employée qu'à l'usage auquel elle est destinée.

15. — La pierre d'évier est longue et large et tenue constamment blanche et nette.

16. — Le billot, en bois d'orme, et les fourneaux sont tenus aussi proprement.

17. — Un égouttoir à vaisselle en osier blanc, relevé d'un décimètre, sur six pieds en bois de chêne, et partagé en plusieurs compartiments, occupe une moitié de l'évier.

18. — Comme cet égouttoir est mobile et très léger, on le porte sécher au grand air dès qu'on ne s'en sert plus et qu'il a été lavé.

19. — Une boîte en fer blanc, fermée par un couvercle, et placée hors de la portée des enfants, renferme la provision d'allumettes chimiques.

20. — Ce ne sont pas des allumettes ordinaires, mais des allumettes dites au phosphore amorphe, ne s'enflammant que quand on les frotte sur une surface préparée à cet effet et collée contre l'un des côtés de la boîte.

21. — Les lanternes sont en bon état, et on les trouve toujours prêtes à être allumées à la place qui leur est réservée. La maîtresse de la maison y tient avec raison, à cause des nombreux incendies occasionnés par l'emploi de mauvaises lanternes.

Chambres à coucher.

1. — Il y a encore bien des pauvres fermes où la cuisine est en même temps chambre à coucher. C'est un abus que, par tous les moyens, une fermière doit chercher à faire cesser.

2. — Les chambres à coucher dans de bonnes conditions, sont établies dans la partie la plus saine de la maison.

3. — Elles ont de larges croisées, disposées de manière à permettre, quand on les ouvre, d'établir des courants d'air qui en renouvellent promptement l'atmosphère.

4. — Elles sont à la meilleure exposition, c'est-à-dire au midi ou au levant.

5. — Il y a dans ces chambres le moins d'ornements qu'il est possible, et encore moins des vases de fleurs ou des fruits, qui, comme on le sait, dégagent des gazs asphyxiants.

6. — Les fenêtres des chambres à coucher sont tenues ouvertes tous les jours où il ne fait pas trop humide, depuis le matin jusqu'à l'instant où le soleil se couche.

7. — On ne fait jamais les lits, pendant la belle saison, sans avoir laissé, exposés à l'air et au soleil, pendant quelques heures, lits, matelas, traversins, oreillers, draps et couvertures.

Nourriture et logement des domestiques.

1. — Certains fermiers traitent leurs domestiques comme s'ils n'étaient pas des hommes semblables à eux, et comme si ces braves gens, dont le travail continuel profite à l'exploitation, ne méritaient pas quelques égards. Ils les logent, les couchent et les nourrissent d'une manière sordide.

2. — Sans doute, on ne peut pas toujours faire ce qu'on voudrait ; mais une bonne fermière doit au moins faire le mieux possible, et ne jamais oublier que c'est un sot calcul de ne pas nourrir convenablement le monde qu'on occupe.

3. — On a observé que trois ouvriers agricoles bien nourris, et dans l'alimentation desquels entre la viande, font autant de besogne que cinq ouvriers qui en sont privés.

4. — L'intérêt bien entendu s'accorde donc avec l'humanité pour commander de prendre soin des domestiques.

5. — Dans une ferme bien dirigée, les domestiques mangent d'excellent pain, et les provisions de viande sont faites pour qu'en moyenne chacun puisse en consommer la quantité indispensable à l'homme qui se livre aux pénibles travaux des champs.

6. — On s'applique aussi à varier leurs aliments, et on ne néglige rien de ce qui peut en relever le goût.

7. — Leur boisson ordinaire est du cidre, et, assez fréquemment, aux jours de fêtes et à l'époque des grands travaux, ils boivent quelques verres de bon vin.

8. — S'ils sont bien nourris, ils sont aussi logés commodément et surtout très sainement.

Cave. — Grenier.

1. — Une bonne cave (fig. 51) est chose précieuse pour une maîtresse de maison. Dans une ferme convenablement construite et aménagée, la cave est située au nord ; elle est voûtée et assez profonde pour que la température y soit à peu près constante entre huit et dix degrés.

2. — Les murs et la voûte sont solidement jointoyés, et le sol, s'il n'est pas carrelé, a été formé de béton, c'est-à-dire d'un mélange de chaux, de gravier et de sable, qui a acquis la solidité de la pierre. Il est parfaitement uni.

3. — De larges soupiraux donnent passage à des courants d'air, qui, circulant d'un bout à l'autre, empêchent l'humidité.

Fig. 51.

4. — Le sol de la cave est maintenu constamment propre. Jamais on n'y jette d'eau, ni rien de ce qui pourrait le rendre humide.

5. — Les feuillettes de vin ou de cidre reposent sur des chantiers élevés de vingt centimètres. Elles ne sont pas trop rapprochées des murs, afin qu'on puisse plus facilement les inspecter et s'assurer qu'elles ne fuient pas.

6. — Cette inspection des tonneaux doit être faite fréquemment, si l'on ne veut pas s'exposer à laisser perdre le liquide qu'ils renferment.

7. — Il arrive quelquefois, à l'époque des grandes chaleurs, que tous les cercles d'un tonneau cassent en même temps. On prévient cet accident par l'emploi de cercles de fer.

8. — Une bonne ménagère essuie de temps en temps et avec soin les douves et les cercles de ses tonneaux, afin de prévenir les moisissures et l'humidité qui peuvent s'y attacher.

9. — Le grenier est aussi dans de bonnes conditions. Il est carrelé ; les murs en sont bien et solidement jointoyés, pour ne pas laisser de refuge aux animaux nuisibles, et le toit est en mansarde, pour ne pas laisser passer la neige.

10. — Plusieurs lucarnes ou châssis en tabatière, exposés à tous les vents, facilitent l'action des courants d'air.

11. — Les grains mis en tas sont disposés de telle sorte qu'ils offrent à l'air le plus de surface possible, et qu'ils peuvent être commodément remués à la pelle, quand cette opération est nécessaire.

12. — On voit dans ce grenier une *balance-bascule* et un *ensacheur* mobile, qui est très commode pour mettre le blé en sac et pour le changer de place.

Légumier. — Fruitier.

1. — Les légumes réunis en grande quantité dans une cave peuvent, par leurs émanations, nuire au vin et au cidre qui s'y trouvent. Toutes les fermes devraient être pourvues d'un *légumier* ou *serre à légumes*.

2. — Un bon légumier est une cave peu profonde, dont le sol, bien assaini, est recouvert d'une couche de sable, le plus pur possible, de quarante centimètres d'épaisseur, facile à remuer.

3. — Deux fenêtres percées aux deux extrémités du légumier servent, quand on les ouvre, à balayer par un courant d'air les émanations des légumes, qui vicient rapidement l'atmosphère et qui sont des agents actifs de décomposition.

4. — Dès que les diverses plantes-racines ont été arrachées et nettoyées, on coupe près du collet les feuilles qui y sont adhérentes. On les laisse se ressuyer sur le terrain et on profite d'un temps sec pour les transporter à la serre. Là, on fait des tas, en établissant des couches superposées et séparées entre elles par des lits de sable.

5. — Les autres légumes, tels que choux, céleri, scaroles, etc., se lèvent avec leurs racines, et on les replante, serrées les unes contre les autres, dans le sable du légumier.

6. — Le *fruitier* est aussi une sorte de cave, qui doit être constamment fraîche, sans aucune humidité, et dont la température doit varier le moins possible.

7. — La trop grande lumière étant, pour les fruits, un agent de décomposition, le fruitier n'est que très peu éclairé.

8. — Portes et fenêtres sont tenues hermétiquement fermées, parce que les fruits se conservent mieux dans un air toujours le même.

9. — D'épais paillassons servent de volets intérieurs, qu'on ferme à l'époque des grandes gelées, pour ne pas laisser pénétrer le froid du dehors.

10. — Autour des murs sont placées en étages superposés, à une distance de cinquante centimètres les unes des autres, des tablettes larges de soixante-dix centimètres, et sur le rebord desquelles est clouée une petite tringle destinée à empêcher les fruits de tomber.

11. — Au milieu du local, des poteaux supportent des planchers d'un mètre quarante centimètres de large, également superposés et bordés, tout autour de tringles, comme les tablettes.

12. — C'est sur les tablettes et sur ces planchers, préalablement garnis d'un lit de paille saine et menue ou de mousse bien sèche, qu'on place les fruits, en les espaçant le plus possible.

13. — Il ne faut pas qu'ils se touchent. On les pose, autant que possible, sur le côté le moins mûr, qui est ordinairement le moins coloré.

14. — Les fruits doivent être rentrés à un degré de maturité convenable, c'est-à-dire qu'on ne doit pas les cueillir avant qu'ils soient mûrs, ni lorsqu'ils le sont trop, car, dans l'un ou l'autre cas, ils se conservent moins longtemps.

15. — On cueille les fruits par un temps sec, et, pour les ressuyer complètement, on les soumet encore pendant une huitaine de jours à l'action d'un courant d'air, dans une pièce bien exposée ; puis on les met au fruitier.

16. — Il n'est peut-être pas inutile de dire que les fruits qu'on veut conserver doivent être parfaitement sains, choisis parmi les plus beaux, cueillis à la main et transportés avec précaution.

17. — On doit visiter le fruitier au moins deux ou trois fois par semaine, pour enlever tous les fruits tachés, qui feraient gâter les autres.

18. — Pour prévenir le gaspillage, que peuvent commettre les domestiques et les enfants, une bonne fermière ne confie qu'à elle-même la clef du fruitier, aussi bien que celle de la cave et du grenier, et c'est elle qui se charge de tous les soins qu'exigent les fruits dès qu'ils sont en place.

Laiterie.

1. — Ce qui fait le désespoir de beaucoup de bonnes ménagères, c'est qu'elles n'ont pas un local bien convenable pour le laitage. Par suite, malgré toutes les peines qu'elles se donnent, leur laitage contracte souvent un mauvais goût, et n'est point ce qu'il pourrait ou devrait être.

2. — Elles doivent faire leur possible pour obtenir qu'on leur procure un local où le lait se trouve dans de meilleures conditions.

3. — Une laiterie bien établie et bien tenue est une pièce située au nord de la ferme, loin du bruit et de toute mauvaise odeur, un peu plus basse que le sol de la cour, voûtée comme une cave et dallée. Murs et voûte sont parfaitement blanchis à la chaux.

4. — Elle est fraîche sans être humide.

5. — Elle est tenue avec une extrême propreté, et l'air qu'on y respire n'a pas l'odeur d'aigre qu'on remarque dans tant de laiteries mal nettoyées et mal aérées.

6. — Jamais on n'y pénètre avec des vêtements ou des chaussures malpropres, avec des lampes fumeuses, avec rien, enfin, de ce qui pourrait altérer la pureté de l'air.

7. — La température y est à peu près toujours égale et ne varie qu'entre 12 et 15 degrés, comme on peut le constater à un thermomètre suspendu à la muraille.

8. — Les tablettes qui entourent les murs sont en pierre, et légèrement inclinées, comme le sol, pour faciliter les lavages, qu'on renouvelle fréquemment avec de l'eau de puits, pendant les grandes chaleurs.

9. — Le plus grand nombre des vases à lait sont rangés autour des murs, sur le sol ; les autres sont placés sur les tablettes.

10. — Ces vases sont en terre cuite, et l'intérieur en est parfaitement vernissé, parce que la moindre solution de continuité qui se trouverait dans la couche du vernis intérieur communiquerait un mauvais goût au laitage.

11. — Ils sont peu profonds et beaucoup plus larges dans le haut qu'au fond, ce qui facilite et rend plus prompte l'arrivée de la crème à la surface du lait, et ce qui en augmente la quantité.

12. — Leur contenance est de cinq à six litres au plus, et ils n'ont pas plus de cinq à dix centimètres de profondeur.

13. — Les vases à crème, au lieu d'avoir l'ouverture évasée, et d'être peu élevés, comme les vases à lait, sont, au contraire, très profonds et plus larges au fond que dans le haut.

14. — La crème contenue dans ces vases présente ainsi une surface moins étendue à l'action de l'air, et elle est, par conséquent, moins exposée à aigrir et à moisir, si l'on est obligé d'attendre avant de l'employer.

15. — Au milieu de la laiterie, il y a une table de pierre sur laquelle on se place commodément pour les différentes opérations que le laitage demande.

16. — Tous les vases employés à la laiterie sont nettoyés avec soin dès qu'ils ont été débarrassés. On les lave d'abord avec de l'eau bouillante dans laquelle on a mis un peu de cendre ; on les rince ensuite à l'eau froide, on les laisse bien égoutter, puis on les fait sécher au grand air, l'ouverture tournée vers le soleil, ou devant le feu, ou encore dans le four, après la cuisson du pain.

Basse-Cour.

1. — Une basse-cour peut et doit donner de bons produits ; mais, pour arriver à ce résultat, il faut des soins assidus et intelligents.

2. — Il faut savoir ne peupler sa basse-cour que de races choisies parmi les plus avantageuses, et conserver ces races pures de tout mélange.

3. — Il faut, de plus, que les volailles soient convenablement logées et nourries, c'est-à-dire qu'on doit ajouter une ration quotidienne aux aliments qu'elles peuvent trouver et ramasser elles-mêmes.

4. — Une basse-cour dans de bonnes conditions est exposée au midi et au levant, et abritée le mieux possible contre les vents du nord et de l'ouest.

5. — Elle est close assez solidement pour arrêter les animaux malfaisants, et pour empêcher, quand on le veut, la volaille de se répandre partout.

6. — On peut y remarquer quelques arbres, des acacias, dont les poules mangent les feuilles, et des sureaux, dont elles aiment le fruit. Ces arbres sont plantés là pour donner de l'ombrage et abriter la volaille contre un soleil trop ardent, à l'époque des grandes chaleurs. Une espèce d'auvent leur sert d'abri contre la pluie.

7. — Une portion du fond de la basse-cour a été semée d'un gazon que les poules savent bien manger pour se rafraîchir lorsqu'elles en ont besoin.

8. — Dans un coin est une espèce de fosse peu profonde où l'on a soin d'entretenir constamment un tas de cendres tamisées ou de sable fin, dans lequel les poules se roulent, et, pour ainsi dire, se baignent avec délices pendant les chaleurs, ce qui les débarrasse de la vermine dont elles peuvent être tourmentées.

9. — Un petit conduit souterrain, construit exprès et partant du puits ou de la pompe, mène les eaux non loin du poulailler, dans un bassin de pierre.

10. — Ce bassin est recouvert d'une planche de chêne percée de trous assez larges, pour donner passage à la tête des volailles qui veulent boire.

11. — Quelques coups de piston à la pompe, ou un seau tiré du puits deux ou trois fois chaque jour, selon la saison, suffisent pour renouveler ou rafraîchir la provision d'eau si nécessaire à une basse-cour, surtout pendant l'été.

12. — Dans la basse-cour, se trouvent le poulailler,

le pigeonnier, le toit aux oies, le toit aux canards, le toit aux dindons, le clapier et un autre réduit où l'on isole les volailles malades, celles qu'on engraisse, celles qui couvent et les jeunes de toutes sortes.

13. — Toutes ces constructions, dont l'entrée principale est tournée au midi ou au levant, sont établies dans les meilleures conditions hygiéniques, et appropriées aux instincts, aux habitudes et aux besoins des animaux qu'elles doivent abriter.

14. — Le poulailler est couvert en chaume, parce que cette couverture en abrite mieux l'intérieur contre le froid, aussi bien que contre le chaud.

15. — Il est construit de manière à ce que les poules puissent arriver facilement aux nids où elles déposent leurs œufs, et de manière à ce qu'elles puissent se percher, sans être trop pressées, sur les bâtons, grossièrement équarris, plutôt que tout ronds, de l'échelle qui leur sert de juchoir.

16. — Cette échelle doit être assez inclinée pour qu'elles ne se salissent pas les unes les autres de leurs déjections.

17. — Les murs du poulailler sont bien enduits, afin de ne laisser aucun refuge aux insectes.

18. — La petite ouverture pratiquée dans le bas de la porte d'entrée du poulailler, et qui est juste assez large et assez haute pour livrer passage à une poule, se ferme au moyen d'une petite planche qui glisse entre deux coulisses.

19. — Chaque matin, on tire cette planche et on la tient levée jusqu'au soir, afin que les poules puissent entrer dans leur demeure et en sortir à volonté.

20. — Les nids, garnis de menue paille, sont placés à une hauteur d'environ un mètre contre le mur opposé au juchoir.

21. — Ils sont formés de cases suffisamment larges et profondes, établies, au moyen de planchettes de séparation, dans une longue caisse de bois blanc, qui est mobile, afin de faciliter les nettoyages. Les poules y arrivent au moyen d'une petite échelle convenablement placée.

22. — Pendant la nuit, les nids sont recouverts par une large planche qui est attachée au mur un peu plus

haut que la caisse, et qui se rabat obliquement dessus comme un pan de toiture.

23. — Cette précaution empêche les poules de se jucher sur les nids et de les salir.

24. — Il y a dans chaque nid un œuf de craie ou de plâtre pour y attirer les pondeuses.

25. — Les toits aux canards et aux oies sont simplement des sortes de cabanes au plafond peu élevé.

26. — Le réduit où couchent les dindons est à peu près disposé comme le poulailler.

27. — Au milieu de la basse-cour, s'élèvent deux poteaux appelés *juchoirs,* traversés, chacun, à différentes hauteurs, par des bâtons assez longs et assez forts, disposés de manière à ce que les volailles qui s'y perchent, les unes au-dessous des autres, pendant la belle saison, ne puissent pas non plus se salir de leurs déjections.

28. — La basse-cour n'est pas toujours tenue fermée elle ne l'est plus dès que toutes les récoltes sont définitivement rentrées. On laisse alors les volailles glaner autour de la ferme et chercher un peu de nourriture sur les fumiers.

29. — Il est vrai qu'elles grattent les fumiers et les éparpillent ; mais on doit dire aussi qu'elles savent fort bien les débarrasser des vers et des mauvaises graines de toutes sortes qui s'y trouvent et qui saliraient les champs.

Animaux dont la basse-cour d'une ferme doit être peuplée.

30. — On ne trouve, pour peupler la basse-cour d'une ferme bien dirigée, ni pintades trop difficiles à élever, ni faisans, ni paons, véritables oiseaux de luxe ; mais simplement des poules, des oies, des canards, des dindons, des pigeons et, dans un coin, des lapins choisis parmi les races les plus productives.

31. — Les poules ne présentent pas, comme dans presque toutes les fermes, un mélange de volailles dérivant de toutes les races, et, en définitive, n'appartenant à aucune. Ce sont des poules de race choisie, robustes, bonnes pondeuses, et, en même temps, excel-

lentes pour l'engraissement. (Voir Livre V, *Poules*, fig. 30, 40, 41, 42).

32. — Les oies appartiennent à la *grosse race*, qui

Fig. 52.

est beaucoup plus avantageuse que la *petite* ; et toutes,

sans exception, sont blanches, parce que le duvet de cette couleur est le plus recherché.

33. — Les canards ne sont pas de la petite race commune des *barboteurs:* les uns appartiennent à la grosse race dite de *Normandie ;* les autres, à la race dite *musquée* ou de *Barbarie ;* d'autres. enfin, dits *mulets,* résultent du croisement de ces deux races.

34. — Tous les dindons sont noirs, parce que ceux de cette couleur sont plus robustes que les gris ou les blancs.

35. — Les pigeons, au nombre de quelques couples seulement sont de superbes pigeons de volière.

36. — On les nourrit, non pour en obtenir du bénéfice, mais pour animer et égayer la cour et les toits de la ferme, et pour être servis sur la table du maître aux jours de grandes fêtes et quand il lui vient des hôtes.

Étable.

1 — L'*étable* est le logement destiné aux vaches et aux bœufs.

2. — Il importe que ce logement soit établi et tenu dans d'excellentes conditions hygiéniques.

3. — Une bonne étable est chaude en hiver, fraîche en été, jamais humide.

Elle est assez spacieuse pour que chaque animal jouisse d'une étendue de deux mètres cinquante centimètres de long sur un mètre cinquante centimètres de large : soit, en surface, à peu près quatre mètres carrés.

4. — Elle a un plafond assez bien calfeutré pour que la poussière et le menu foin ne puissent tomber du fenil sur les bêtes et pour que le fourrage de ce fenil ne soit pas gâté par les gaz méphitiques qui se dégagent des déjections des bestiaux.

5. — Ce plafond est élevé d'au moins trois mètres et demi.

6. — Il est, aussi bien que les murs, enduit le plus solidement possible. Murs et plafond sont blanchis avec un lait de chaux toutes les fois que cette opération, très facile et peu coûteuse, est jugée nécessaire.

7. — Le sol de l'étable, un peu plus élevé que le sol extérieur, est établi suivant une pente légère pour faci-

liter l'écoulement des urines vers une petite rigole qui les conduit, en traversant le fumier, jusqu'à la fosse ou citerne à purin.

8. — Il est solide, imperméable, bien uni. Il est en argile battue, ou pavé, ou en briques ou bétonné.

9. — La porte d'entrée est large. Les fenêtres sont des espèces de soupiraux percés, les uns en haut, les autres en bas des murailles, de manière à ce qu'en les tenant ouverts il s'établisse des courants qui renouvellent constamment l'atmosphère de l'étable sans atteindre les animaux. Ces fenêtres sont vitrées. On ne les ferme que quand cela est nécessaire.

10. — Les mangeoires ne sont pas trop profondes. Le fond en est arrondi. Elles sont en bois ou mieux en pierre. Chaque animal a la sienne.

11. — Telles sont les principales conditions que doit réunir une étable, si l'on veut que les bêtes s'y maintiennent en bonne santé, et profitent parfaitement de la nourriture et des soins qu'on leur donne.

Porcherie.

12. — La *porcherie* (fig. 53) est l'habitation destinée aux porcs.

Fig. 53.

13. — Il faut aux porcs, pour qu'ils prospèrent, un air pur, un sol sain, et non pas froid et humide, des loges

bien aérées, chaudes en hiver, fraîches en été, sèches en toutes saisons, et de la litière fréquemment renouvelée.

14. — Une porcherie dans de bonnes conditions est exposée au midi. Elle est composée, non seulement de loges, mais encore d'une cour bien pavée dans laquelle se trouvent quelques sureaux pour faire de l'ombre, et une pièce d'eau, où les porcs peuvent arriver facilement pour se baigner.

15. — Les loges sont tournées au midi. Elles sont construites de telle sorte que le sol n'en puisse être fouillé par les porcs, et qu'il laisse facilement écouler l'urine vers une fosse creusée à l'extérieur.

16. — Des madriers en bois mal joints, disposés d'une manière convenable sur un sol un peu incliné, remplissent parfaitement ce but.

17. — Les auges sont disposées de manière à ce qu'on puisse y déposer la nourriture des porcs sans être obligé d'entrer près d'eux. Elles sont partie dans le toit et partie en dehors.

18. — La partie qui fait saillie en dehors est munie d'un couvercle en chêne, assez lourd pour retomber de lui-même et mettre les aliments qu'il recouvre à l'abri des animaux qui voudraient les manger à l'extérieur.

19. — Quant à la partie de l'auge qui fait saillie dans l'intérieur du toit, elle est également recouverte d'une planche percée de trous ou *lunettes*, par où chacun des porcs passe sa tête pour manger.

20. — Les auges sont aussi un peu inclinées de l'intérieur à l'extérieur et percées, en dehors, à leur partie inférieure, d'un trou qu'on tient ordinairement fermé au moyen d'une cheville de bois.

21. — Cette disposition permet, avec quelques coups de balai et un peu d'eau, de faire un bon et rapide nettoyage, quand on juge cette opération nécessaire, surtout pendant les chaleurs de l'été.

Bergerie.

22. — La *bergerie* (fig. 54) est le logement des moutons.

23. — Une bergerie dans de bonnes conditions est construite sur un sol sain, dans un endroit parfaitement sec et aéré.

24. — Elle est assez vaste pour que chaque mouton puisse occuper un espace d'environ un mètre carré.

26. — Elle est couverte en tuiles ou plutôt en chaume.

26. — Elle a un plafond très élevé, ou, mieux, elle n'en a point du tout, parce que les moutons ont surtout besoin de beaucoup d'air pur.

Fig. 54.

27. — Pour le même motif, les murs sont percés d'un grand nombre d'ouvertures, qu'on tient ouvertes nuit et jour, excepté, pourtant, pendant la mauvaise saison, celles qui sont exposées aux vents trop froids, à la neige ou aux grandes pluies.

18. — Le sol intérieur de la bergerie est uni, imperméable, en argile battue ou en béton. Il est plus élevé que le sol extérieur et il a de l'inclinaison pour l'écoulement des urines.

29. — La bergerie est pourvue, à l'intérieur, de râteliers, de crèches et d'auges ou de baquets.

30. — Les râteliers ne sont ni trop élevés ni trop inclinés, afin que les pailles ou fourrages dont on les garnit ne puissent pas tomber sur le dos des animaux.

31. — Une cloison mobile permet de tenir isolées du reste du troupeau les brebis mères ainsi que les agneaux.

32. — Devant l'une des portes d'entrée de la bergerie et en travers, se trouve un fossé sur lequel est jetée

une planche formant une sorte de pont étroit. C'est sur cette planche que passent un à un les moutons pour entrer dans leur logement ou pour en sortir.

33. — Par ce moyen on prévient le danger qui résulte souvent pour les brebis pleines de se trouver pressées ou heurtées à leur entrée dans la bergerie, lorsqu'on les ramène des champs.

34. — Chaque année, les murs de la bergerie sont blanchis à la chaux, et les auges bien lavées avec une forte eau de lessive.

35. — On construit aussi avec avantage des bergeries en hangars, avec cour, de manière que les animaux puissent rester, à leur gré, ou à l'abri ou en plein air.

Verger.

1. — Grâce à la maîtresse de la maison, le verger d'une ferme bien dirigée n'est pas négligé. Il est, au contraire, parfaitement tenu et les produits qu'il donne ne sont pas sans importance.

Un mur ou une belle haie d'aubépine entoure ce verger.

2. — Les arbres sont plantés en quinconce et convenablement espacés. Ils sont bien soignés. On n'y voit ni branches mortes, ni mousse, ni gui, ni bourre de chenilles, ni rien de ce qui peut leur nuire.

3. — Le sol, à leurs pieds, est cultivé sur un rayon d'au moins deux mètres.

4. — On donne deux façons principales, une au printemps, quand les fruits sont noués, et l'autre à la fin de juin ou au commencement de juillet.

5. — De plus, on le ratisse toutes les fois qu'il menace d'être sali par l'herbe.

6. — Le reste du sol du verger est une prairie.

7. — Il y a dans le verger des arbres fruitiers de toutes les espèces et de toutes les saisons, depuis les plus précoces jusqu'aux plus tardifs et principalement de ceux dont les fruits sont de bonne garde, de sorte qu'on en trouve en tout temps pour l'alimentation de la ferme, et l'on doit dire ici que la cuisinière en sait tirer un bon parti.

8. — Il y a des pommiers, des poiriers, des pruniers,

des cerisiers, des abricotiers, des amandiers, des cognassiers, des néfliers, des pêchers et des noyers ; ces derniers sont au nord.

9. — Pendant la saison des fruits, les véreux qui tombent ne sont pas perdus. On les ramasse avec soin, tous les matins, pour les mettre dans la soupe des porcs.

10. — Les années où le verger donne une récolte tout à fait surabondante, ce qui n'est pas gardé pour l'approvisionnement de la ferme est vendu à la ville voisine.

11. — On a souvent besoin pour les arbres fruitiers, de *mastic à greffer,* surtout au moment de la taille et à celui de la greffe, et pour en recouvrir les plaies qui peuvent être faites accidentellement à ces arbres. Il est facile de s'en procurer à peu de frais. Pour cela on prend du coaltar ou goudron de houille, on y ajoute environ un cinquième de son poids de cire jaune et on mélange le tout avec des cendres ordinaires bien tamisées ; ou bien encore on mélange de la cire jaune avec moitié son poids d'huile de lin. Ces mélanges se font en chauffant et en remuant avec les précautions nécessaires les matières que l'on emploie.

Rucher.

1. — L'*abeille* est un insecte qui produit le miel et la cire ; c'est pour cela qu'on l'appelle aussi *mouche à miel.*

2. — Les abeilles vivent en société. Une société d'abeilles prend le nom d'*essaim ;* mais on entend plus particulièrement par ce mot, *essaim,* une volée de jeunes abeilles qui se séparent des vieilles pour aller s'établir ailleurs.

3. — L'habitation des abeilles à l'état de domesticité est ce qu'on appelle une *ruche.*

4. — L'emplacement des ruches est le *rucher.*

5. — Il y a dans chaque ruche trois sortes d'abeilles : une *femelle* qui est plus grosse que les autres et qui est appelée *reine ;* six ou huit centaines de *mâles* ou *faux-bourdons,* et les *abeilles ouvrières,* qui sont les plus petites.

6. — Les *gâteaux* qui contiennent le miel sont construits en cire, et le miel est déposé dans de petits tuyaux

à six pans, disposés d'une manière admirable. Ces tuyaux sont nommés *cellules* ou *alvéoles*.

7. — Les cellules qui occupent le haut de la ruche renferment le miel destiné à la provision pour l'hiver. Celles qui en occupent la partie inférieure renferment le *couvain*, c'est-à-dire les *œufs*.

8. — Au bout d'un certain temps, ces œufs donnent naissance à de *petits vers* qui se changent en *nymphes* et deviennent des abeilles.

9. — L'emplacement qu'on donne au rucher doit être abrité, soit par un mur, soit autrement, contre les vents qui soufflent le plus souvent dans la localité, spéciale-lement contre le nord et l'ouest.

10. — Il est bon d'ombrager les ruches par quelques aveliniers, dont les fleurs précoces rendent bien service aux abeilles lors de leurs premières sorties.

11. — Pour qu'un rucher soit bien placé, il doit être à proximité des fleurs du jardin, du verger et de la prairie.

12. — Il faut, en outre, que rien ne puisse incommoder les abeilles, ni fumée, ni mauvaises odeurs, et que le bruit de la ferme n'arrive jamais jusqu'à elles. C'est un avantage quand un ruisseau limpide coule près de leur demeure.

13. — Elles doivent enfin se plaire dans le séjour qu'on leur a choisi. Elles s'y plaisent si les jeunes essaims ne s'éloignent pas trop quand ils sortent.

14. — C'est ordinairement du mois de mai au mois de juin, entre dix et trois heures, que, des ruches trop pleines, sortent de nouveaux essaims.

15. — On reconnaît à l'agitation des mouches que le départ de la nouvelle colonie va avoir lieu.

16. — Si elles manifestent l'intention de s'en aller au loin, on fait du bruit en frappant sur des instruments sonores, on leur jette des poignées de terre fine ou de l'eau, ou bien on dirige de leur côté de la fumée.

17. — Elles finissent bientôt par se poser en paquet ou en grappe autour de leur reine, le plus souvent à quelque branche d'arbre.

18. — On a préparé à l'avance une ruche vide en l'enduisant d'un peu de miel à l'intérieur ; on fait tomber l'essaim dans cette ruche, et il n'y a plus qu'à la mettre

en place. Les abeilles du nouvel essaim se mettent sans retard à l'ouvrage.

19. — Il n'est pas rare que la ruche qui a produit un premier essaim en produise un second au bout d'une dizaine de jours.

20. — On a essayé de plusieurs sortes de ruches. Les plus commodes se composent de deux compartiments unis par des crochets et traversés à l'intérieur par des bâtons, ou plutôt par des grilles destinées à supporter le poids des gâteaux.

Fig. 55.

21. — Pour ôter le miel de ces nouvelles ruches, il suffit de lever les crochets qui en unissent les deux compartiments, et l'on prend le miel sans toucher au couvain.

22. — Les abeilles ont bien des ennemis, qui sont friands de leur miel ; tels sont : les rats, les mulots, les souris, les fourmis, les frelons, les guêpes. Il faut les garantir contre les ravages de ces petits animaux.

23. — On doit abriter les abeilles pendant l'hiver, afin d'empêcher que leur provision de miel ne durcisse par l'effet de la gelée, auquel cas les abeilles mourraient de faim.

24. — Pour cela, on recouvre les ruches d'une sorte de chemise de longue paille de seigle, ou mieux encore d'une couche de belle mousse propre et très sèche.

25. — Comme la cire fournie par les rayons qui n'ont contenu que du miel se vend plus cher que celle des rayons destinés au couvain, une bonne ménagère a soin de faire fondre ces deux cires séparément.

Ce qui précède s'applique surtout à une ferme d'une certaine importance ; mais il n'est pas de ménagère qui ne puisse y trouver quelque utile application.

De l'habitation des petits cultivateurs.

1. — C'est surtout aux ménagères des petites exploitations qu'on ne saurait trop recommander l'ordre et la propreté.

2. — Souvent, les petits cultivateurs n'ont qu'une humble maison d'habitation, composée de deux pièces, quelquefois d'une seule, qui sert en même temps de chambre à coucher, de cuisine, de laiterie, de fruitier, de buanderie, de fournil, de tout en un mot.

3. — Il est bien fâcheux qu'à la campagne, où l'on a tant de choses à placer, on en soit réduit à une telle exiguité de logement. Que de soins, que de précautions et quelle activité ne faut-il pas à la ménagère d'une pareille demeure pour la maintenir propre !

4. — Il n'est pas rare cependant de voir dans ces habitations un ordre parfait, au grand profit de la famille et à l'honneur de la femme qui sait les faire aimer à ceux qui les occupent. Que doit-elle faire pour atteindre ce but? Une chose bien simple : mettre chaque chose à sa place.

5. — Ainsi, pour entrer dans quelques détails, au lieu de laisser les fromages dans la pièce d'habitation, comme cela se voit parfois chez quelques cultivateurs, elle les dépose à la cave ou au grenier ; et, là, elle les renferme dans une cage en osier faite par son mari ou par elle-même ; cette cage est tenue suspendue assez haut au

moyen d'une corde pour la mettre à l'abri des atteintes des rats et des chats.

6. — Elle ne laisse pas traîner sa provision de pain par terre. Elle l'enveloppe dans une nappe blanche et la dépose dans un endroit sec et sain, par exemple, sur une claie suspendue au plancher. S'il reste un chanteau de pain sur la table, une serviette propre la garantit contre la poussière.

7. — Les pots de laitage ne sont pas déposés sur le carreau de la chambre ; ils sont à la cave ou au cellier rangés avec soin dans le coin le plus propre et le plus sain. Tous les pots sont bien fermés.

8. — On ne voit pas chez elle les ridicules images du Juif-Errant, de Mayeux, de Croquemitaine, de Barbe-Bleue, de la mère Angot et autres caricatures affreuses qui salissent trop souvent les murs des habitations rurales, et dont on se sert pour abrutir les petits enfants.

9. — Pas une toile d'araignée ne tapisse les murs ou le plafond ; un petit balai de roseau ou un plumeau formé de quelques plumes de coq ou de dinde fixé au bout d'un long bâton lui sert à les faire disparaître.

10. — Son armoire n'est pas à demi-pleine de chiflons et de vieux linge. Elle a fait avec le meilleur de la charpie et quelques bandes, en prévision de plaies ou de blessures à panser. Le reste a été vendu ou échangé contre des choses utiles, par exemple, contre de belles assiettes qu'elle a eu le bon goût de choisir blanches plutôt que bariolées de gros dessins rouges, bleus ou verts.

11. — Les fruits n'encombrent pas le dessus et l'intérieur de la plupart des meubles au grand détriment de la salubrité du logement. Ils sont placés convenablement à la cave sur des claies d'osier recouvertes de belle mousse bien sèche.

12. — Les chaises ont chacune leur place, dans les angles de la chambre ou contre les murs. Elles sont bien empaillées, et jamais on ne les voit embarrassées par des objets qui ne seraient pas là à leur place.

13. — La grande armoire au linge, les bois de lit, les pieds de la table et les bancs sont frottés tous les jours, de manière qu'ils luisent comme s'ils étaient vernis, et cela sans dépense ; l'encaustique employé par notre

ménagère est tout simplement de la cire jaune fondue dans un peu d'essence de térébenthine.

14. — Au moyen d'une grosse brosse de chiendent, et d'un peu de savon noir, elle tient blancs et propres le dessus de la table, le billot, les fourneaux, la pierre d'évier.

15. — Le seau d'eau placé sur cette pierre d'évier est toujours muni de son couvercle, et la vaisselle sale ne s'accumule pas à côté.

16. — On remarque avec plaisir dans l'armoire à vaisselle un panier d'osier que la ménagère a fait elle-même, et où elle place ses verres à boire lorsqu'ils ont été bien lavés, bien égouttés, bien essuyés, ce qu'elle fait exactement dès qu'ils ont servi.

17. — Les toiles des paillasses et des matelas sont blanchies de temps en temps ; la paille est renouvelée, et la laine battue avec soin.

18. — Le linge sale ne reste pas dans la chambre ; il est au grenier, hors de la portée des souris et à l'abri de la moisissure, sur des perches que soutiennent des cordes.

19. — Le manteau de la cheminée, toujours bien essuyé et bien épousseté, n'est pas encombré par une foule d'objets quelconques ; il est simplement décoré de deux chandeliers de cuivre tenus luisants comme l'or, et de deux autres en fer pour l'usage journalier.

20. — On y voit aussi deux jolis petits vases en porcelaine blanche d'une élégante simplicité, où, au printemps, notre ménagère met des fleurs qu'elle aime, pour embaumer sa chambre.

C'est pour le même motif que plusieurs pots de réséda et l'héliotrope ornent l'appui des fenêtres.

21. — Le plancher et les murs sont parfaitement blancs, sauf une frise bleue de trente centimètres de haut, qui règne au bas et tout autour de la pièce.

22. — Le carrelage est lavé, épongé, et les carreaux rouges, avec les murs blancs, donnent à la chambre un air de propreté et de gaîté qui charme la vue.

23. — Les vitres de la croisée et de l'imposte sont tenues constamment claires et propres.

24. — Aucun animal ne réside habituellement dans la chambre de la bonne ménagère.

25. — Avec quelques vieilles planches, des bâtons et du glui ou du genêt, elle a construit, dehors, une loge à son chien, qui est là mieux que dans la maison.

26. — Les chats, fustigés de temps en temps, ne reviennent qu'aux heures des repas.

27. — Quant aux poules et aux autres animaux de la basse-cour, ils ne peuvent pas entrer dans la maison; un clayon de un mètre vingt centimètres de haut, qui se ferme seul par son propre poids, a été placé devant la porte.

28. — Les égoûts de l'évier ne séjournent pas dans la cour à côté du seuil de la porte. Quelques coups de pioche ont suffi pour tracer une rigole qui les conduit à la fosse au fumier.

29. — On trouve à l'entrée de la maison un gratte-pieds dont l'établissement a coûté peu de peines: un tronçon de vieille faux cassée, deux petits piquet, deux traits de scie et quelques coups de marteau en ont fait tous les frais.

30. — Ce qu'on voit également avec plaisir autour de la maison, c'est une plantation de chasselas, qui tapissent les murailles et donnent d'excellents fruits.

31. — Si la bonne ménagère agricole tient bien sa maison à l'intérieur, elle la tient également bien à l'extérieur, et ce n'est pas chez elle comme chez quelques autres, où l'on ne peut faire un pas autour des bâtiments et dans le jardin, sans se salir les pieds dans les ordures déposées partout.

32. — Elle a amené son mari à lui construire, ou elle a construit elle-même, au nord du jardin, dans un coin retiré, au moyen de quelques perches et de quelques planches et de quelques poignées de glui ou de genêt, une sorte de cabane qui sert de lieux d'aisances.

33. — Cette cabane, littéralement cachée sous le feuillage et des fleurs de plantes grimpantes et d'arbustes sarmenteux, ressemble moins à des latrines qu'à un joli berceau de verdure.

34. — Comme les déjections de cinq ou six personnes, pendant un an, sont bien suffisantes pour fumer un hectare de terrain, et qu'en agriculture ou en jardinage rien de ce qui est engrais ne doit être perdu, la fosse d'aisance est, ou un trou creusé en terre et dont le fond et

les côtés sont recouverts de glaise battue, ou une sorte de vase profond en terre cuite, ou simplement un vieux tonneau hors de service.

35. — Il n'est peut-être pas inutile de dire ici comment on peut utiliser l'engrais humain. On commence par le désinfecter en versant dans la fosse de la poussière de charbon, ou du plâtre en poudre, ou mieux encore du sulfate de fer dissous dans de l'eau (250 grammes de ce sulfate dissous dans un seau d'eau suffisent pour un mètre cube de matière). On mêle intimement les matières désinfectées avec deux fois leur volume de terre. On fait, du mélange, un tas qui doit sécher à l'ombre. Six semaines après, on le réduit en poudre grossière et on l'emploie comme le guano. Cet excellent engrais convient à tous les terrains et à toutes les plantes. Cinq kilogrammes suffisent pour un are.

LIVRE QUATRIÈME

PERSONNEL D'UNE EXPLOITATION AGRICOLE

Le bon Chef d'Exploitation.

1. — Celui qu'on appelle un bon chef d'exploitation possède de nombreuses qualités.

Nous ne nous occuperons ici que de celles qu'exigent ses rapports avec ses domestiques.

2. — Sans être familier avec ses serviteurs, qui pourraient s'en prévaloir et manquer au respect qu'ils lui doivent, il se montre toujours bon et bienveillant avec eux.

3. — Il est ferme sans raideur, et s'il veille avec soin à l'exécution de ses ordres, son énergie est tempérée par une politesse soutenue.

4. — Il garde toujours une égalité d'humeur qui l'empêche de s'emporter et de parler avec violence, et, s'il est obligé de faire des reproches, il les adresse avec ménagements, surtout aux serviteurs âgés et à ceux dont

la probité et la fidélité lui sont connues. Il les reprend en particulier et avec douceur, en s'adressant surtout à leur raison et à leurs bons sentiments.

5. — Equitable avant tout, il sait apprécier les services qu'on lui rend, et il en exprime sa reconnaissance par des félicitations et des encouragements, auxquels les bons serviteurs sont plus sensibles qu'on ne le pense.

6. — Tous les soirs, il s'entretient avec les plus expérimentés de ses serviteurs sur les travaux du lendemain ; il leur demande même souvent leur avis. C'est une marque d'estime et de confiance qui les flatte et leur fait plaisir.

7. — Il est humain et généreux, n'exigeant de chacun que le travail possible, et accordant des gratifications à ceux qu'un zèle soutenu, ou un ouvrage extraordinaire mené à bonne fin, signale à sa bienveillance.

8. — Il s'intéresse à ses domestiques et à ce qui leur est cher, à leur famille et surtout à leurs enfants, s'ils en ont ; il leur donne des conseils sur leurs affaires d'intérêt ; il sait gagner leur confiance et leur attachement par tous les moyens que lui suggèrent son humanité et sa connaissance de leurs sentiments et de leur caractère.

9. — La moralité de ses serviteurs et de ses servantes ne lui est pas indifférente. Il ne souffre pas qu'ils se dégradent en s'accoutumant à rapporter les uns contre les autres, ce qui serait parmi eux, un sujet de perpétuelle division, et il veille scrupuleusement à ce que les bonnes mœurs soient respectées autour de lui.

10. — Avant tout, il doit donner l'exemple de l'activité, de l'ordre, de la retenue et de toutes les vertus qu'il veut trouver dans ceux qui l'entourent.

La bonne Fermière.

1. — La bonne fermière est essentiellement laborieuse, honnête, discrète et charitable.

2. — Elle donne à tous l'exemple de la vigilance et de l'exactitude, et il faut des circonstances bien graves pour qu'elle s'écarte de l'emploi du temps qu'elle s'est tracé.

3. — C'est toujours elle qui est la première levée et la dernière couchée. La paresse est bannie de sa maison. Personne autour d'elle n'ose rester inactif. On sait

qu'elle a l'œil partout, et l'on se tient en garde pour n'être pas pris en défaut. Il est vrai que rien ne lui échappe, et que la moindre négligence est relevée par elle.

4. — Cependant elle ne gronde pas souvent. On sait qu'il lui est pénible de réprimander et qu'elle aime beaucoup mieux faire des éloges ou accorder des récompenses, et l'on cherche à lui plaire en se montrant actif et soigneux.

5. — Elle est pleine de prévenance pour tous.

6. — Toujours affable et bienveillante, elle inspire à chacun la crainte et le respect.

7. — Jamais un domestique ou un ouvrier ne se présente devant elle sans avoir la casquette à la main.

8. — Il faut dire qu'elle est toujours sérieuse et digne, qu'elle parle toujours avec politesse, qu'elle ne plaisante guère, et qu'il lui suffit d'un regard pour remettre à sa place celui qui serait disposé à lui manquer.

9. — Toutefois, chacun l'aime et lui est tout dévoué. Elle est si bonne, elle est si obligeante, elle est si heureuse quand elle trouve l'occasion de faire du bien à quelque malheureux !

10. — Persuadée que l'instruction est un moyen de moralisation, elle laisse à ses jeunes domestiques le temps nécessaire pour qu'ils puissent fréquenter les écoles du soir, pendant l'hiver, et les écoles du dimanche, s'il y en a d'établies à leur portée.

11. — Si ces écoles sont trop éloignées, elle y supplée pendant les longues soirées de la mauvaise saison, en donnant, chaque jour, quelques leçons à ceux qui en ont le plus besoin. Elle ne manque pas non plus de faire, chaque soir, une lecture dans quelque bon livre en présence de tout le personnel.

12. — Il faut voir, quand ses ouvriers et ses serviteurs sont malades, toute la peine qu'elle se donne et tous les soins qu'elle leur prodigue. Si elle est moins savante qu'un médecin, elle se fait plus facilement à comprendre ; elle explique mieux les choses ; et puis elle console, elle encourage, elle guérit.

13. — Elle étend sa sollicitude sur tout ce qui touche aux intérêts de ses domestiques. Grâce à elle, tous sont pourvus de livrets de la caisse d'épargne, et c'est elle

qui, le plus souvent, se charge de placer leurs économies quand elle se rend à la ville.

14. — Elle remplit tous ses devoirs avec une scrupuleuse exactitude : devoirs envers elle-même, envers ses parents, son mari et ses enfants, envers ses domestiques et ses ouvriers, envers ses voisins, et enfin envers tous ses semblables. Autour d'elle, chacun suit ses conseils et imite ses exemples.

15. — La bonne fermière sait tirer parti de tout. Elle ne laisse rien perdre. Elle ne craint pas de se baisser pour ramasser une épingle, une allumette. Il n'y a pas enfin, pour elle, de petite économie qu'on puisse négliger.

16. — Cependant, elle n'est pas avare, tant s'en faut. Si elle tient à ce que rien ne soit gaspillé, elle tient aussi à ce qu'on fasse largement les dépenses nécessaires. Pour la nourriture, par exemple, elle ne lésine pas plus pour les domestiques et les ouvriers que pour elle.

17. — Chez elle, tous les domestiques reçoivent une petite gratification sur la vente des produits améliorés ou menés à bien par leur travail et leurs soins ; et, quand vient le premier janvier, tous sont sûrs d'avoir pour étrennes quelques cadeaux dont la valeur est proportionnée à leur zèle.

18. — La bonne fermière cherche aussi, par tous les moyens, à entretenir une parfaite harmonie entre ses domestiques.

19. — Pour cela, elle est bienveillante avec eux, elle se montre bonne pour chacun en particulier, et elle se garde bien de manifester ses préférences, si elle en a. Elle tient la balance égale entre tous.

20. — Aussi, lorsqu'il survient quelques-uns de ces incidents qui pourraient devenir des motifs de division, on s'en rapporte toujours à ce qu'elle décide. Tous ont la conviction qu'elle est parfaitement juste, et, lorsqu'elle a parlé, c'est fini.

21. — La bonne fermière est surtout prévoyante. L'avenir la préoccupe autant que le présent. Ainsi, par exemple, tout en surveillant la besogne du jour, elle pense à celle des jours qui suivent ; et, le soir, au souper, elle n'oublie jamais de bien indiquer à chacun son travail du lendemain.

22. — Quant aux enfants de la bonne fermière, on n'a pas besoin de dire qu'elle a été leur nourrice. Ajouter qu'elle a été leur première institutrice, c'est assez dire qu'ils sont parfaitement élevés, qu'ils sont bons et polis, quoique sans familiarité, avec les domestiques et avec les ouvriers, aussi bien qu'avec tout le monde, et que leur mère leur a appris à aimer l'honorable profession de cultivateur.

23. — Les meilleurs domestiques de la contrée ne manquent pas d'aller s'offrir dans une maison où l'on est si bien traité.

Les Enfants de la bonne Fermière.

LE FILS

1. — Les enfants de la bonne fermière se reconnaissent, même lorsqu'ils sont encore très jeunes, à leur docilité, à leur modestie, à leur politesse, à leur tenue tout à fait convenable.

2. — En les voyant, en les interrogeant, on s'aperçoit tout de suite que leur éducation première n'a pas été négligée, comme cela se voit trop souvent, mais qu'au contraire, une mère instruite, ferme et prévoyante, y a mis toute sa sollicitude, toute sa raison, tout son cœur.

3. — Ces aimables enfants connaissent leurs différents devoirs, et, ce qui est mieux, ils les remplissent si bien en toutes circonstances, qu'on peut les citer comme modèles. A l'école, aux conférences où on les conduit, partout, ils sont posés, attentifs et parfaitement disposés à profiter des leçons et des conseils qu'on veut bien leur donner. Inutile de dire qu'ils ont subi d'une manière brillante les épreuves du certificat d'études primaires.

4. — Dès l'âge de onze à douze ans, le jeune garçon commence déjà à mettre en pratique ce qu'il a appris de son insituteur et de ses parents en fait d'agriculture et d'horticulture.

5. — Une portion de jardin mise à sa disposition a été bêchée et fumée par lui-même et transformée en une pépinière, où il sème, dans des carrés disposés avec ordre, des pépins, des noyaux, des graines, qui lui fournissent bientôt des arbres vigoureux. Il y plante

aussi des églantiers et divers autres sauvageons, à l'effet d'avoir sous la main des sujets qu'il sait greffer quand le moment est venu, en se procurant des greffes prises sur les meilleurs arbres fruitiers de la contrée.

6. — Ces greffes, il les obtient facilement de tous les jardiniers et de tous les amateurs de son voisinage, car chacun se plaît à encourager un enfant honnête, intelligent, animé du désir de bien faire.

7. — Par le même procédé, il se procure des graines et des boutures de toutes espèces de plantes utiles ou agréables, dont il enrichit et embellit le jardin de sa mère.

8. — Quand ses sujets greffés sont bons à planter, il se concerte avec son père avant de les mettre en place. Puis, comme il en a en surabondance et qu'il aime naturellement à obliger, il est heureux de pouvoir faire présent à ses camarades et à ses voisins, moins habiles ou moins prévoyants, de bons et beaux arbres fruitiers, qui, en grandissant, fourniront des récoltes abondantes et variées, dont on saura tirer profit, soit en les consommant, soit en les vendant, soit en en fabriquant du cidre.

9. — A mesure qu'il grandit, il reconnaît de plus en plus que le bagage scientifique avec lequel il est sorti de l'école primaire ne lui est pas tout à fait suffisant. Dirigé et stimulé par ses parents aussi bien que par l'ardent désir qu'il éprouve d'étendre le cercle de ses connaissances, on le voit profiter de toutes les occasions qu'il peut rencontrer de compléter son instruction.

10. — Il recherche la compagnie des personnes sages et instruites, avec lesquelles il y a toujours à gagner, aussi bien sous le rapport moral que sous le rapport intellectuel. Il sait consulter des hommes sérieux, dignes et capables, pour le choix des livres qu'il va emprunter dans les bibliothèques publiques. Son honnêteté et son esprit d'ordre, parfaitement connus, lui ouvrent aussi bien des bibliothèques particulières.

11. — Lui-même a sa petite bibliothèque judicieusement composée et dans laquelle sont rangés les principaux chefs-d'œuvre littéraires des grands écrivains de tous les temps et de tous les pays, quelques livres de morale, d'histoire générale et d'histoire de France,

de sciences et notamment des ouvrages traitant d'économie rurale.

12. — A force de lire, de relire et de méditer ces livres peu nombreux, mais tous excellents, il a déjà pu se faire une somme respectable de connaissances sûres, variées, et telles qu'un savant serait souvent étonné de les trouver chez un adolescent d'extérieur si modeste et qui donne déjà un si rude coup de main à son père dans les nombreux et pénibles travaux de l'exploitation.

13. — Il est bon de dire que son grand désir de s'instruire, de se perfectionner, lui fait parfois entreprendre de vrais voyages, pour assister à une conférence littéraire ou scientifique, et qu'il ne manque jamais à celles qui ont particulièrement pour objet quelque branche de l'agriculture, science si attrayante pour tous ceux qui en comprennent les incontestables avantages et qui, par suite, ne peuvent pas faire autrement que de l'aimer.

14. — Il se rend aussi sans faute aux concours agricoles de sa contrée. Il y examine avec soin tous les animaux et tous les instruments perfectionnés qu'on y expose, toutes les expériences que l'on peut y faire. Il s'informe, il se renseigne, il prend des notes, et son carnet est plein des croquis de tous les instruments dont le mécanisme l'a intéressé.

15. — De retour à l'exploitation, il expérimente en petit les méthodes qu'il a entendu développer.

Voilà pour l'éducation intellectuelle.

16. — Son éducation physique n'a pas été plus négligée. Il y a longtemps qu'il a installé dans un coin de la grange un gymnase peu dispendieux, peu compliqué, puisqu'il ne se compose que d'un trapèze et de quelques cordes obliques et verticales, mais cependant assez complet, pour qu'il ait pu très souvent s'y livrer à des exercices variés, salutaires et fortifiants.

17. — De plus, il sait assez bien nager, monter à cheval et faire des armes. Et ces connaissances ne lui ont pas été aussi difficiles à acquérir qu'on pourrait le croire.

18. — Il est effectivement bien rare qu'à la campagne on n'ait pas dans son voisinage un ruisseau, une rivière, un étang, et de trouver, pendant la saison des

bains, quelque brave garçon bon nageur et prudent qui se plaise à diriger de ses conseils et à aider les jeunes gens dans leurs premiers essais de natation. Combien de tout jeunes enfants des campagnes que l'on voit nager pour ainsi dire naturellement et sans que personne leur ait jamais donné la moindre leçon.

19. — Pour l'équitation, il n'y a pas un village où l'on ne trouve au moins un ancien militaire ayant servi dans la cavalerie. Beaucoup de domestiques de ferme sont même dans ce cas. Quoi de plus facile que d'obtenir de ces anciens cavaliers quelques leçons d'équitation, au moins les plus essentielles.

20. — Pour l'escrime, la chose n'est pas plus impossible. On trouve très souvent dans les campagnes des hommes qui ont été prévôts d'armes au régiment et qui, pendant les longues veillées de l'hiver, sont trop heureux, moyennant une légère rémunération, d'initier un jeune homme de bonne volonté à l'art qu'ils ont pratiqué dans le temps, parfois avec habileté.

21. — Quand il a seize ou dix-sept ans, afin de parfaire son éducation physique, le fils de la bonne fermière devient membre des sociétés de tir qui peuvent exister dans son canton, et il ne tarde pas y être compté parmi les tireurs les plus adroits.

22. — Ainsi familiarisé avec le maniement du pistolet et de la carabine, il fera certainement plus tard un bon militaire, un soldat ayant confiance dans ses armes, et par conséquent solide et résolu.

23. — A ceux qui pourraient craindre que son adresse au tir l'induise à devenir un braconnier, on peut dire que leur crainte est mal fondée. Il sait trop bien, pour l'avoir vu chaque jour de ses yeux, que les braconniers sont ordinairement des paresseux et des ivrognes destinés, pour la plupart, à finir misérablement ; et ce serait vraiment lui faire injure que de lui attribuer un seul instant la velléité de s'égarer dans une voie aussi funeste.

24. — Si la fortune de son père le lui permet, il prend un permis de chasse, et il sait n'user que sobrement des plaisirs cynégétiques. Encore ne s'y livre-t-il qu'à l'époque et aux jours où la besogne de l'exploitation n'est pas trop pressante.

25. — Bien des choses qui viennent d'être dites pourront peut-être sembler trop sérieuses de la part

Fig. 57.

d'un jeune homme actif, énergique, plein de vigueur, pétulant. Est-ce à dire qu'il fuie les distractions nécessaires à son âge et à son tempérament. Loin de là. Il y a temps pour tout. Les jeux, les fêtes de la campagne, non moins attrayantes que celles des villes, ne le laissent pas indifférent. Il y prend part. Il s'y amuse même beaucoup, souvent plus que les autres, mais toujours d'une manière honnête et permise, et seulement en compagnie des jeunes gens les mieux élevés et les plus raisonnables du pays.

26. — Ce n'est pas lui qui, comme trop d'autres, sous le prétexte et avec la conviction de se bien divertir aux fêtes villageoises, s'y livrerait à d'interminables parties de cartes ou de billard, à des excès de petits verres, à des gageures insensées, à des chants bruyants et obscènes, à des danses folles et grotesques pour ne pas dire indécentes, à du bruit, à du tapage. Son bon sens et son esprit lui disent trop que l'on s'amuse beaucoup mieux d'une tout autre manière.

27. — Si, dans ces assemblées, il voit poindre une dispute, une rixe, un scandale, il trouve immédiatement un prétexte pour s'éloigner et rentrer chez lui. Il serait trop désolé, ses parents aussi, s'il se trouvait obligé d'aller, seulement à titre de témoin, déposer devant un tribunal à propos d'une affaire dans laquelle l'ordre public aurait été troublé et les prescriptions de la loi ou de la morale méconnues.

28. — On n'a pas à craindre non plus de le voir, au moment du tirage, se livrer aux excentricités, aux extravagances des jeunes gens de quelques villages arriérés. A cette occasion, on en voit trop souvent se promener tambours en tête pendant deux ou trois jours, de cabarets en cabarets et autres mauvais lieux en s'égosillant et en se livrant à des gambades dignes de vrais sauvages.

29. — Ce n'est pas que le fils de la bonne fermière fasse fi de ses camarades. Il est heureux, au contraire, en ce jour qui fait époque dans la vie, de fraterniser avec ceux de son âge, de leur donner le bras en marchant avec eux à la suite du drapeau et même en unissant sa voix à la leur au refrain de quelque chant populaire ou patriotique, en dînant avec eux ; mais c'est à la condition expresse que toutes les choses se passeront d'une manière convenable. Autrement il aurait bientôt fait de leur fausser compagnie.

30. — Tel est le fils de la bonne fermière, et l'on peut désirer que toutes les mères sachent élever aussi bien leurs enfants.

LA FILLE DE LA BONNE FERMIÈRE.

1. — Si la bonne ménagère tient à ce que, par une éducation bien entendue, son fils devienne sous tous

rapports ce que l'on peut appeler un homme, sa sollicitude n'est pas moins grande pour l'éducation de sa fille.

2. — Sa principale préoccupation a été d'en faire « une femme forte, » suivant l'expression de l'Ecriture, c'est-à-dire une femme vertueuse et instruite, une femme robuste, adroite autant que laborieuse et économe, en un mot une bonne ménagère comme elle.

3. — Si sa fortune le lui permet, afin de compléter l'instruction acquise à l'école primaire, elle la met à la ville dans une pension qui lui offre toutes les garanties désirables, une pension dirigée par des personnes dont la vertu soit intacte et bien connue, une pension où l'on ne se livre pas de préférence à l'étude énervante des choses frivoles, à des futilités, genre d'éducation déplorable et qui est une des grandes plaies de notre époque ; mais où l'on s'applique avant tout à l'étude des choses sérieuses, raisonnables, utiles, pratiques.

4. — Cela ne veut pas dire qu'elle s'oppose à ce que sa fille, surtout si elle y a du goût, de l'aptitude, apprenne les arts d'agrément. Au contraire, elle tient à ce qu'elle sache dessiner, chanter et même toucher du piano ; car, quoi qu'on en puisse dire, elle est convaincue et avec raison que ce ne sont pas les talents qui faussent le caractère d'une jeune personne, surtout quand on a su lui faire comprendre que ces talents ne sont que des choses accessoires, des moyens de distraction que l'on est souvent heureux de trouver dans son intérieur.

5. — Les récréations ne sont-elles pas nécessaires à tout âge, en tous lieux et dans toutes les conditions ? Elles sont même quelquefois une sauvegarde de la vertu. Et quelle récréation plus pure, plus morale que la musique ! Où serait le mal si chaque jeune fermière, aux jours de repos, les dimanches, les fêtes, quand il lui vient des visites, quand elle a de la société, pouvait procurer à elle et à son monde quelques instants agréables au moyen de son piano.

6. — Car, il est peut-être utile de le dire, il n'est pas besoin pour cela d'être de la force d'un musicien de profession. A la campagne, une valse, une polka, un quadrille, exécutés bien en mesure et en y mettant un

peu d'expression, une chansonnette dite gaîment, sans affectation, avec un accompagnement simple et facile, font certainement plus de plaisir à ceux qui les écoutent qu'un opéra aux gens blasés des villes, lors même qu'il est interprété par l'artiste le plus en renom.

7. — Et la preuve que les arts d'agrément ne gâtent rien, c'est qu'à l'époque des vacances, la fille de la bonne fermière ne dédaigne pas les travaux auxquels elle a été habituée dès le jeune âge ; c'est qu'elle ne rougit pas d'aider sa mère aux étables, à la laiterie, au fournil, à la buanderie, à la cuisine, au jardin. C'est même elle, qui, afin de soulager sa mère, se charge de la partie la plus pénible de la besogne.

8. — Il faut dire aussi qu'elle a été dressée de bonne heure aux nombreux travaux de l'intérieur d'une exploitation. Toute petite encore, c'est elle qui était chargée du soin de la partie du jardin où sont cultivées les fleurs et les autres plantes d'agrément ; elle qui était chargée de recueillir chaque année les plantes et les fleurs médicinales, telles que la violette, la guimauve, le tilleul, le bouillon blanc, le coquelicot, la bourrache, etc., destinées à faire de la tisane en cas de maladie. C'est par ses soins que ces fleurs étaient recueillies à l'instant favorable, séchées à l'ombre et conservées chacune avec son étiquette dans un endroit sec, ce qu'elle continue du reste à faire, de manière à en avoir toujours pour la maison et pour le voisinage, en cas de besoin.

9. — Il n'est peut-être pas superflu de dire aussi que, dès longtemps, elle excelle dans les travaux d'aiguille de toutes sortes, particulièrement dans ceux qui sont les plus usuels et les plus utiles ; qu'au besoin elle saurait couper et confectionner la plupart de ses vêtements ; que ses connaissances culinaires la mettent à même de suppléer sa mère pour l'ordonnancement et la préparation d'un déjeuner ou d'un dîner, lors même qu'il s'agirait de ce que l'on appelle un repas de cérémonie ; qu'elle a collectionné et qu'elle sait employer une foule de recettes ménagères toujours avantageuses dans une maison.

10. — Si son frère, par son adresse, par sa force et par de bons soins, a su dompter tous les animaux de la

ferme et s'en faire en même temps, craindre, obéir et aimer ; elle, rien que par sa douceur et sa bonté, a su se les attacher d'une manière qui pourrait sembler prodigieuse, si l'on ne savait combien les animaux sont sensibles aux bons procédés dont on use envers eux, combien la plupart sont reconnaissants de l'affection qu'on leur montre.

11. — Tous la connaissent, tous paraissent heureux de la voir, fiers de ses caresses. Ils reconnaissent sa voix et l'aiment. Aussi tous, quadrupèdes et volatiles, s'empressent de répondre à son appel et d'accourir dès qu'ils la voient ou qu'ils l'entendent. Ils lui font parfois un véritable cortège qui, rendu par un peintre de talent, formerait certainement un délicieux tableau.

On en voit souvent plusieurs s'attacher à ses pas, comme le ferait le chien le plus caressant et le plus fidèle.

12. — C'est qu'aussi elle a toujours été vraiment bonne pour tous. C'est qu'ils sentent en elle une amie devant laquelle on ne serait pas bien venu de les maltraiter d'une manière quelconque. Ajoutons qu'elle a toujours à leur distribuer quelques aliments qui sont pour eux comme des friandises, et qu'elle prend un soin pour ainsi dire maternel des jeunes, des souffreteux et des estropiés, quand il y en a.

13. — Pour terminer ce portrait de la fille d'une bonne fermière, disons qu'elle est essentiellement obligeante et secourable, et que pas un pauvre ne passe à la ferme sans s'y ravitailler, sans y manger un morceau, et sans y boire un verre de vin ou de cidre. Lors même qu'elle saurait que leur détresse provient de leur inconduite, dès qu'elle voit des êtres souffrants et misérables, cela lui suffit pour qu'elle en prenne pitié et pour qu'elle cherche à les consoler et à les ramener au bien.

14. — Telle est la fille de la bonne fermière, et l'on peut assurer que grâce à son bon naturel et à la saine éducation qu'elle a reçue, elle fera plus tard à son tour une compagne dévouée, une excellente mère, une parfaite maîtresse de maison.

Le bon Domestique et la bonne Servante.

1. — *Ce qui fait le bon maître, c'est le bon serviteur,*

et, réciproquement, *ce qui fait le bon serviteur, c'est le bon maître.*

Fig. 58.

2. — Le bon domestique travaille consciencieusement, c'est-à-dire qu'il remplit la tâche dont il est chargé comme s'il travaillait pour lui-même.

3. — On peut se dispenser de le surveiller, il n'a pas besoin d'être sous les yeux de son maître pour se rappeler l'engagement qu'il a contracté, en se louant, de donner son travail pour un salaire loyalement débattu et volontairement accepté.

4. — Ses principes de probité lui ôtent jusqu'à la pensée de perdre ou de gaspiller un temps souvent précieux.

5. — Bien plus, il rappellera, au besoin, à l'accomplissement de ce devoir les autres domestiques ou ouvriers qui seraient disposés à y manquer. Il le fera sans doute, avec tact et circonspection, mais, dans tous les cas, il prêchera d'exemple.

6. — Les outils, instruments ou appareils, qu'on lui confie, sont l'objet de sa constante sollicitude. Il ne les laisse pas égarer ou détériorer.

7. — Il en est de même pour les animaux placés sous sa surveillance ; ils sont parfaitement soignés et jamais il ne les maltraite.

8. — Le bon domestique est attaché sincèrement à son maître ; il lui est fidèle, et jamais on ne l'entendra en parler légèrement, encore moins en dire du mal.

9. — Le bon domestique a pour son maître de la déférence, de la soumission, des égards.

10. — Il ne manifeste pas trop de susceptibilité

quand on le reprend. Il répond toujours avec politesse et douceur, et se hâte de garder un silence respectueux et modeste, s'il s'aperçoit que ces explications n'apaisent pas la mauvaise humeur de son maître. Il sait bien qu'en réparant sa faute, s'il en a commis une, il verra bientôt son maître revenir à lui mieux disposé.

11. — Un chef d'exploitation ne peut avoir l'œil partout. Bien des détails lui échappent. Souvent il serait utile de faire des choses auxquelles il ne pense pas. Un bon domestique l'y fait songer, et c'est un moyen excellent de gagner son estime.

12. — Les domestiques sont initiés à la plus grande partie des choses que font ou que disent les maîtres. Ils doivent savoir garder sur toutes ces choses un secret absolu. La discrétion leur en fait un devoir même lorsqu'ils ont quitté le service de la ferme.

13. — Tout ce qui a été dit du bon domestique s'applique à la bonne servante.

14. — Une seule chose à ajouter pour l'un et pour l'autre, c'est qu'ils ont un livret bien en règle. Ce livret est pour eux comme un titre de noblesse auquel ils tiennent infiniment, parce qu'il contient des certificats excellents délivrés par tous les maîtres qu'ils ont servis.

Quelques domestiques ont à remplir des devoirs spéciaux qu'il importe de faire connaître.

La bonne Cuisinière.

1. — La bonne cuisinière est parfaitement propre et très active. Elle est matinale, mais elle ne sort jamais de sa chambre, le matin, sans avoir achevé sa toilette.

2. — Elle n'est pas, sous ce rapport, comme il y en a quelques-unes qui se peignent dans la cuisine tout en préparant les mets qui composeront le déjeuner, et sans se soucier des cheveux qu'elles peuvent semer partout.

3. — Son linge est toujours blanc, ses vêtements toujours en ordre, ses mains toujours soigneusement savonnées et lavées.

4. — Il faut qu'il fasse bien froid ou bien mauvais, pour qu'on la voie, par exemple, nettoyer et cirer des chaussures, écailler des poissons, éplucher des légumes, plumer ou vider des volailles dans sa cuisine. « Il fait plus clair dehors, dit-elle, et l'on est sûr que l'ouvrage est bien fait. »

5. — C'est assez dire qu'elle ne souffre pas que des domestiques ou des journaliers mal appris, jettent sur le carreau de sa cuisine, en prenant leur repas, des os, de la graisse, le vin ou le cidre resté au fond des verres, comme certaines cuisinières malpropres le laissent faire et souvent le font elles-mêmes.

6. — En dehors des heures de repas, on n'est guère bien reçu quand on entre dans la cuisine sans une nécessité absolue et surtout sans avoir auparavant nettoyé ses chaussures au gratte-pied et sans les avoir essuyées à un paillasson qu'elle a soin de placer à la porte.

7. — Quoiqu'elle se lève de bon matin, elle est toujours des dernières couchées à la ferme ; et elle ne se met jamais au lit sans que sa cuisine soit en ordre, bien nettoyée et bien rangée.

8. — Elle ne trempe pas le bout de son doigt dans les sauces pour les goûter, comme cela se pratique encore dans de sales cuisines, mais elle sert se d'une cuiller en bois.

9. — Elle est pour l'heure des repas d'une ponctualité rigoureuse.

10. — Elle sait tirer parti de tout, et tout ce qui passe par ses mains et ses casseroles est appétissant. Il y en a beaucoup qui, avec de surabondantes provisions, qu'elles gaspillent, ne font rien qui vaille. Elle sait, avec peu, faire des choses excellentes.

La bonne Vachère.

1. — La bonne vachère aime ses animaux et elle sait s'en faire aimer, parce qu'elle les soigne et qu'elle les traite toujours avec douceur.

2. — Elle ne les frappe jamais, et l'on ne serait pas bien venu si l'on s'avisait de les maltraiter en sa présence.

3. — Pour se les attacher et les rendre dociles à sa voix, elle leur fait souvent prendre dans sa main quel-

ques grains de sel de cuisine ou d'autres aliments dont elle les connaît friands. Il lui arrive même parfois de partager avec eux le pain de son dîner. Aussi s'empressent-ils de venir auprès d'elle à un seul signe ou à l'appel de leur nom.

4. — Pendant l'hiver, elle en a un soin tout particulier ; elle les tient parfaitement propres, leur distribue la nourriture avec une exactitude rigoureuse, et s'assure souvent qu'ils ne sont pas malades.

Fig. 59.

5. — Lorsqu'ils sont à la pâture, elle ne les perd pas de vue un seul instant ; elle examine si tous paissent avec bon appétit, elle leur parle souvent, ne les laisse jamais se battre ni vaguer dans des endroits périlleux.

6. — Pour tourner ceux qui s'éloignent trop, elle est quelquefois obligée de se servir de son chien, mais elle se garde bien de l'exciter outre mesure ; elle s'applique, au contraire, à modérer son ardeur.

7. — Elle veille surtout avec une vraie sollicitude sur les vaches pleines et les jeunes élèves, et elle prend mille précautions pour écarter d'eux tout ce qui pourrait les blesser ou leur nuire.

8. — C'est ainsi qu'elle se garde bien, par exemple, de laisser les vaches pleines courir trop fort, se battre, sauter des fossés, manger de l'herbe couverte de gelée blanche, boire de l'eau très froide lorsqu'elles ont chaud.

9. — C'est ainsi qu'elle veille à ne leur point laisser manger trop d'herbages, de trèfle, de luzerne, humides de rosée ou échauffés par le soleil et en fermentation, parce que, dans de telles conditions, ces plantes causent des indigestions aux bêtes à cornes et les font enfler.

10. — Cela ne l'empêche pas de savoir que si, malgré sa vigilance, une de ses bêtes venait par malheur à enfler, elle devrait la faire marcher, lui tenant la tête levée, et même la faire courir, s'il était possible, en attendant qu'on pût la guérir en lui faisant avaler 4 grammes d'ammoniaque délayés dans 120 grammes d'eau (soit à peu près une cuillerée à bouche dans un verre d'eau), ou en lui perçant la panse avec un instrument appelé *trocart*, qui doit se trouver dans toute ferme bien tenue.

11. — On applique encore contre la météorisation, de la chaux éteinte dans de l'eau. On délaye une cuillerée de cette chaux dans un demi-litre d'eau et on le fait avaler au bœuf ou à la vache malade.

12. — La bonne vachère ne manque jamais d'informer sa maîtresse de ce qui peut arriver d'extraordinaire à ses bêtes.

13. — Lorsque l'on conduit une vache à la corde, — la bonne vachère le sait et ne l'oublie jamais, — il faut bien se garder d'enrouler la corde autour de son bras ou de son poignet. Il peut arriver qu'au moment où l'on ne s'y attend pas, la vache prenne peur et s'emballe ; et, dans ce cas, on est exposé à ne pouvoir la retenir, à tomber et à être horriblement traîné par la bête affolée.

14. — C'est surtout aux enfants et aux femmes que ce conseil s'adresse, car on peut citer de nombreux exemples de vachères et de jeunes vachers qui, pas assez forts pour maîtriser les bêtes qu'ils gardaient, sont morts victimes de leur imprudence, affreusement mutilés, après avoir été traînés comme il vient d'être dit, quelquefois fort loin.

15. — Afin que la corde ne glisse pas dans la main quand la vache cherche à s'échapper, il importe donc de renoncer au moyen, trop dangereux, qui consiste à terminer cette corde par une boucle dans laquelle on passe le bras, mais la terminer tout simplement par un nœud.

La bonne Bergère.

1. — Tout ce qui a été dit de la vachère s'applique aussi à la bergère. Toutefois, il est peut-être nécessaire que cette dernière soit encore plus douce, plus patiente, plus vigilante, plus soigneuse, plus adroite et plus courageuse, parce que la bonne tenue et la bonne direction d'un troupeau sont d'une importance capitale pour la prospérité d'une exploitation.

2. — Sans entrer dans le détail des soins assidus et intelligents que demandent les moutons, et que leur donne la bonne bergère, nous en dirons quelques mots.

3. — Tous les mois, au moins une fois, elle enlève le fumier de la bergerie. Quant à la litière, elle la rafraîchit dès qu'elle ne paraît pas assez propre, et elle a soin d'en pourvoir abondamment les agneaux, surtout quand il fait froid.

4. — Elle sait que la nourriture constamment sèche est défavorable aux moutons, et, surtout pendant l'hiver, elle l'alterne ou la mélange avec une quantité égale de plantes-racines saupoudrée, pour cent moutons, de 300 à 400 grammes de sel chaque jour.

5. — Sa surveillance ne se ralentit pas pendant cette saison. Au contraire, elle a soin de s'assurer si toutes ses bêtes mangent bien et si elles ne sont pas indisposées. Elle les abrite contre les vents du nord, parfois trop violents et trop froids, en calfeutrant les ouvertures qui y sont exposées.

6. — Dès que le temps le permet, elle les sort un peu au milieu du jour, et l'exercice que les moutons prennent ainsi, leur est aussi salutaire que les quelques brins de verdure qu'ils peuvent ramasser sur leur passage.

7. — En toute saison, elle les garantit le mieux qu'il lui est possible contre la trop grande chaleur et contre l'humidité, qui leur est si pernicieuse sous toutes ses formes.

8. — Comme elle n'ignore pas que l'eau sale et trouble les rend malades, elle ne leur en laisse jamais boire.

9. — Elle redoute également beaucoup pour eux la météorisation, et elle prend ses précautions en conséquence, en les tenant éloignés des prairies artificielles.

10. — Beaucoup de bonnes bergères ont soin, tous les matins, de semer du plâtre en poudre sur la litière de leurs bêtes (un gramme environ par animal), et, par là, elles atteignent ce double but : désinfecter le fumier et y fixer les gaz fertilisants.

La bonne Fille de basse-cour.

1. — La bonne fille de basse-cour est avant tout patiente et douce. Son bon naturel se manifeste souvent au milieu du peuple ailé qui compose son royaume. Elle prend sous sa protection spéciale les petits, les faibles et les malades.

2. — Elle s'aperçoit bien vite si quelques-uns de ces animaux sont absents, car elle en sait le nombre et les connaît tous. Un seul coup d'œil suffit aussi pour lui apprendre s'il n'y en a pas de malades.

3. — La bonne fille de basse-cour est surtout d'une exactitude rigoureuse pour la distribution de la nourriture qu'elle fait à ses volailles tous les jours deux fois : le matin au lever du soleil, et le soir une heure avant qu'il se couche.

4. — Elle ne leur en donne ni trop ni trop peu. La ration journalière de dix poules, par exemple, est d'un litre d'orge, d'avoine ou de sarrasin ou mieux encore d'un litre de ces trois sortes de grains mélangés.

5. — Pour les rafraîchir, elle leur apporte aussi assez souvent une brassée de bonne herbe verte. Elle ne

manque jamais, surtout dans l'été, de renouveler plusieurs fois le jour leur provision d'eau.

6. — Ele nettoie et désinfecte si bien les logements des diverses volailles, qu'il est extrêmement rare d'en voir quelques-unes attaquées par la vermine.

7. — Pour bien aérer le poulailler, elle en ouvre la porte et les fenêtres dès le matin, et ne les referme que le soir. Elle en lave aussi de temps en temps le plancher et les murailles avec de l'eau chaude fortement vinaigrée, ou avec une bonne eau de lessive.

8. — Les bâtons du juchoir sont également grattés ou lavés toutes les fois qu'il en est besoin, et généralement une fois par semaine.

9. — Dans la mauvaise saison, quand il fait froid, et que la plupart des poules ne pondent plus, la bonne fille de basse-cour soigne particulièrement les siennes. Elle les tient chaudement dans le poulailler, dont elle a garni de paille la porte et la fenêtre ; elle ne les fait pas lever trop matin, et, en leur fournissant une nourriture excitante, telle que du chènevis, de l'avoine, du sarrasin, des pâtées de pommes de terre, de farine de gland et de son, données chaudes, elle les force, pour ainsi dire, à lui pondre des œufs, qui, à cause de leur rareté, se vendent un bon prix au marché, et payent largement la peine qu'on prend pour les obtenir.

10. — La bonne fille de basse-cour choisit toujours soigneusement les œufs les plus beaux et les plus frais de ses meilleures pondeuses pour les faire couver.

11. — C'est quand ils ont acquis tout leur développement, c'est-à-dire quand ils ont cinq ou six mois, que la bonne fille de basse-cour procède à l'engraissement de ses poulets.

12. — Pour les engraisser, elle les nourrit dans une *épinette* placée en un endroit tranquille, assez chaud et peu éclairé.

13. — Avec la simple précaution de tenir la mangeoire de l'épinette constamment pourvue de grain et d'eau, elle obtient au bout d'environ un mois ce qu'on appelle des *poulets de grain*.

14. — Quand elle veut avoir des chapons et des poulardes chargés de fine graisse, elle prend un peu plus de peine.

15. — Tous les matins, elle prépare, pour un jour seulement, afin qu'elle n'ait pas le temps de trop aigrir, la nourriture qui doit être distribuée à ses volailles.

16. — C'est une pâte un peu molle faite avec de la farine de seigle, d'orge, de maïs ou de sarrasin délayée dans de l'eau, ou dans du lait de beurre, ou, ce qui vaut mieux encore, dans du lait doux.

17. — Elle leur en fait manger trois fois par jour, en les gorgeant.

18. — Il y a beaucoup de fermes où l'entrée de la maison d'habitation est presque continuellement assiégée par la volaille, de sorte qu'il devient à peu près impossible d'y arriver sans s'être sali les pieds dans les ordures. On ne doit pas s'en étonner ; c'est là, devant la porte et jusque sur le seuil, que se font habituellement les distributions de nourriture.

19. — La bonne fille de basse-cour est plus adroite, elle ne fait jamais ses distributions ailleurs que devant le poulailler et tout auprès. C'est ainsi qu'elle accoutume les volailles à ne pas s'en éloigner.

20. — La place où elle leur jette les criblures, le grain et les autres aliments est préalablement toujours bien balayée, sèche et nette de fumier et d'ordures.

21. — Elle se garde bien aussi de leur jeter les criblures sur les fumiers, qui contiennent déjà assez de mauvaises graines pour en empoisonner les champs, sans qu'on y en ajoute encore.

Conseils particuliers aux ménagères des petites exploitations.

1. — Les ménagères des petites exploitations sont chargées de mille détails et de mille soins plus ou moins minutieux ; elles sont à la fois, pour la plupart, couturières, lingères, blanchisseuses, cuisinières, vachères, laitières, filles de basse-cour, etc., elles réunissent, en un mot, les attributions diverses d'un nombreux personnel ; combien ne leur faut-il pas de vigilance, d'activité et de persévérance ! De combien de connaissances n'auraient-elles pas besoin !

2. — Pour expliquer comment la bonne ménagère d'un travailleur agricole peut venir à bout de tant d'ou-

vrage qu'elle entreprend et qu'elle mène à bonne fin, il suffit de savoir qu'en toute saison elle se lève de très bonne heure.

3. — Elle est toujours sur pied dès le point du jour, un peu avant son mari, pour lui préparer une légère collation, que l'hygiène lui conseille de prendre chaude avant d'aller dans les champs respirer les brouillards malsains de la nuit.

4. — Il n'a pas, comme il en est trop, la déplorable habitude de boire chaque matin, à jeun, avant de partir pour son travail, du vin blanc ou de l'eau-de-vie. S'il l'avait eue, par des raisonnements que lui aurait inspirés son affection, elle serait parvenue à lui faire comprendre le danger d'une telle habitude et à la lui faire perdre, tant la douceur, le tact, la persévérance, la patience et surtout le dévouement et la tendresse donnent de puissance à une femme pour faire le bien.

5. — Aussi matin qu'on aille chez la bonne ménagère, tout est déjà rangé, mis en place et parfaitement en ordre dans son modeste intérieur. Les quelques animaux confiés à ses soins ont aussi dans leurs logements tout ce qu'il leur faut : et elle est déjà à sa fenêtre occupée à manier activement son aiguille.

6. — Elle est très économe ; mais cette vertu, chez elle, est bien entendue, c'est-à-dire que, sans se priver, ni elle, ni son mari, ni ses enfants, des choses nécessaires, elle ne gaspille rien, et que, suivant ce mot de Franklin : « Un sou épargné est un sou gagné, » jamais elle n'achète rien qui ne soit absolument utile.

7. — Bien des maris, aux jours de dimanches et de fêtes, passent la plus grande partie de leur temps dans les cabarets, dans les cafés, au jeu ; il n'en est pas de même du sien : elle a su, toujours guidée par sa tendresse, l'amener à trouver assez de distractions et d'amusements à son foyer, auprès de sa femme, au milieu de ses enfants, qu'il interroge, dont il suit les études et par lesquels il se fait lire quelques bons livres.

8. — A propos de ses enfants, c'est elle qui les a allaités ; c'est elle qui leur a fait contracter des habitudes d'ordre, de propreté, de soumission, qui leur a inculqué l'amour du travail et ce sentiment de dignité

personnelle que chacun doit conserver dans n'importe quelle condition ; c'est elle qui leur a appris à chérir et à respecter leur père.

9. — Tous les objets à leur usage sont conservés et entretenus avec le plus grand soin ; jamais on ne leur voit des vêtements déchirés ou malpropres.

10. — Comme leur mère sait parfaitement apprécier l'avantage de l'éducation, et qu'elle aimerait mieux se priver de tout que de ne pas les faire instruire, elle les envoie à l'école et tient à ce qu'ils la fréquentent le plus assidûment possible.

11. — Quoique la bonne ménagère envoie très exactement ses enfants à l'école et qu'elle exige avant tout que leurs leçons soient toujours sues et leurs devoirs toujours faits, cela ne l'empêche pas de les accoutumer au travail manuel en les occupant, en dehors des heures de classe, à des ouvrages variés et à leur portée ; car tous ses efforts tendent à leur inspirer l'amour du travail et de l'économie, ces deux vertus premières du cultivateur.

12. — C'est ainsi que, sous l'habile direction de sa mère, la petite fille est déjà chargée du soin des volailles et de la vente des divers produits qu'elles donnent. Une partie de l'argent qu'elle reçoit est pour elle ; elle le garde avec soin dans sa petite bourse, en un coin de l'armoire, et cet argent est exclusivement consacré à payer tout ou partie des choses dont elle a besoin, comme vêtements, livres, fournitures de classe, etc.

13. — Il en est de même pour le petit garçon. C'est lui qui a la direction du clapier, et le prix des lapins, qu'il a élevés, soignés et nourris, entre en partie dans sa petite caisse, ainsi que celui des fruits et des légumes de la portion du jardin qu'il cultive de ses mains. Il en est de même des ruches qu'il soigne.

14. — Chacun des deux enfants tient exactement sa petite comptabilité, et c'est ainsi qu'ils apprennent à comprendre et à calculer la valeur du travail et le prix des choses.

15. — C'est ainsi qu'ils s'attachent à la belle profession de cultivateur, si agréable par la variété et le charme de ses travaux, et si avantageuse par la diversité

et l'utilité des produits qu'elle peut donner à toute personne industrieuse et de bonne volonté.

16. — Comme la bonne ménagère est propre aussi bien sur sa personne que dans sa maison, et que sa réputation, sous ce rapport, de même que sous celui de la probité, est parfaitement établie, elle ne reste jamais longtemps sur le marché à attendre qu'on vienne acheter ses denrées. Elle en est promptement débarrassée, car c'est à qui les lui achètera.

17. — Avec elle on ne marchande guère, et la bonne apparence de son lait, de son beurre, de ses fromages, de ses volailles, etc., fait qu'elle les vend presque toujours à meilleur prix que les autres fermières.

18. — La bonne ménagère n'ajoute aucune foi aux ridicules superstitions par lesquelles on abuse encore quelques personnes ignorantes. Elle est trop instruite pour cela, et les sorciers ou devins ne seront jamais considérés par elle que pour ce qu'ils sont, c'est-à-dire comme des escrocs et des charlatans de bas étage.

19. — Elle est assez instruite pour ne pas se laisser duper par les fripons de toute espèce qui, aux foires et aux marchés, exploitent les habitants des campagnes.

20. — C'est toujours en vain que les cymbales, les grosses caisses et les trombonnes des charlatans résonnent à ses oreilles. C'est toujours en vain qu'ils font briller à ses yeux leurs ajustements extraordinaires, leurs cottes de mailles, leurs cuirasses et leurs casques dorés ou les longues plumes de leurs panaches.

21. — Elle rit de leur faconde ; mais elle se garde bien d'acheter leurs drogues et de leur payer le tribut qu'ils prélèvent sur la crédulité et l'ignorance.

22. — Elle passe de même en souriant de pitié auprès de la baraque des somnambules, auprès des tireuses de cartes, des diseurs de bonne aventure et des miroirs magiques des magnétiseurs.

23. — Elle se défie aussi de ces marchands d'habits ou d'étoffes à bas prix dont la langue dorée éblouit et trompe tant de pauvres cultivateurs.

24. — Elle ne se laisse pas non plus tenter par les loteries miroitantes établies partout.

25. — Tous les industriels dont il vient d'être question, rient impudemment, en buvant le soir au cabaret, des braves gens de la campagne qui se laissent prendre à leurs grossiers pipeaux et leur donnent avec tant de bonne foi le plus clair de leur argent.

26. — La bonne ménagère a également soin, si elle a des domestiques et des enfants, de les tenir en garde contre les jongleries qui sont particulièrement à leur adresse, et dont on se sert pour abuser de leur inexpérience et leur soutirer les quelques sous qu'ils peuvent avoir.

27. — Elle ne s'en laisse pas non plus imposer par les pompeux prospectus qu'elle reçoit ou par les beaux discours des industriels ambulants qui vont l'importuner jusque dans les hameaux les plus reculés.

28. — Pleine de prudence, elle n'accorde aux colporteurs de toute espèce que le degré de confiance qu'on doit avoir en des inconnus.

29. — Elle sait qu'en général ces marchands voyageurs sont peu scrupuleux sur les moyens à employer pour se débarrasser, au plus haut prix possible, de leurs marchandises, et que ces marchandises sont presque toujours de qualité inférieure.

30. — Aussi, quelque captieux que soient les moyens dont ils usent, quelque habiles et incessantes que soient leurs attaques contre sa bourse, ils ne voient jamais la couleur de son argent.

31. — Pour ne pas se laisser tenter par des promesses parfois séduisantes, elle pense que les bons livres, les bonnes inventions et toutes les bonnes choses, quand elles sont réellement bonnes, se recommandent assez d'elles-mêmes, sans qu'il soit besoin d'aller les prôner de porte en porte.

32. — Soigneuse de la santé de ses gens, la bonne ménagère s'arrange de manière à ce que leur boisson ordinaire ne soit pas seulement de l'eau ; et, pour suppléer au défaut de vin et de cidre, elle prépare des boissons avec du raisin ou simplement avec du marc, avec des poires et des pommes sauvages, avec des cormes, avec des cerises, avec les fruits du prunellier, avec des baies de genièvre.

33. — C'est encore pour le même objet qu'elle fait

sécher au four et au soleil, et qu'elle met en réserve, des groseilles, des cassis, des guignes, des merises, des prunes, des pêches, etc. Tous ces fruits, fermentés dans l'eau, donnent une boisson agréable et salutaire, qui devient encore plus tonique si on y ajoute, par hectolitre, un litre de bon alcool.

Quelques recommandations hygiéniques à l'usage du travailleur des champs.

1. — Les cultivateurs, en général, se soucient fort peu des soins et des précautions à prendre pour la conservation de leur santé. De là, des inflammations de poitrine, des pleurésies, des rhumatismes, des douleurs de diverses natures. Il est dans le rôle des ménagères agricoles de rappeler de temps en temps à leurs maris, à leurs fils ou à leurs domestiques les prescriptions les plus simples et les plus pratiques de l'hygiène.

2. — Dans l'état de santé, et surtout à la campagne, où l'air ne fait jamais défaut, les règles de l'hygiène sont on ne peut plus simples. Elles se résument en soins généraux de propreté.

3. — Usant des droits que lui confère l'autorité maternelle, la bonne ménagère veillera rigoureusement à ce que ses enfants, en tout temps, dès le lever, se lavent le visage, le cou, la poitrine et les mains avec de l'eau froide.

4. — Elle sait que rien ne fortifie le tempérament, surtout chez les enfants débiles, autant que ces ablutions pratiquées dès le matin, même en hiver. « Celui qui se couvre trop, qui se renferme dans sa chambre, se refroidit dix fois plus facilement que celui qui ne porte aucun vêtement superflu, qui se lave la poitrine avec de l'eau froide et qui sort le matin de bonne heure. » Tel est l'avis d'hygiénistes dont l'autorité est incontestable.

5. — Pour simplifier les soins de propreté, elle ne permettra point à ses enfants de porter les cheveux trop longs. Les garçons s'accommodent fort bien de cheveux coupés très courts. Cette habitude permet d'éviter les contagions parasitaires.

6. — Au moins tous les huit jours, le dimanche

matin, par exemple, la bonne ménagère ne manquera pas de faire chauffer une quantité d'eau suffisante pour fournir à tous les membres de la famille de bons bains de pieds savonneux.

7. — C'est à la bonne ménagère qu'incombe le soin de changer le linge de corps des membres de la famille. Elle le leur apprêtera toujours à l'avance pour qu'ils ne trouvent point d'excuse à leur négligence ou leur malpropreté.

8. — Les règles relatives à l'alimentation se trouvent aussi fort simplifiées à la campagne. Le travail des champs entretient l'appétit, et la nourriture la plus simple, voire même la plus grossière, à la condition qu'elle soit convenablement apprêtée, est souvent la plus profitable.

9. — La bonne ménagère n'oubliera pas que l'usage du café, du vin pur et des liqueurs fortes ne convient pas aux enfants, surtout aux jeunes filles, parce qu'il peut rendre nerveux des tempéraments déjà prédisposés.

10. — En règle générale, elle se rappellera que tout changement brusque dans les habitudes peut devenir une cause de maladie, et qu'il en est de même de tout excès, sans en excepter l'excès du travail.

11. — Quelques petits propriétaires cultivateurs animés par le désir, louable d'ailleurs, de faire honneur à leurs affaires, de bien élever leurs enfants et d'arrondir leurs possessions avec le fruit de leurs efforts, se livrent souvent à un travail excessif. Il existe même des localités où hommes et femmes travaillent fêtes et dimanches, et, pour ainsi dire, sans trêve ni repos. C'est un bien mauvais calcul.

12. — Des jours de repos périodiques ne sont pas moins nécessaires au cultivateur pour le maintien de ses forces et de sa santé que pour son développement moral et intellectuel. Aussi l'hygiène et la raison sont-elles d'accord pour commander le repos du dimanche, qu'il est si avantageux de consacrer à de douces relations de famille, à des lectures instructives, à de fécondes études.

13. — Le cultivateur doit surtout se défier beaucoup des variations brusques de la température, car rien

n'est pernicieux comme le passage subit du chaud au froid et du froid au chaud.

14. — Lorsque l'ouvrier des champs est près de travailler, il agit avec prudence, en ôtant, avant tout, quelques-uns de ses vêtements. Mieux vaut, pour lui, avoir un peu froid pour commencer, que d'attendre avant d'ôter sa cravate, sa blouse et sa veste, qu'il soit déjà échauffé par l'exercice.

15. — Quand il interrompt son travail, pour une raison quelconque, soit pour prendre ses repas, soit pour retourner à la maison, la première chose qu'il doit faire, c'est de remettre les vêtements dont il s'était débarrassé.

16. — Pendant les grandes chaleurs il est quelquefois dévoré par une soif ardente. L'hygiène lui conseille alors de ne pas satisfaire complètement le besoin qu'il éprouve de boire, et surtout de ne pas boire de l'eau trop froide.

17. — Ce qui désaltère le mieux, dans ces circonstances, c'est de l'eau aiguisée avec un peu de vinaigre ou mieux avec un peu d'eau-de-vie, qu'on avale par petites gorgées.

18. — Un demi-verre de vin, bu pur, arrête aussi la sueur bien mieux qu'une grande quantité d'eau.

19. — Quand on a chaud, il est dangereux de s'asseoir dans un lieu frais et humide, et surtout de s'y endormir.

20. — En prenant les précautions hygiéniques qui précèdent et quelques autres encore, en se nourrissant et se vêtant d'une manière convenable, en changeant de linge le plus souvent possible, et au moins une fois chaque semaine, en se baignant de temps en temps, les cultivateurs, grâce à leur vie sobre et réglée, grâce aussi à leur activité au grand air, s'épargneraient certainement bien des infirmités, bien des maladies et parviendraient mieux que d'autres à un âge avancé.

LIVRE CINQUIÈME

ANIMAUX ET PRODUITS

PLACÉS SPÉCIALEMENT SOUS LA DIRECTION DE LA MAITRESSE DE MAISON OU FERMIÈRE.

Vaches.

1. — Les animaux de l'*espèce bovine* sont, sans contredit, les plus utiles à l'homme : ils lui donnent leur lait, leur chair, leur travail, et le fumier qu'ils produisent est un des meilleurs engrais.

2. — La race la plus renommée et la plus parfaite, en tant que race de boucherie, est celle de Durham (fig. 60, p. 214), créée par les Anglais : mais parmi les vaches qui donnent le plus de produits en laitage, on cite celles de la Hollande, de la Flandre, de la Normandie, de Suisse. Toutefois, dans toutes les races et dans tous les pays, on trouve d'excellentes vaches laitières.

3. — Ce qu'il y a à faire, quand on a une bonne vache, c'est d'en perpétuer la race et de l'améliorer encore, s'il est possible, par un choix judicieux des reproducteurs et par des soins intelligents.

Voici, sommairement, les soins à donner aux vaches :

4. — Leur litière doit être enlevée et renouvelée le plus souvent possible, et cette opération aurait lieu journellement qu'elles ne s'en trouveraient que mieux.

5. — Il en serait de même si elles étaient étrillées tous les matins, ainsi qu'on le fait dans les contrées où l'agriculture est florissante.

6. — Au moins doit-on les laver, les râcler, les étriller et les bouchonner quelquefois, et ne pas les laisser avec la plus grande partie du corps cuirassée d'ordures, comme on en voit dans les étables de trop de cultivateurs ignorants ou insouciants.

7. — Pendant la mauvaise saison, on donne aux vaches du foin, des regains mêlés de paille d'orge, d'avoine, de seigle ou de froment hachées, du son, des choux, des tourteaux de plantes oléagineuses pulvérisés, des pommes de terre, des betteraves, des carottes et autres racines coupées, ou, mieux encore, des soupes composées d'un mélange de ces divers fourrages.

8. — Tous ces aliments, s'ils sont donnés cuits et ramollis dans l'eau, sont bien plus nourrissants et plus profitables, surtout si l'on y mêle un peu de sel.

9. — Dans tous les cas, les rations doivent être distribuées d'une manière régulière et toujours aux mêmes heures.

10. — Il est préférable aussi que les rations soient moins abondantes et plus souvent renouvelées.

11. — On laisse boire les vaches à volonté toutes les fois qu'on les conduit au pâturage ou qu'on les en ramène. Les vaches nourries à l'étable doivent boire deux fois par jour en été, le matin et le soir ; une fois en hiver, à midi.

12. — L'eau dont on abreuve les vaches doit toujours être saine et propre le plus possible. Il faut éviter, en hiver, qu'elle soit trop froide.

13. — Quant on est soigneux et qu'on tient note de tout ce qui peut être utile à la prospérité de la ferme, on connaît à peu près l'époque où une vache doit met-

tre bas, et on lui donne, lorsque cette époque approche, tous les soins qu'exige son état.

14. — On l'isole, on nettoie et on aère parfaitement son étable, on lui fournit une litière saine et abondante, et on la surveille attentivement.

15. — Ce qu'on doit redouter pour une vache qui vient de véler, ce sont les refroidissements et les indigestions.

16. — On engraisse les vaches comme les bœufs, au pâturage ou à l'étable.

Fig. 61. — Taureau charolais.

17. — L'engraissement à l'étable est préférable, parce qu'il est plus prompt et qu'il produit beaucoup d'excellent fumier.

18. — Si l'on tient à ce que l'engraissement soit rapide et par conséquent plus avantageux, il faut que l'étable soit peu éclairée, tenue chaudement, et dans un état de parfaite propreté, que les bêtes soient étrillées tous les matins, que la nourriture soit abondante et de bonne qualité et que l'alimentation soit variée, et les rations distribuées avec beaucoup de régularité.

19. — On commence l'engraissement en donnant les aliments les plus aqueux et les plus rafraîchissants, tels que les fourrages verts, les herbages, le trèfle, les betteraves, les raves, les rutabagas, les turneps, les topinambours, les choux, les pommes de terre crues.

20. — Puis viennent les aliments plus substantiels, les fourrages secs, le son mêlé sec à des pommes de terre cuites, les panais, les carottes, les grains donnés secs, moulus ou bouillis, les tourteaux de graines oléagineuses.

21. — A la fin de l'engraissement, il est utile de ranimer l'appétit des bêtes en faisant cuire tous leurs aliments, et en y mêlant du sel dans la proportion de 50 à 100 grammes par jour pour chacune.

22. — La boisson doit être donnée tiède et à discrétion.

23. — Les rations d'aliments de chaque jour peuvent être distribuées en deux fois seulement ; mais il est bien préférable, quand on le peut, d'en faire cinq ou six fois.

24. — Aussitôt que la distribution est faite, on ferme portes et fenêtres, et on laisse les bêtes manger et digérer tranquilement dans le silence et l'obscurité ; la nourriture leur profite mieux.

Signes auxquels on reconnaît les bonnes vaches.

1. Les bonnes vaches laitières ne sont pas toujours

Fig. 62. — Vache bretonne.

les vaches les plus belles sous le rapport des formes.

Assez généralement, au contraire, elles n'ont rien qui flatte la vue, elles paraissent souvent maigres.

2. — Mais, belles ou laides, les bonnes laitières se reconnaissent à des marques qui leur sont communes. Ainsi elles ont, en général, une constitution osseuse, les hanches écartées, la poitrine étroite, la tête petite, un poil doux et fourni ; la peau mince, moelleuse et bien détachée des muscles, ce qu'on reconnaît en la pinçant ; pas trop de fanon, les veines du pis grosses et flexueuses ; les veines du périnée, c'est-à-dire celles qui s'étendent du pis à la région de l'anus, bien visibles et bien développées, des *veines mammaires* grosses, longues, ondulées plutôt que droites, et se terminant par de larges *sources*.

3. — Les *veines mammaires* sont situées sous le ventre et de chaque côté ; elles partent du pis pour aller se perdre dans la poitrine vers les jambes de devant.

4. — On appelle *sources* ou *fontaines* ou *portes du lait* les ouvertures par lesquelles les veines mammaires pénètrent dans la poitrine. Ces ouvertures sont souvent assez larges pour qu'on y puisse mettre le bout du doigt.

5. — Les bonnes laitières ont un pis bien carré, peu charnu, volumineux et dur quand il est plein de lait, flasque et rétréci après la traite, couvert d'un poil épais, court et soyeux.

6. — Les bonnes laitières sont aussi, en général, très douces de caractère.

7. — M. Guénon, du département de la Gironde, a découvert quelques signes particuliers auxquels on reconnaît les bonnes laitières.

8. — Ces signes indicateurs, que la nature a gravés sur chaque individu de l'espèce bovine, ont reçu les noms *d'écusson* et *d'épis*.

9. — L'*écusson* s'étend entre les quartiers postérieurs de l'animal. C'est cette surface de la peau qui, chez les vaches, recouvre les organes sécréteurs du lait, en s'étendant plus ou moins au-delà, et dont le poil, remontant contraste avec celui des parties voisines qui est descendant.

10. — L'écusson commence entre les quatre trayons ; et, après avoir embrassé le pis, il s'étend sur la partie

interne des cuisses et jusqu'au milieu de leur face postérieure pour remonter et aller finir à une hauteur plus ou moins rapprochée de l'anus. Mieux un écusson est dessiné, plus il est étendu, plus le poil en est court, lisse et fourni, plus la vache a de lait.

11. — Il faut une assez grande expérience pour bien apprécier la valeur de ces signes, que divers accidents peuvent souvent modifier.

12. — Les épis (il y en a sept différents) sont des lignes ou des surfaces plus ou moins étendues de poil, dont la direction est montante pour les uns, descendante pour les autres. Cinq se remarquent sur les écussons, deux sont en dehors. Certains épis confirment l'indication d'un bel écusson, d'autres sont des indices d'autant plus mauvais qu'ils sont plus étendus et garnis d'un poil plus rude et plus long.

13. — D'après M. Guénon, on peut aussi reconnaître qu'une vache est bonne *beurrière,* c'est-à-dire que son lait est *gros* ou *butyreux*. C'est quand elle présente sur l'écusson, sur le pis, à l'extrémité du tronçon de la queue, à la face interne des oreilles une sécrétion de couleur jaunâtre se détachant, lorsqu'on la gratte avec l'ongle sous une forme pelliculeuse comparable à du son.

Chèvre.

1. — Cet animal qu'on a surnommé la vache du

Fig. 62.

pauvre, rend effectivement de grands services aux petits ménages de la campagne. C'est la seconde nourrice des enfants, et son lait, quoique un peu moins délicat que celui des vaches, ne laisse pas que d'être très nourrissant.

2. — On doit préférer les chèvres qui n'ont point de cornes, parce qu'elles sont généralement d'une humeur plus douce et plus traitable ; et celles de couleur blanche, parce que leur lait n'a pas à un si haut degré cette odeur hircine qui caractérise le lait de chèvre.

3. — Comme la chèvre est un vrai fléau pour les champs en culture, les vergers et les bois, on doit la garder à la corde et la surveiller avec le plus grand soin.

4. — Ce qu'il y a de mieux à faire, c'est de la nourrir à l'étable le plus possible.

5. — Elle n'est pas difficile à nourrir.

6. — Toutes sortes d'herbages lui conviennent en été.

7. — En hiver, on lui donne des regains, des racines, des feuilles d'arbre, et surtout des feuilles de vigne, dont on fait provision après la vendange, avant qu'elles aient commencé de sécher.

8. — Il n'est presque pas de ménagères à la campagne qui ne puissent avoir une chèvre, et se procurer ainsi du lait en abondance, de très bons fromages, sans compter un engrais excellent.

9. — Depuis quelques années, on a introduit en France des chèvres du Thibet, qui sont aussi avantageuses que la chèvre commune pour le lait et pour la viande, et qui, de plus, fournissent une toison recherchée pour la fabrication de tissus précieux.

Lait.

1. — Le lait est un peu plus pesant que l'eau, ce qui permet de reconnaître, au moyen du pèse-lait, s'il est pur ou si on l'a étendu d'eau.

2. — Laissé immobile à l'air dans des vases, le lait se décompose en ses trois principaux éléments : la *crème* dont on fait le beurre ; le *caséum* ou *caillé*, dont on fait le fromage, et, enfin, le *sérum* ou *petit-lait*, qui, lorsqu'il est clarifié, peut former, à l'usage de l'homme, une boisson rafraîchissante d'un goût agréable. On utilise habituellement le petit-lait, dans les fermes, pour l'alimentation des porcs ou pour la buvée des vaches.

3. — On dit que le lait est *gras, butyreux,* lorsqu'il

fournit beaucoup de crème et, par suite, beaucoup de beurre. Il est *maigre* et *séreux* quand il contient beaucoup de petit-lait et peu de crème.

4. — Le genre de nourriture auquel les vaches sont soumises influe considérablement sur la quantité et la qualité du lait qu'elles donnent. C'est ainsi qu'elles fournissent d'autant plus de lait qu'elles absorbent plus de liquides; par conséquent, il est utile de bien délayer, sans toutefois dépasser des limites raisonnables, toute la nourriture qu'on leur donne, et surtout de les laisser boire à discrétion.

5. — Les herbes fraîches et vertes produisent un lait plus abondant et de bien meilleure qualité que le foin sec ou les racines.

6. — Les vaches exclusivement nourries de betteraves, de raves, de turneps, de pommes de terre crues, donnent un lait dont le goût est désagréable.

7. — Le lait acquiert la saveur et les vertus des plantes aromatiques ou médicinales qui entrent dans la nourriture habituelle des vaches.

8. — Le lait, depuis l'instant où il est extrait du pis de la vache jusqu'à celui où l'on en fait du beurre et du fromage, demande les soins de propreté les plus minutieux; il faut très peu de chose pour le faire aigrir et lui donner mauvais goût.

9. — On trait les vaches deux fois par jour, le matin et le soir, à des heures réglées. On peut les traire trois fois; mais on a constaté que si, dans ce cas, la quantité de lait obtenue est un peu plus considérable, le rendement en beurre reste le même.

10. — Les personnes chargées du soin de traire les vaches ne sauraient y mettre trop de douceur. Le meilleur moyen, et on pourrait dire le seul moyen, de leur faire donner tout leur lait (on sait qu'elles ont la faculté de le retenir à volonté) est, sans contredit, l'emploi des bons traitements et des caresses.

11. — Ordinairement, on leur donne à manger, pendant qu'on les trait, quelques poignées d'herbes ou même un morceau de pain.

12. — Chaque trayon doit être vidé à fond, parce que, autrement, on risquerait de voir la quantité de lait diminuer chaque jour.

13. — Plus et mieux on trait une vache, pourvue d'une nourriture substantielle et abondante, plus elle donne du lait.

14. — Avant de traire les vaches, on se lave les mains soigneusement, on leur lave de même le pis, avec de l'eau fraîche en été, avec de l'eau tiède en hiver.

15. — Le vase ou le seau, ordinairement en sapin ou en fer-blanc, dans lequel on recueille la traite, doit être parfaitement propre.

15. — Le lait, à mesure qu'on le verse dans les terrines de la laiterie, doit être filtré de manière à n'y laisser aucun corps étranger, ni mouches, ni poils de vache, ni fragments de menue paille, rien en un mot.

17. — Le couloir dont on se sert le plus communément et le plus commodément pour filtrer ou couler le lait, est une écuelle de bois, qui, au lieu de fond, est garnie d'une pièce de linge fin. On ne saurait le tenir avec trop de propreté.

18. — On doit éviter de trop agiter le lait, de le transvaser à plusieurs reprises, de le mêler lorsqu'il provient de traites faites à des heures différentes ; on doit enfin l'exposer le moins possible au contact de l'air, parce que l'air en accélère la décomposition et le fait aigrir.

19. — Le meilleur parti qu'on puisse tirer du laitage est de le vendre en nature, lorsqu'on se trouve dans des conditions convenables, c'est-à-dire à la portée d'une ville.

20. — Il est aussi, en général, plus avantageux de se livrer à la production du beurre qu'à celle du fromage.

Beurre.

1. — Pour que la crème monte à la surface du lait, il faut un temps plus ou moins long, suivant que la température est plus ou moins froide.

2. — En été, elle est souvent montée au bout de vingt-quatre heures ; en hiver, il faut quelquefois attendre soixante-douze heures. Quand la crème est montée, on la lève des pots et on la réunit dans un grand vase appelé *crémière*.

3. — On ne la laisse que le moins de temps possible dans la crémière, parce que le petit-lait, dont elle n'est

pas complétement débarrassée, pourrait la faire aigrir promptement, et parce que le beurre est d'autant plus fin et plus délicat que la crème est plus fraîche et plus douce quand on la bat.

4. — Il faut donc la verser le plus promptement qu'on peut dans la baratte et procéder sans retard à la confection du beurre.

5. — La baratte ne doit pas être pleine plus d'aux deux tiers, et le mouvement que l'on communique à l'appareil doit être modéré et continu, plus modéré et plus lent en été qu'en hiver.

6. — La température la plus convenable pour la crème qu'on veut convertir en beurre est de 10 à 13 degrès centigrades.

7. — Pendant les grandes chaleurs, le beurre se fait difficilement, parce qu'il est trop mou, trop liquide, et que, par suite, on ne peut guère le séparer de ce qu'on appelle le *lait de beurre* ou *babeurre* et le *faire prendre*.

8. — Pendant cette saison, on choisit, pour battre le beurre, les instants du jour les plus favorables, c'est-à-dire le matin ou le soir. Il convient aussi de rafraîchir la baratte en la lavant avec de l'eau fraîche, immédiatement avant d'y verser la crème.

9. — Dans l'hiver, au contraire, on est obligé, quand il fait bien froid, de réchauffer la baratte avant de s'en servir.

10. — Pour cela, quelque temps à l'avance, on verse dedans de l'eau bien chaude très propre, et l'on agite cette eau dans tous les sens.

11. — On est de même obligé de réchauffer la crème en y ajoutant peu à peu de l'eau chaude, ou mieux encore du lait doux bouillant, et en remuant soigneusement le tout, avec une cuiller de bois, afin que le mélange s'opère uniformément.

12. — Si, en la battant, la crème devenait trop épaisse, on y reverserait un peu de lait doux bouillant.

13. — Quelquefois, et quoiqu'on ait pris toutes les précautions qui viennent d'être indiquées, le beurre reste en petits grumeaux durs et secs, qu'on ne peut réunir que très difficilement.

14. — Dans ce cas, on laisse égoutter le babeurre, ou mieux on le fait couler dans une passoire, de ma-

nière que les grumeaux de beurre en soient débarrassés le plus possible ; puis ces grumeaux sont mis dans de l'eau tiède bien propre, où on les lave en les agitant, ce qui les fait se réunir. Il ne reste plus qu'à finir d'épurer le beurre.

15. — *Epurer* ou *délaiter* le beurre, c'est le débarrasser, autant qu'on le peut, du lait qu'il contient. Cette opération est très importante, car mieux elle est faite, plus le beurre se garde longtemps sans rancir.

16. — Voici comment on s'y prend : dès que le beurre est formé, on fait écouler de la baratte le plus possible du lait qu'elle contient et on le remplace par de l'eau fraîche.

17. — On agite pendant quelques instants cette eau et les petits morceaux de beurre qu'elle baigne ; puis on vide le tout dans une grande terrine ou dans une sébile en bois de hêtre, ou encore dans une sorte de petit pétrin aux bords évasés.

18. — Au moyen d'une spatule ou d'une cuiller de bois, on coupe, on divise, on pétrit, on retourne en tous sens, et on presse le beurre dans le pétrin, en ayant soin de renouveler à plusieurs reprises et complétement l'eau fraîche qu'il contient, jusqu'à ce que cette eau reste parfaitement claire.

19. — On met alors le beurre sur une planche bien unie, et, toujours au moyen de la spatule de bois, on recommence à le battre et à le pétrir à sec et par petites portions pour le bien ressuyer.

20. — Quelques ménagères débarrassent le beurre de son lait en le lavant et en le pétrissant dans leurs mains. Cette méthode n'est pas à imiter, parce qu'elle enlève au beurre sa couleur et son parfum.

21. — Pour qu'il se garde mieux, le beurre doit être placé dans l'endroit le plus frais de la laiterie.

22. — Au moyen de barattes perfectionnées, on extrait promptement et sans fatigue le beurre du lait, lorsqu'il est encore doux et même aussitôt qu'il vient d'être tiré.

23. — Le beurre obtenu de cette manière vaut beaucoup mieux.

24. — Un autre avantage, bon à signaler, c'est qu'après la fabrication du beurre avec du lait doux, au

moyen des nouvelles barattes, le lait qui reste, encore doux, quoique d'une qualité fort inférieure, peut être vendu ou utilisé pour les usages habituels de la cuisine, ou encore être employé pour la confection des fromages.

Fromages.

1. — On distingue les *fromages maigres* et les *fromages gras*.

2. — Les fromages *maigres* sont faits avec du caillé dans lequel il n'est resté que peu ou point de crème.

3. — Les fromages *gras* sont ceux qu'on fait avec du caillé contenant de la crème en plus ou moins grande quantité.

4. — Les fromages maigres qu'on mange tout frais, lorsqu'ils sont simplement égouttés et non encore salés, sont appelés *fromages mous* ou *fromages à la pie*.

5. — On peut aussi conserver ces fromages en les salant et en les laissant sécher à l'ombre dans des paniers d'osier.

6. — Pour confectionner les fromages gras, on doit faire cailler le lait très promptement.

7. — On peut faire cailler le lait instantanément en le mettant sur le feu et en y versant un peu de vinaigre. Mais, ordinairement, les ménagères font cailler le lait en y délayant de la *présure*.

8. — La *présure* est une substance acide qu'on trouve dans la *caillette* ou quatrième estomac des jeunes veaux et des chevreaux à l'âge où ils ne sont pas encore sevrés. C'est à tout ce quatrième estomac qu'on donne communément le nom de présure : on le sèche et on le conserve de diverses manières.

9. — Quand on veut se servir de la présure, on en coupe un petit morceau, non pas pour le jeter directement dans le lait, comme certaines ménagères ont la mauvaise habitude de faire, mais pour le mettre macérer pendant quelque temps, de 12 à 24 heures, dans du petit-lait ou simplement dans de l'eau tiède, légèrement acidulée ou vinaigrée. C'est le liquide ainsi obtenu qu'on emploie dans le lait.

10. — La présure liquide préparée comme il vient d'être dit, avec un morceau de caillette ayant à peu

15

près la surface d'un gros sou, est plus que suffisante pour cent litres de lait.

11. — Lorsque le caillé est formé, on le dépose, au moyen d'une large cuiller percée de trous, dans des moules en terre cuite, en bois ou en fer blanc, dont il prend la forme et où il peut s'égoutter, parce que ces moules sont ordinairement tous troués et qu'ils reposent sur des nattes de paille, de foin ou de jonc.

12. — Quand, au bout de douze ou vingt-quatre heures, le fromage a acquis un peu de consistance, on le retourne dans un autre moule, pour l'y laisser se raffermir pendant un jour ou deux ; puis on le renverse sur des claies recouvertes de paille longue et propre, et c'est alors que chaque jour on doit le changer de côté et le couvrir de sel jusqu'à ce qu'il en soit saturé.

13. — Ces précautions ont pour but d'enlever, le mieux possible, des fromages, le petit-lait qu'ils contiennent et qui en altère la qualité, en même temps qu'il leur ôte la propriété de se conserver.

14. — On arrive plus promptement et plus sûrement à ce résultat en plaçant les fromages déjà ressuyés dans des moules, et en les soumettant à une pression convenable.

15. — C'est une très mauvaise opération de saler le caillé destiné à faire des fromages en le versant dans des moules. En opérant ainsi, on obtient des fromages dont la pâte est sèche et sans liaison.

Des différentes sortes de Fromages.

1. — La différence de goût et de qualité qui existe entre les nombreuses sortes de fromages fournis à la consommation tient peut-être moins aux pâturages qu'aux divers procédés de fabrication employés, procédés qui varient d'un pays à l'autre.

2. — Il est donc utile qu'une fermière connaisse la méthode suivie pour la confection des fromages les plus renommés, afin de pouvoir les imiter, si elle y trouve un avantage.

3. — Voici pour la préparation de quelques-uns de ces fromages les procédés les plus usités.

FROMAGE DE BRIE.

4. — Dans du lait chaud bien filtré, auquel on mêle le plus souvent de la crème des traites précédentes, on verse la qualité de présure convenable et on agite le tout.

5. — Dès que le caillé est formé, on en remplit un moule placé sur une natte de paille, de foin ou de jonc qui est elle-même étendue sur une table percée de trous.

6. — Quand, au bout de quelques instants, le caillé s'est égoutté et est, par conséquent, diminué de volume, on remplit une seconde fois le moule. Puis on le couvre avec un paillasson ou avec une planche, en attendant que le fromage ait pris assez de consistance pour pouvoir être manié, ce qui a lieu environ vingt-quatre heures après.

7. — On enlève alors le moule, on place le fromage sur un paillasson propre et sec, et on le sale d'un côté avec un peu de sel fin.

8. — Le lendemain, on le retourne sur un autre paillasson et on sale le côté qui ne l'a pas encore été.

9. — On le retourne et on le sale de nouveau, absolument de la même manière pendant les deux jours qui suivent, puis on le porte à la cave.

10. — Le seul soin qui reste alors à prendre c'est de retourner le fromage et de le changer de paillasson chaque jour et de râcler avec précaution, au moyen d'un couteau, la moisissure bleuâtre qui peut se former à sa surface.

11. — Il faut environ trois semaines pour que le fromage acquière une couleur jaunâtre indiquant qu'il est suffisamment *mûr*, c'est-à-dire bon à livrer à la consommation.

12. — Pour affiner le fromage de Brie, on opère comme il suit : dans une caisse ou une futaille défoncée d'un bout, on place successivement une couche de balles d'avoine de 15 à 20 centimètres d'épaisseur, puis un fromage, puis une nouvelle couche de balles, puis un nouveau fromage, et ainsi de suite pour terminer par des balles.

13. — On ferme alors la caisse ou la futaille et on la

dépose dans un endroit sombre, frais et sec, à la cave, si elle est établie dans de bonnes conditions.

14. — Cette manière de faire le fromage de Brie est la plus simple. Parfois aussi, on soumet le fromage, placé sur un linge dans les moules, à une certaine pression, et cela à plusieurs reprises et graduellement pour le débarrasser plus vite et mieux du petit-lait.

15. — Avant chaque pression on a soin de retourner le fromage et de remplacer par un linge sec celui qui était dans le moule.

16. — Les fromages de Brie ont depuis 30 jusqu'à 60 centimètres de diamètre, et environ 3 centimètres d'épaisseur.

FROMAGE DE NEUFCHATEL.

Voici comment M. Desjobert décrit la fabrication des fromages de Neufchâtel vendus à Paris sous le nom de *bondons :*

1. — « Après chaque traite de la journée, on coule le lait tout chaud dans des pots de grès qui contiennent vingt litres. On met en présure, et on place les pots dans des caisses recouvertes d'une couverture de laine.

2. — Le troisième jour, au matin, on vide ces cruches dans un panier d'osier, qu'on pose sur l'évier ou table à égoutter ; les paniers sont revêtus en dedans d'une toile claire.

3. — Le caillé, qu'on laisse ainsi égoutter jusqu'au soir, est retiré ensuite du panier, enveloppé dans un linge, et mis à la presse, sous laquelle il reste jusqu'au quatrième jour au matin.

4. — Alors on remet le caillé dans un autre linge propre ; on le pétrit, on le frotte dans le linge en tous sens, jusqu'à ce que les parties caséeuses et butyreuses soient bien mêlées, que la pâte soit homogène et moelleuse comme du beurre ; si elle est trop molle, on la change de linge ; si elle est trop ferme ou cassante, on y ajoute un peu de la pâte du jour, qui égoutte.

5. — Pour presser, on fait usage de la presse à poids, qu'on charge graduellement.

6. — Quant au moulage, il se fait dans des moules

cylindriques de fer-blanc de cinq centimètres et demi de diamètre, sur six centimètres de hauteur.

7. — On fait des *pâtons* ou cylindres un peu plus gros que le moule ; on les place dans celui-ci, qu'ils dépassent des deux bouts ; en tenant un moule de la main gauche, on y met chaque pâton de la main droite. On pose le moule sur la table, et appuyant dessus la paume de la main gauche, on fait sortir l'excédant, en comprimant pour qu'il ne se trouve aucun vide. On râcle avec un couteau le dessus et le dessous du moule ; puis on fait sortir le pâton en prenant le moule dans la main droite, en le frappant légèrement et en le tournant de la main gauche.

8. — Au sortir du moule, le fromage est salé avec du sel très fin et sec. On saupoudre d'abord ses deux bouts, et ce qui reste dans la main suffit pour le tour, qu'on en imprègne en roulant le pâton dans la main.

9. — A mesure qu'on les sale, ces pâtons sont placés sur une planche. Là, ils égouttent jusqu'au lendemain, où les planches sont portées sur des claies ou châssis à claire-voie garnis d'un lit de paille fraîche. On couche les bondons par rangs égaux en travers du sens de la paille, assez près les uns des autres, mais sans se toucher.

10. — Ils restent ainsi pendant quinze jours ou trois semaines, et on les retourne souvent, pour que la paille n'y adhère pas.

11. — Lorsqu'ils ont un velouté bleu on les transporte à la chambre d'apprêt. Là, ils sont posés debout sur des claies garnies de paille, et retournés de temps en temps.

12. — Au bout de trois semaines, on voit paraître des boutons rouges à travers leur peau bleue ; c'est un signe qu'ils sont arrivés au point où on peut les mettre en vente. Cependant ils ne sont pas encore assez affinés en dedans pour être mangés ; il leur faut encore une quinzaine à peu près pour compléter cet affinage. »

13. — Ils peuvent être affinés à la cave, de la même manière que les fromages de Brie.

FROMAGE DE ROQUEFORT.

14. — Le roquefort se fait avec un mélange de lait de

brebis et de lait de chèvre. Nous empruntons à la *Maison rustique* la manière dont on frabrique ce fromage.

15. — « On trait les animaux matin et soir, on mêle les deux traites, on coule le lait à travers une étamine ; ce lait est reçu dans un chaudron de cuivre étamé, et où on le fait quelquefois chauffer pour l'empêcher de s'aigrir ou pour enlever un peu de crème, afin que le lait ne soit pas trop gras ; on ajoute ensuite la présure, on remue avec une écumoire et on laisse reposer.

16. — Lorsque le caillé est formé, une femme le brasse fortement, le pétrit et l'exprime avec force ; il en résulte une pâte qu'on laisse reposer, qui se précipite et occupe le fond du chaudron.

17. — On incline le vase pour décanter le petit-lait qui surnage ; on met ensuite le fromage dans les formes ou éclisses dont le fond est percé de petits trous, en ayant l'attention de pétrir et de comprimer le caillé à mesure qu'on en remplit le moule ; on le laisse égoutter en le chargeant d'un poids pour mieux extraire le petit-lait.

18. — Le fromage ne reste pas dans la forme au-delà de douze heures, pendant lesquelles il est retourné plusieurs fois. Dès qu'il est débarrassé de tout le petit-lait, on le porte au séchoir.

19. — Là, les fromages sont posés sur des planches, les uns à côté des autres, sans se toucher, et ils sont retournés de temps à autre pour qu'ils se sèchent mieux, plus promptement et sans s'échauffer.

20. — Comme ils sont sujets à se fendre, il faut les envelopper d'une sangle de grosse toile, qu'on change toutes les fois qu'on le juge convenable.

21. — La dessication ne dure pas plus de quinze à vingt jours, surtout si on a soin, quand on les change, de les replacer sur une planche propre et bien sèche.

22. — A Roquefort, c'est dans des caves tenues très froides par de forts courants d'air que les fromages acquièrent leur qualité. Pour bien imiter le Roquefort, il est nécessaire d'avoir une cave dans ces conditions.

23. — Aussitôt que les fromages sont arrivés dans les caves, on procède à la salaison. Cette opération

consiste à jeter une pincée de sel sur les fromages, qui sont placés les uns sur les autres par piles de cinq ; on les laisse ainsi trente-six heures, au bout desquelles on les frotte bien tout autour pour imprégner de sel toute la circonférence ; on les réentasse jusqu'au lendemain, où on les sale de nouveau ; le jour suivant on les frotte encore et on les remet en pile pendant trois jours.

24. — Après ce temps, on les sort de la cave et on les râcle. Les fromages ainsi râclés sont rapportés dans la cave, où ils restent empilés pendant quinze jours, au bout desquels ils sont posés de champ sur les tablettes sans se toucher.

25. — Quinze autres jours après, ils jettent un duvet blanc qu'on râcle. Remis sur les tablettes, ils se duvettent de nouveau de bleu et de blanc, qu'on enlève en les râclant.

26. — Après quinze autres jours, ils se couvrent d'un duvet rouge et blanc. Le fromage est fait dès ce moment, mais on a soin de râcler de quinze jours en quinze jours, jusqu'à la vente.

27. — Le poids des fromages de Roquefort est ordinairement de trois à quatre kilogrammes. »

FROMAGE DE SOUMAINTRAIN.

1. — On fabrique dans l'Yonne, à Soumaintrain et aux environs, d'excellents fromages donnant lieu à un commerce assez important.

2. — Nous devons à l'obligeance de M. Couturot, instituteur retraité, propriétaire-cultivateur à Soumaintrain, la description suivante des procédés usités dans son exploitation et dans celles de son voisinage pour la confection des fromages les plus renommés du pays, dits *fromages passés* ou *fromages pâte molle.*

3. — Pour un fromage ordinaire, il faut de trois à quatre litres de lait.

4. — Aussitôt que le lait est extrait du pis de la vache, soigneusement filtré et versé dans des pots plus ou moins grands, mais dont la capacité est connue, on le met en présure.

5. — La présure que l'on emploie est liquide ; il en faut une pleine cuiller à café pour deux litres de lait.

6. — On prépare cette présure en laissant macérer pendant quarante-huit heures, dans un litre de petit-lait un peu aigri, un carré de caillette de veau d'environ huit centimètres de côté.

7. — Quand, après deux à trois heures, le lait mis en présure est bien caillé, on en remplit les *éclisses* préalablement disposées sur de petites claies d'osier d'un diamètre de vingt-huit centimètres.

8. — Les éclisses ou formes à fromage sont des espèces de cercles ou mieux des cylindres n'ayant ni fond ni couvercle, mesurant neuf centimètres de diamètre et dont la hauteur est de quatorze centimètres.

9. — Dix minutes après qu'une éclisse a été remplie de caillé, on place bien exactement dessus une seconde éclisse vide que l'on remplit également de caillé, de sorte que, pour faire un fromage, il faut deux pleines éclisses de caillé.

10. — Au bout de vingt-quatre heures, ou à peu près, quand le caillé est suffisamment égoutté, qu'il s'est condensé de manière à ne plus remplir que l'éclisse inférieure qu'il est assez raffermi et bien formé, on le retourne sans dessus dessous à l'aide d'une seconde claie d'osier. Puis on continue à le retourner ainsi deux fois par jour pendant deux jours.

11. — Ces deux jours écoulés, il est bien essoré, bien raffermi et c'est l'instant de le retirer des éclisses, de le *déclisser*, suivant l'expression en usage dans le pays.

12. — Quand les fromages sont déclissés, on les sale des deux côtés. Puis, tous les jours, on les lave avec de l'eau bien propre et bien fraîche, jusqu'à ce qu'ils présentent extérieurement une belle couleur jaune.

13. — Au fur et à mesure que les fromages sont devenus assez jaunes, on les place, par couches superposées et séparés les uns des autres dans tous lès sens par de la paille de froment ou d'avoine, dans de grandes caisses ou dans des grands coffres pouvant en contenir deux cents, et même davantage suivant l'importance de l'exploitation.

14. — Tous les cinq à six jours, on les retire des coffres pour les laver à l'eau fraîche et on les y remet avec les mêmes précautions, c'est-à-dire en s'arrangeant

de manière à ce qu'ils soient séparés les uns des autres par un peu de paille.

15. — On renouvelle cette manipulation pendant six semaines ou deux mois, et après cela, les fromages sont suffisamment affinés et prêts à être vendus pour la consommation.

16. — On peut les entretenir dans ce parfait état de maturité pendant plusieurs mois, à condition de les tenir dans un endroit propre, frais et sec, par exemple dans une laiterie ou dans une bonne cave, sur de la paille bien saine, et de les laver de temps en temps, toujours avec de l'eau fraîche.

17. — Les bons fromages de Soumaintrain, bien passés, se reconnaissent en ce que leur pâte a une couleur jaune miel. Si une partie de la pâte présente intérieurement quelques parties blanches, c'est signe que le fromage n'est pas assez passé et que sa qualité laisse à désirer.

18. — Les meilleurs fromages sont ceux que l'on fait en hiver et surtout en automne et qui sont mis au coffre dans le courant d'octobre.

19. — Les fromages que l'on fait à Soumaintrain pendant le printemps et l'été ne sont pas soumis à l'affinage comme il a été dit. Au fur et à mesure que la pâte présente assez de consistance, on les sale tout simplement et on les envoie vendre au marché.

20. — Il est plus avantageux d'opérer ainsi dans cette saison à cause des mouches et des vers qu'elles engendrent, puis aussi à cause de la presque impossibilité de les produire de la même qualité qu'en automne et en hiver.

FROMAGES D'ÉPOISSES.

1. — On fabrique dans l'Avallonnais et particulièrement dans la vallée d'Epoisses, entre Semur et Avallon, des fromages qui ont une réputation justement méritée, car ils sont excellents aussi bien frais que secs ou affinés.

2. — Rien de plus simple et de plus facile à suivre que la méthode employée pour faire ces fromages ; la voici :

3. — Le lait récemment tiré étant caillé au moyen d'un peu de présure, on le verse dans des moules qu'on a soin de remplir au fur et à mesure que le petit-lait s'égoutte.

4. — Quand les fromages ont acquis un degré de consistance convenable, on les renverse sur des claies recouvertes d'un lit de paille longue et sèche, et vingt-quatre heures après ils peuvent déjà figurer sur les tables au premier rang parmi les meilleurs fromages frais.

5. — Pour les conserver pendant quelques semaines seulement, on les saupoudre d'un peu de sel fin.

6. — Si on veut les garder plusieurs mois, il faut les saler davantage. On emploie alors, pour une douzaine de fromages, environ 500 grammes de sel. On les en recouvre sur toutes les faces, et pour qu'ils en soient mieux imprégnés, on les frotte et on les presse un peu dans les mains.

7. — Après cela on les range sur de la paille propre, où on les retourne, pour commencer, tous les deux ou trois jours, et, ensuite, seulement une fois la semaine.

8. — Quand on s'aperçoit que leur couleur devient verdâtre, on les lave avec de l'eau salée, on les remet en place et bientôt on reconnaît à leur couleur devenue un peu rougeâtre qu'ils sont bons à porter au marché.

9. — Il y a des ménagères qui font sécher ces fromages dans des cages suspendues à l'ombre en un lieu frais sans humidité.

10. — Voici la formule de la présure employée à Epoisses :

On prend : 1 caillette pleine,
1 litre d'eau-de-vie à 22 degrés,
3 litres d'eau,
3 grammes de poivre noir,
250 — de sel de cuisine,
2 — de girofle,
2 — de fenouil.

Après avoir bien lavé la caillette et le caillé qu'elle contient, on coupe cette caillette par morceaux. On laisse le tout macérer pendant six semaines. Après quoi on filtre et on met en bouteilles.

FROMAGES CUITS.

1. — Indépendamment des excellents fromages dont on vient de parler et d'une infinité d'autres également en renom et fabriqués d'une manière analogue, sauf quelques détails et quelques soins minutieux particuliers à chacun, il y a encore les fromages *cuits*, tels que ceux de Gruyère, de Hollande, de Chester, de Géromé, de Parme, etc.

FROMAGE DE GRUYÈRE.

2. — Il faut beaucoup de lait pour faire ce fromage.

3. — On en verse ordinairement trois cents litres environ dans une grande chaudière placée sur le feu. On chauffe un peu de manière à élever la température du lait à 25 degrés, ou à peu près, avant d'y mettre la présure.

4. — Quand le caillé est formé, ce qui a lieu très promptement, on l'écume, et après l'avoir partagé en morceaux au moyen d'une grande cuiller, on le malaxe avec soin jusqu'à ce que la masse soit parfaitement divisée et que les grumeaux soient devenus le plus petits possible.

5. — On chauffe de nouveau un peu plus que la première fois, mais sans dépasser 30 à 40 degrés. On malaxe la masse pour la diviser encore, comme il vient d'être dit, et on laisse reposer et refroidir.

6. — Après le refroidissement, et lorsqu'on a enlevé le petit-lait qui surnageait, de manière à en débarrasser le plus complétement possible le fromage tombé au fond de la chaudière comme un épais gâteau, on met ce fromage dans un moule garni intérieurement d'une toile et convenablement disposé sur une table.

7. — Chaque moule qu'on emploie est formé d'une planche mince en bois bien souple. Une corde dont on l'entoure permet de le ployer en rond et quand on la resserre, de donner au cercle qu'il décrit le diamètre que l'on veut.

8. — Lorsqu'un fromage est dans son moule, on applique dessus une planche qu'on charge de grosses pierres ou qu'on soumet à l'action d'une presse.

9. — Quelques instants après, on ôte le moule, on en diminue le diamètre en serrant la corde et on retourne le fromage dedans sur un nouveau linge Puis on soumet le fromage à une nouvelle pression, et cette opération est renouvelée à plusieurs reprises pendant une demi-journée jusqu'à ce que le fromage soit bien égoutté et ait acquis le degré de fermeté voulu.

10. — On le laisse alors dans le moule jusqu'au lendemain, puis on l'en retire pour le saupoudrer de sel fin dans tous les sens. Après quoi on le place dans un lieu aéré, mais très frais et sombre, et on le sale et le retourne de temps en temps pendant six semaines ou deux mois.

11. — Il paraît que, dans les pays où la fabrication des fromages de Gruyère est une des principales industries, on a des caves taillées dans le roc pour mettre mûrir ces fromages, et que c'est là qu'ils acquièrent l'excellente qualité qui les fait rechercher.

12. — Le poids des fromages de Gruyère est généralement de vingt-cinq à trente kilogrammes. Ils absorbent de un kilogramme à un kilogramme et demi de sel.

FROMAGE DE HOLLANDE.

1. — Le procédé employé pour le fromage de Hollande est à peu près le même que celui qu'on emploie pour le Gruyère, sauf qu'on ne met pas le lait sur le feu et qu'on en emploie beaucoup moins à la fois. Il en faut à peu près vingt-cinq litres pour un fromage de deux kilogrammes.

2. — Le lait étant réuni dans un baquet, on y mêle un peu de bonne présure, et le caillé est bientôt pris.

3. — Après que ce caillé a été soigneusement brassé et divisé avec une branche de bois en forme de quenouille, on y verse très lentement de l'eau bouillante. Au bout de quelques instants, le caillé est tombé au fond, et l'eau reste à la surface.

4. — Au moyen d'une sébile, on retire cette eau mêlée au petit-lait, et on brasse de nouveau le caillé comme précédemment. Pendant ce temps-là, le petit-lait qu'on a retiré est remis une seconde fois sur le feu ;

et, dès qu'il est bouillant, on le verse, toujours lentement, dans le caillé, pour le retirer encore un moment après et rediviser la masse du fromage.

5. — Enfin, on reverse une troisième et dernière fois le petit-lait chaud, mais non bouillant.

6. — Après cela, on égoutte le fromage, on le pétrit bien, et on le presse à plusieurs reprises dans des moules de forme hémisphérique en augmentant graduellement chaque pression.

7. — Puis on le sale en le laissant baigner pendant vingt-quatre heures dans de l'eau saturée de sel. On l'essuie avec un linge un peu humecté dans l'eau salée, et on le met en place.

8. — Pendant une semaine, on l'essuie avec un linge sec et on le retourne matin et soir. Après, on ne le soigne plus ainsi qu'une fois chaque jour, en attendant qu'il soit parfaitement mûri, ce qui demande à peu près six semaines en tout.

9. — Il ne reste plus alors qu'à gratter la croûte pour la durcir, puis à la colorer en rouge pour lui donner la couleur de convention. Pendant que les fromages se font en magasin, on ne doit pas oublier de les laver deux fois avec de l'eau salée : une première fois, vingt jours après leur fabrication, puis vingt jours après.

10. — L'huile de lin, dont on enduit généralement la surface des fromages de Hollande, forme un vernis qui en facilite la conservation.

Veaux.

1. — Les seuls veaux qu'on doive conserver pour l'élève sont ceux qui proviennent de vaches excellentes, ni trop jeunes, ni trop vieilles, et de taureaux ayant les mêmes qualités. Encore doit-on s'assurer qu'ils sont parfaitement conformés et qu'ils présentent les caractères distinctifs des animaux de premier choix.

2. — Tous les veaux qui ne réunissent pas ces conditions doivent être engraissés et livrés à la boucherie.

3. — Rien ne contribue plus puissamment à améliorer les races que les soins bien entendus donnés aux jeunes animaux dès leur naissance.

4. — En fournissant à des veaux une nourriture convenable, substantielle, abondante et judicieusement distribuée, on est souvent arrivé à des résultats pour ainsi dire prodigieux.

5. — On élève les veaux, ou en les laissant téter ou en leur faisant boire du lait dans un baquet.

Fig. 64.

6. — Le premier moyen convient mieux pour les veaux que l'on veut conserver. Pour ceux qui sont destinés à la boucherie, l'emploi du baquet est préférable.

7. — Les veaux ne sont pas toujours bien disposés à boire seuls. On les y accoutume en leur mettant un ou deux doigts d'une main dans la bouche, tandis qu'avec l'autre main on les force, en leur pesant sur la tête, à se tenir le mufle dans le lait.

8. — Le lait doit être donné, non pas froid, mais immédiatement après qu'il est tiré. Si on l'a laissé trop refroidir il est nécessaire de le faire tiédir un peu.

9. — Quand on a l'intention d'élever un veau à boire, il convient, aussitôt qu'il est né, de l'éloigner de sa mère et même de prendre des mesures pour qu'elle ne le voie pas.

10. — Il vaut sans doute mieux donner à boire aux veaux qu'on élève ainsi du lait à discrétion jusqu'à la fin de leur engraissement ; mais, du dixième au quinzième jour, le lait qu'on leur présente peut déjà, sans

trop d'inconvénients, être coupé, d'abord avec une légère infusion de très bon foin, puis avec de l'eau dans laquelle on délaye, en proportions de plus en plus fortes, de la farine d'orge, d'avoine ou de féverolles. On y mêle aussi des tourteaux de lin pulvérisés, des carottes, des pommes de terre, des raves, des potirons bien cuits et bien écrasés.

11. — Assez souvent on a la bonne habitude de donner aux veaux, vers la fin de leur engraissement, et indépendamment du lait qu'ils tètent ou qu'ils boivent, des bouillies de riz ou des soupes faites avec du pain.

12. — Plus les veaux ont la chair blanche, plus ils sont estimés. Pour que la chair des veaux devienne plus blanche, il est bon, lorsque les œufs ne sont pas trop chers, de leur en faire avaler une couple chaque jour.

13. — Il est des localités où l'on vend les veaux au boucher dès leur huitième jour et quelquefois plus tôt ; c'est une habitude tout à fait regrettable.

14. — On ne devrait pas les vendre avant l'âge de six semaines à deux mois, parce que, jusque-là, ils profitent assez pour regagner largement en graisse la valeur du lait qu'ils ont absorbé.

15. — Les cultivateurs trouvant leur compte à retarder ainsi la vente des veaux, et la viande fournie à la consommation étant meilleure, tout le monde y gagnerait.

16. — Dans quelques contrées, on se trouve fort bien de ne les vendre qu'à l'âge de trois ou quatre mois.

17. — L'élevage des veaux qu'on veut conserver n'est pas difficile.

18. — La nourriture qu'on leur donne doit être abondante, mais distribuée avec mesure et à des heures bien réglées.

19. — Il serait certainement préférable de laisser téter jusqu'à l'âge de six mois les élèves qu'on veut garder, et c'est ce qu'on doit faire pour les animaux qu'on destine à l'amélioration d'une race, par exemple, pour les taureaux reproducteurs.

Mais, dans la plupart des exploitations, il n'est guère possible de procéder ainsi. Voici ce qui se passe assez communément :

20. — Quand le veau a un mois environ, on remplace le lait pur, dont il a été nourri jusque-là, par de légères bouillies préparées avec du lait doux écrémé douze heures après la traite, et avec de la farine d'orge, d'avoine, de sarrasin ou de féverolles.

21. — Peu à peu on substitue au lait doux du caillé ou une infusion soit de bon foin, soit de trèfle, en rendant les bouillies un peu plus épaisses et un peu plus substantielles à mesure que l'animal grandit.

22. — Pour rendre ces bouillies plus nourrissantes et plus en rapport avec l'appétit et les besoins des jeunes veaux, on y ajoute encore des carottes ou des pommes de terre cuites, du pain, des œufs.

23. — Cela n'empêche pas de faire manger de temps en temps aux veaux un peu de vert pendant l'été, ou un peu de bon regain pendant l'hiver.

24. — L'avoine égrugée et humectée est favorable aux veaux. On fait bien, quand on le peut, de leur en donner tous les jours à chacun une poignée. Mais si l'avoine leur est profitable, il n'en est pas de même du son, qui n'est pas assez nourrissant pour eux et qui les rend pansus.

25. — C'est une excellente chose d'accorder aux jeunes veaux un peu de liberté et de les laisser suivre leur mère au pâturage, dès qu'il n'y a plus d'inconvénients à le faire, lorsqu'ils ont déjà trois mois au moins, que le temps est favorable et que le pâturage est bon et sain.

26. — Quand on sèvre complétement les veaux, on doit le faire avec certaines précautions. Le sevrage les altère ; il faut leur donner des aliments bien délayés, des soupes légères, des boissons abondantes.

27. — Les fourrages verts, tendres et de bonne qualité, sont ce qui convient le mieux pour commencer. Pour les accoutumer aux fourrages secs, on leur donne du regain, plus facile à digérer que le foin.

28. — Pour guérir les veaux de la diarrhée, à laquelle ils sont assez sujets, on coupe le lait qu'ils boivent avec de l'orge ou avec une décoction de racines de gentiane, ou bien on leur fait prendre du vin rouge dans lequel on a délayé des jaunes d'œufs.

29. — Souvent ils se trouvent bien d'un simple verre de vin mêlé d'un peu d'eau, qu'on leur fait avaler une demi-heure avant leur repas.

Chevaux.

1. — Les principales races de chevaux usitées en France sont : la race *boulonnaise,* la *flamande,* la *picarde,* la *poitevine,* la *franc-comtoise :* ces races sont dites *de gros trait.*

Fig. 65.

2. — Les races dites *légères de trait,* comprennent principalement la race *normande,* la *percheronne* (fig. 66), la *bretonne* (fig. 67), la *lorraine,* la *landaise* et l'*ardennaise.*

3. — Les soins à donner aux chevaux ne rentrent pas précisément dans les attributions de la ménagère agricole. Toutefois il est bon qu'en l'absence de son mari elle sache veiller à ce que rien ne manque à d'aussi utiles et d'aussi importants serviteurs de l'exploitation.

4. — Les chevaux, si l'on veut les entretenir en bonne santé, ont besoin, plus encore que les autres animaux, d'être tenus dans une parfaite propreté.

5. — Ils doivent être pansés chaque jour sans faute. Chaque jour il faut curer leur écurie et surtout ne pas oublier d'y préparer une bonne litière. Leurs rations doivent être régulièrement distribuées. Il est indis-

pensable de les abreuver au moins trois fois par jour, à chacun de leurs repas, car c'est un des animaux qui souffrent le plus de la soif.

6. — L'eau qu'on met à leur disposition doit être salubre et la meilleure possible ; car, sous ce rapport, ils sont souvent assez difficiles. Si c'est de l'eau de puits, on doit prendre la précaution de la tirer à l'avance, afin qu'elle ait le temps de s'aérer et de prendre la température de l'atmosphère.

7. — Quand ils sont en sueur, il serait dangereux de laisser les chevaux s'arrêter immobiles dans des endroits où il y aurait des courants d'air, comme aussi de

Fig. 66. — Race percheronne. — Cheval de trait.

les laisser boire beaucoup, surtout si l'eau est très fraîche. A plus forte raison doit-on alors les empêcher d'entrer dans l'eau et de s'y baigner.

8. — Dans ce cas, il convient de les bouchonner soigneusement et d'attendre, avant de les laisser se désaltérer, qu'ils aient soufflé quelques instants et que la sueur dont ils sont couverts se soit un peu séchée ou évaporée.

9. — S'il arrivait qu'on n'ait pu les empêcher de

boire quand ils ont très chaud, il faudrait se garder de suspendre leur travail ; car, dans ces conditions, un repos complet pourrait leur être funeste et même mortel.

10. — On ne doit jamais les surmener ; mais il faut particulièrement les ménager quand ils sont jeunes, car l'oubli de cette prescription, conseillée par l'humanité et par l'intérêt bien entendu, fait que beaucoup pèchent toute leur vie par les jambes, ce qui les déprécie considérablement.

11. — On doit aussi bien se garder de les malmener, de les frapper violemment comme le font trop souvent, même en se servant du manche de leur fouet, des charretiers brutaux et l'on pourrait dire féroces. Un coup de bâton asséné sur le corps d'un cheval y produit les mêmes bleus que sur le corps d'un homme. Si le

Fig. 67. — Cheval breton.

poil empêche de voir la trace du coup, l'animal n'en souffre pas moins. Du reste, c'est par la cruauté dont on use à leur égard que l'on rend les animaux hargneux, rétifs et même dangereux.

12. — On doit très souvent regarder si les chevaux ne sont pas déferrés, si un caillou ne s'est pas logé sous leur sabot, s'il ne leur est pas tombé quelque balle d'avoine ou quelqu'autre corps nuisible dans les yeux : faute de ces précautions, on s'expose quelquefois à ce qu'ils deviennent boiteux ou borgnes.

13. — Lorsque l'avoine est trop nouvelle, qu'elle n'a pas au moins deux mois, on doit s'en méfier : comme elle est plus savoureuse, plus stimulante et même plus nutritive que l'ancienne, les chevaux la mangent avec plus d'avidité, ce qui les expose à des indigestions et à des inflammations intérieures.

14. — Il faut, par conséquent, ne leur en donner qu'avec ménagement. Il en est de même d'ailleurs du foin trop nouveau. Dans tous les cas, la prudence commande de ménager une transition et de ne donner aux chevaux des aliments frais que mélangés avec des aliments anciens.

15. — Il est aussi démontré que, donnée après qu'ils ont bu, l'avoine leur est bien plus profitable que quand on la leur donne auparavant.

16. — Les vieux chevaux (fig. 68), sauf de très rares exceptions, ne peuvent broyer l'avoine et ne la digèrent

Fig. 68.

qu'en partie, quelquefois pas du tout. La preuve, c'est qu'ils la rendent à peu près intacte et ayant conservé toutes ses facultés germinatives.

— On conçoit que dans ces conditions, les chevaux ne peuvent donner une somme de travail en rapport avec la dépense faite pour leur nourriture.

17. — Le seul moyen d'obvier à un semblable inconvénient, c'est de ne donner aux vieux chevaux, si nombreux dans les petites exploitations, que de l'avoine préalablement concassée ou grossièrement moulue.

18. — Or, on fabrique aujourd'hui des *concasseurs* d'un prix abordable ; et si ces utiles instruments semblaient encore trop dispendieux, ce serait pour les petits cultivateurs une excellente opération de s'associer pour se les procurer.

19. — Les Anglais, qui s'entendent mieux que nous aux soins à donner aux chevaux, disent, avec raison, que *les jambes du cheval sont dans le coffre à avoine*, et que *c'est l'avoine de la veille plutôt que celle du jour qui leur donne du jarret*. Il n'est certainement pas besoin d'expliquer ce que cela signifie. Par malheur, beaucoup en France semblent complétement ignorer des vérités aussi élémentaires.

20. — La carotte constitue une excellente nourriture pour les chevaux, ce dont on s'aperçoit au luisant qu'elle donne à leur poil. On ne doit cependant pas les en nourrir exclusivement. Il est nécessaire d'alterner avec du foin.

21. — Un proverbe turc dit : « Soigne ton cheval en ami, monte-le en ennemi. » Ce proverbe est fort sage. Il signifie que, quelle que soit la douceur et la docilité de l'animal, on ne doit jamais se fier complétement à lui.

22. — A l'écurie, on doit tenir les chevaux constamment attachés et séparés les uns des autres au moins par des *bat flancs*. Autrement, on s'exposerait à les voir se battre, se mordre, se blesser.

23. — Quand on attèle un cheval, il faut s'assurer que toutes les parties de son harnachement sont en bon état, bien à leur place, bien assujetties.

24. — Une fois en marche, si l'on s'est déssaisi des guides, il faut se tenir à côté de lui et tout à portée de la bride et surtout ne pas le laisser seul, sans le bien attacher, lors même que ce ne serait que pour quelques instants.

25. — Quand on est obligé de s'arrêter pour lui donner de l'avoine ou le faire boire, il faut bien se garder de le débrider sans l'avoir préalablement attaché

avec soin au moyen d'un licol, et ne le détacher que quand il aura été rebridé. Trop souvent, faute de ces précautions, on a vu des chevaux, effrayés par une cause quelconque, quelquefois par un rien, s'enfuir, s'emballer et occasionner des accidents sinon des malheurs.

26. — Si ces précautions sont bonnes à prendre avec tous les chevaux, à plus forte raison ne doit-on pas les oublier avec des bêtes jeunes, pétulantes, non encore complétement dressées.

27. — Quand un animal de trait a quelques écorchures produites par son attelage ou autrement, on le guérit promptement et sûrement en appliquant, le plus tôt possible, sur l'écorchure du blanc de plomb humecté avec du lait.

A défaut de blanc de plomb, on peut se servir avec la même efficacité de peinture blanche.

Il est bien entendu qu'il faut appliquer ce remède dès le commencement du mal.

28. — Ces brèves indications ne sont certainement pas inutiles, maintenant que l'aisance plus répandue et les chemins ruraux mieux entretenus, permettent à beaucoup de petits cultivateurs et de vignerons de remplacer l'âne, dont on se servait autrefois, par un petit cheval breton, aussi rustique, presque aussi sobre, plus fort, plus vigoureux, bien autrement vif et rapide, et, dans tous les cas, beaucoup plus docile et d'un service infiniment plus agréable.

29. — Il n'est peut-être pas inutile d'ajouter, pour ceux qui ont encore des ânes, que, généralement, ces braves et utiles animaux seraient sans aucun doute moins rétifs et moins têtus si l'on en prenait plus de soin et si on ne les avait pas habitués à ne marcher droit que grâce aux coups de bâton.

30. — C'est assez dire aux ménagères agricoles qu'elles doivent user de leur influence pour qu'autour d'elles les ânes, pas plus que les autres animaux, ne soient maltraités, et surtout pour que les enfants en prennent pitié au lieu de s'accoutumer à les harceler de mille manières et à les rouer de coups, comme quelques rustres sans cœur le font encore si bêtement et si cruellement aujourd'hui.

Porcs.

1. — Le cochon est un des animaux domestiques les plus utiles. Dans toutes les parties du monde, il sert à l'alimentation. Sa chair est très nourrissante. Bien préparée, elle se conserve longtemps.

2. — Omnivore et glouton, le cochon est très facile à nourrir et à engraisser. Les plus humbles ménages de la campagne peuvent facilement et à très peu de frais en engraisser au moins un, chaque année. C'est pour eux une grande ressource, et un moyen d'utiliser une foule de débris qui, autrement, ne trouveraient aucun emploi.

3. — On élève des porcs dans les fermes pour les vendre suivant les débouchés les plus avantageux, soit lorsqu'ils ont deux mois, soit lorsqu'ils sont arrivés à l'âge où l'on peut les engraisser, soit lorsqu'ils sont gras.

4. — L'engraissement des porcs, aussi bien du reste que celui des autres animaux, est d'autant plus avantageux qu'il est plus complet et plus rapide.

5. — Or, il n'est complet et rapide que si les sujets sur lesquels on opère se portent bien, sont jeunes, déjà en bon état, et ont de l'aptitude à prendre de la graisse.

Fig. 69. — Porc normand.

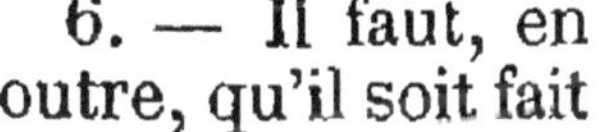

6. — Il faut, en outre, qu'il soit fait à l'époque de l'année la plus favorable, c'est-à-dire du commencement de l'automne à la fin de l'hiver, et que les animaux soient tenus dans une loge étroite, sèche, aérée, parfaitement propre, peu éclairée, plutôt chaude que froide, et établie dans un endroit tranquille.

7. — On peut, sans doute, engraisser les porcs dès qu'ils sont adultes ; mais leur engraissement est encore plus productif lorsqu'ils ont atteint leur développement.

8. — On reconnaît qu'un porc a des dispositions à

prendre de la graisse, quand il a la poitrine large, les épaules écartées, qu'il est de même bien ouvert à l'arrière, qu'il a une peau fine, le ventre développé, les os menus, les muscles gros.

9. — Tous les aliments qu'on donne au porc le nourrissent mieux et l'engraissent plus vite s'ils sont bien ramollis, ou, ce qui est préférable, s'ils sont cuits et délayés dans beaucoup de liquide.

10. — Ordinairement, on a un grand baquet ou une grande chaudière dans laquelle on verse du petit-lait et les eaux grasses du ménage; on y jette en même temps quelques poignées de grossière farine d'orge, d'avoine, de sarrasin ou de maïs, des racines et des tubercules coupés en morceaux, du gland, des châtaignes, des herbages hachés et tous les débris ou résidus nutritifs possibles; on soumet le tout à une cuisson modérée, et on obtient ainsi une sorte de soupe, communément nommée *pouture*, qui compose un excellent ordinaire pour les porcs à l'engrais.

11. — Cette pouture doit être distribuée au moins quatre fois par jour, et il est essentiel qu'elle le soit à des heures parfaitement réglées.

12. — Il convient, à mesure que l'animal engraisse, de lui fournir des aliments de plus en plus nutritifs.

13. — C'est ainsi qu'aux herbages et aux racines crues doivent succéder les racines cuites ou fermentées.

14. — Viennent ensuite les marcs de cidre, de vin, d'eau-de-vie, puis les grains et les tourteaux de graines oléagineuses, et enfin les substances animales, les résidus de boucherie, quand on peut s'en procurer.

15. — Le sel est un excellent condiment pour les porcs qu'on engraisse. La proportion à employer par jour, est de quarante à cinquante grammes pour chaque animal.

16. — La meilleure race de porcs pour l'engraissement est la race dite *anglo-chinoise*, et particulièrement la race dite *New-Leicester* (fig. 70), ou celle dite *New-Hampshire*.

17. — Les animaux de ces races ont la tête petite, les reins larges, les jambes très courtes.

18. — Ce sont les plus féconds, les plus précoces et les plus faciles à nourrir. Ils demandent une fois

moins de temps que ceux de notre race indigène pour être amenés à un parfait état de graisse, et ils sont moins sujets à la *ladrerie*.

19. — La ladrerie est une maladie particulière aux porcs, caractérisée par le développement dans le tissu celluleux de l'animal d'une grande quantité de petits vers désignés sous le nom de *cysticerques*. Cette maladie est incurable et déprécie considérablement l'animal qui en est atteint.

20. — Le lard des porcs ladres est blafard et sans consistance. La chair est molle, fade et parsemée de petites vésicules remplies d'eau. Elle prend mal le sel. Elle donne un bouillon complétement blanc et sans goût.

Fig. 70. — Porc Leicester.

21. — Quoique moins nourrissante que celle des animaux en bonne santé, la viande des animaux atteints de ladrerie peut être mangée sans danger, mais à la condition d'être soumise à une cuisson complète.

22. — Consommée comme en Allemagne, où la charcuterie se compose de viande crue plus ou moins fumée, elle peut donner lieu à une maladie mortelle que l'on connaît sous le nom de *trichine*, de *trichinose*.

23. — Une bonne ménagère doit veiller à ce que, dans tous les cas, la viande de porc consommée dans sa maison soit bien cuite.

24. — Il faut avoir soin, quand on achète un porc, de s'assurer par soi-même ou par quelqu'un qui s'y connaît, si l'animal n'est pas atteint de ladrerie.

25. — La ladrerie se reconnaît aux tubercules blancs que la bête malade a sous la langue. Souvent elle a de plus la ganache gonflée.

26. — Les porcs sont tellement voraces qu'on en a vu dévorer ou mutiler des petits enfants d'une manière

affreuse. Les ménagères de la campagne ne sauraient prendre trop de précautions pour prévenir de pareils malheurs.

Moutons.

1. — Les produits de ces animaux sont : le *fumier*, la *laine*, la *viande* et le *croît*, c'est-à-dire l'augmentation du troupeau par la naissance des agneaux.

2. — Les moutons les plus renommés sont : les *dishleys*, grosse race anglaise à laine longue, animaux à peu près parfaits sous tous les rapports ; les *southdowns* (fig. 72), petite race anglaise à laine commune,

Fig. 72. — Moutons Southdown.

mais précoce, robuste, rustique, sobre, et d'un engraissement prompt et facile ; les *mérinos* (fig. 73), originaires d'Espagne, fournissant une viande excellente, mais remarquables surtout par la richesse de leur toison ; les *charmoises*, belle et bonne race nouvellement créée en France et dont la propagation est désirable.

3. — On doit préférer pour les petites exploitations une race robuste et sobre, s'engraissant avec facilité. Généralement, on fait bien de s'en tenir à la race locale, et d'améliorer peu à peu son troupeau par des soins judicieux, surtout par la bonne nourriture qu'on donne aux mères et aux agneaux.

4. — On donne aux agneaux du son, de l'avoine, de l'orge, des betteraves coupées en tout petits morceaux, des choux, des regains de sainfoin, etc. On tient constamment auprès d'eux de l'eau propre dans un petit baquet, et c'est une très bonne pratique d'entretenir à leur portée un morceau de sel gemme qu'ils peuvent lécher tour à tour.

Fig. 73. — Bélier Mérinos.

5. — Les brebis mères doivent être tenues séparées du troupeau, tant que les agneaux n'ont pas quatre mois, âge auquel il convient de les sevrer. On les accoutume peu à peu à se passer de leur mère.

6. — Pendant l'hiver, on donne aux bêtes à laine, du sainfoin, de la luzerne, des choux, du bon foin, mêlé de paille, surtout de paille d'avoine et de poisbisaille. On leur donne encore des racines, telles que betteraves, pommes de terre, navets, raves, topinambours, taillés en morceaux, au moyen du coupe-racines, et des *feuillards*, c'est-à-dire des feuilles d'arbres conservées et séchées sur leurs branchages.

7. — On engraisse les moutons en toute saison. Il suffit pour cela d'augmenter leur ration journalière, de les tenir bien sainement, de saler leurs aliments et de ne pas les faire boire trop, parce que l'excès d'eau qu'ils peuvent absorber leur est très nuisible.

8. — L'âge favorable pour l'engraissement est de trois à quatre ans. L'engraissement peut être complet au bout de deux ou trois mois, si on l'opère sur des animaux déjà en bon état.

Lapins.

1. — On doit préférer à la race commune du lapin

domestique, généralement abâtardie, une race qui fournisse des sujets plus gros.

2. — Parmi celles dont il est avantageux de faire choix, on peut citer le *lapin riche* ou *argenté*, le *lapin-bélier*, le *lapin flamand*, ou bien encore l'énorme lapin connu en Angleterre sous le nom de *lapin-lièvre*.

3. — L'habitation des lapins, autrement dit le *clapier*, doit être construite de manière à les abriter contre les renards, les chiens, les fouines, les chats. Elle doit être située au levant ou au midi, et tenue saine et sèche par des courants d'air établis au moyen de fenêtres bien grillées.

Fig. 74. — Le Lapin.

4. — Le sol du clapier doit être assez bien pavé ou planchéié pour empêcher les lapins d'y creuser des trous. Il convient qu'il soit en pente pour l'écoulement de l'urine. Un bon moyen de l'assainir consiste à le recouvrir d'une couche de marne.

5. — Il faut, dans le clapier, plusieurs compartiments, afin de pouvoir séparer les lapins en catégories qui ne doivent pas résider habituellement ensemble.

6. — Les lapins exigent surtout une grande propreté. On doit renouveler souvent leur litière, et il faut d'autant moins la leur ménager que le fumier qu'ils fournissent est excellent. Pour désinfecter le clapier et pour fixer dans le fumier du lapin les gaz fertilisants qu'il contient, on fait bien, si on a du plâtre, d'en semer tous les jours quelques pincées sur leur litière.

7. — Le fumier du clapier doit en être retiré au moins une fois la semaine.

8. — On doit aussi ne pas jeter aux lapins leur ration d'herbe ou de fourrage sur le plancher, mais la placer dans un petit râtelier assez élevé pour qu'ils ne puissent l'atteindre qu'en se tenant sur les pattes de derrière.

9. — La meilleure méthode à suivre pour maintenir

les lapins en bon état consiste à ne pas leur donner une nourriture constamment humide, mais à alterner les herbages frais dont on les nourrit en été, aussi bien que les racines qu'on leur fournit en hiver, avec de le nourriture sèche, telle que du son, de l'avoine, du sarrasin, du maïs, des regains secs de trèfle, de sainfoin, du bon foin ; et à leur donner, le plus souvent possible, des plantes aromatiques qu'ils aiment.

10. — L'herbe mouillée par la pluie ou la rosée leur est pernicieuse à tous les âges, mais particulièrement lorsqu'ils viennent d'être sevrés. On doit la laisser faner un peu à l'air avant de la leur distribuer. Il en est de même des épluchures de pommes de terre ou d'autres légumes qu'on leur donne.

11. — On ne doit pas oublier que les lapins sont très sensibles au froid, et il faut prendre pour eux des précautions en conséquence.

12. — Jusqu'à cinq ou six mois on nourrit les lapins comme on peut. Arrivés à cet âge, ils doivent être engraissés.

13. — Une quinzaine de jours de bons soins et de bonne nourriture suffisent pour que leur engraissement soit complet.

14. — Trois ou quatre fois par jour et à des heures réglées, on leur donne d'abord du son, du persil, des carottes, du trèfle sec et de l'avoine. Ensuite on ajoute à cette nourriture du pain de seigle et du lait.

15. — Il est bon, pour les engraisser, de les tenir isolés dans des loges étroites, sortes d'épinettes convenablement disposées.

16. — La viande du lapin engraissé comme il vient d'être dit perd le goût fade particulier au lapin domestique, et acquiert presque celui du lapin de garenne.

17. — Quand ce ne serait qu'afin d'avoir toujours de la viande fraîche sous la main, les petits cultivateurs devraient tous s'adonner à l'élève si facile, si productive et si peu dispendieuse des lapins.

Poules.

1. — Les poules sont élevées pour leurs œufs principalement et pour leur chair, qui est excellente lors-

qu'elles ont été engraissées. On utilise aussi leur plume; la plus petite pour des oreillers, la plus grande pour des plumeaux.

2. — Les poules sont omnivores, c'est-à-dire qu'elles s'accommodent de toute sorte de nourriture: grains, fruits, herbages, plantes-racines, vers, insectes, viande. Il est donc essentiel de varier un peu leur alimentation.

3. — On les nourrit très économiquement avec des criblures, des fruits gâtés, des pâtées de pommes de terre cuites, auxquelles on mêle, si l'on veut, du son, des herbages hâchés, des débris de légumes.

4. — Des racines crues, betteraves, topinambours, pommes de terre, rutabagas, qu'on leur donne taillées en petits morceaux du volume d'un haricot, et auxquelles elles s'accoutument bientôt, les disposent à la graisse.

5. — De l'orge à moitié cuite les dispose à la ponte.

6. — Parmi les bonnes poules on peut citer celles dites de *Crèvecœur*, du nom d'un village de l'Oise, et celles dites de *Houdan* (fig. 77), du nom d'un village de Seine-et-Oise.

Fig. 75. — Coq de Crèvecœur.

7. — Elles sont rustiques et excellentes pondeuses; leurs œufs pèsent environ quatre-vingt grammes; elles s'engraissent facilement et leur chair est succulente.

8. — Les autres bonnes races sont celles *de la Campine* (Belgique) (fig. 78), réunissant à peu près toutes les qualités, et celles *du Mans* (Sarthe) et *de la Bresse* (Ain), remarquables surtout par la délicatesse de leur chair et la facilité avec laquelle on les engraisse.

9. — On peut citer aussi les *poules cochinchinoises,* qui couvent de bonne heure et qui communiquent cette qualité aux races avec lesquelles

on les croise ; les *malaises*, les *pattues* ou *anglaises*, les grandes *poules russes*, les *poules noires d'Espagne*. Ces dernières sont très bonnes pondeuses.

Fig. 76. — Poule de la Bresse.

10. — Celles qui conviennent le mieux dans une ferme, parce qu'elles sont plus robustes et plus faciles à élever, sont les *poules de Campine*, celles de *Houdan* et celles de *Crèvecœur*, ou, à défaut, les poules communes, si l'on a soin de les nourrir convenablement.

11. — Il y a des poules qu'on ne doit pas conserver ; telles sont les mauvaises pondeuses, celles dont le chant se rapproche de celui du coq, celles qui pondent des œufs sans coquilles, celles qui mangent leurs œufs, celles qui sont maraudeuses et vagabondes, et celles qui, ayant de quatre à cinq ans, commencent à donner moins d'œufs. On les engraisse et on les vend ou on les mange.

12. — Pour être considérée comme bonne, une poule de deux à quatre ans doit pondre quatre ou cinq œufs par semaine, pendant la plus grande partie de la belle saison, soit environ cent vingt œufs par an.

Fig. 77. — Coq et Poule de Houdan.

13. — On doit enlever les œufs des nids à mesure que les poules pondent. Autrement, dès qu'il y en aurait une dizaine, on verrait quelques poules cesser de pondre et se disposer à couver.

14. — Les moments favorables pour enlever les œufs sont à midi, puis vers cinq heures.

15. — Le nid, de paille menue, plutôt que de foin, où sont placés les œufs destinés à être couvés, ne doit pas

être trop concave. Il suffit qu'il le soit assez pour tenir les œufs rassemblés au milieu.

16. — Les œufs qu'on met couver doivent être le plus frais possible et ne pas avoir plus de quinze à vingt jours. En attendant l'instant de les mettre sous la couveuse, on les tient plongés dans du son, en un endroit sec, ni trop chaud, ni trop froid.

17. — L'incubation chez les poules dure de vingt-et-un à vingt-deux jours. On ne doit pas toucher les œufs, au nombre de douze ou quinze au plus, qui sont sous la couveuse. Celle-ci ne doit être visitée dans l'endroit sec, chaud, silencieux et un peu sombre où l'on a placé son nid, que rarement, et seulement quand on va déposer à sa portée du grain avec de l'eau, et, de temps en temps, un peu d'herbages ou de laitue hachée mêlée à du son mouillé.

Fig. 78. — Coq et Poule de la Campine.

18. — Quand les poussins viennent d'éclore, on les place avec leur mère dans un endroit chaud et sec sous une grande mue ou cage d'osier.

19. — Les barreaux de cette cage doivent être assez espacés pour livrer passage aux poussins et leur permettre de sortir et de rentrer à volonté.

20. — La première nourriture des poussins est du pain qu'on trempe dans du vin ou dans du cidre et qu'on leur émiette, ou bien encore des jaunes d'œufs durcis par la cuisson et hachés menu.

21. — On peut leur donner aussi des pâtées de pommes de terre et de farine de maïs, d'orge ou d'avoine. Leur petite provision d'eau fraîche doit être renouvelée souvent.

22. — Au bout de trois ou quatre jours, les poussins peuvent déjà ramasser des grenailles. On leur donne alors du blé, du millet, quelques grains de chènevis.

23. — Pendant la maladie périodique appelée *mue,* qui arrive aux poules vers octobre ou novembre, on doit les tenir chaudement, les garantir contre l'humidité et leur donner une nourriture réchauffante. Les jeunes ont particulièrement besoin de ces soins.

Oies.

1. — Les oies fournissent de la plume, qui se vend toujours bien, de la viande assez bonne et de la graisse excellente.

Fig. 79.

2. — Par malheur, elles salissent tellement de leurs déjections les prairies où elles vont fréquemment que les bestiaux refusent d'en manger l'herbe.

3. — Les oies sont surtout avantageuses là où elles se trouvent à portée de l'eau et de grandes étendues de terrains marécageux ou incultes.

4. — Quand on s'aperçoit qu'une oie se dispose à faire son nid et va pondre, on l'attire dans un endroit favorable en y tenant disposés de la paille sèche, de l'eau et du grain.

5. — L'incubation dure de vingt-neuf à trente et un jours. Il faut veiller avec soin au moment de l'éclosion pour enlever les petits à mesure qu'ils sortent de leur coquille, car il arrive quelquefois que tous ne sortent pas au même jour, et que la mère,

partant avec les premiers nés, laisse là les œufs qui tardent à éclore.

6. — Il est préférable de faire couver les œufs d'oies par des poules et par des dindes.

7. — Les jeunes oisons demandent à être tenus chaudement. On les place dans des nids garnis de foin et de laine.

8. — Leur première nourriture est à peu près celle qui a été indiquée pour les poussins, sauf qu'on y ajoute de l'herbe tendre, du cerfeuil, de jeunes pousses d'ortie bien saines, soigneusement épluchées, le tout haché très menu.

9. — Au bout de quelques jours, on leur donne des bouillies ou pâtées de pommes de terre et de farine d'orge, d'avoine, de sarrasin, de maïs, délayées dans du lait ou simplement dans de l'eau. Après un mois, ils peuvent paître dans les chaumes, et il n'y a plus d'inconvénients à les laisser aller à l'eau.

10. — On plume les oies adultes sous le ventre, sous les ailes, autour du cou, quand le moment est favorable, c'est-à-dire lorsque le duvet est assez mûr et commence à se perdre.

11. — Cette opération se renouvelle trois fois par an, vers la fin de mars, dans le courant de juin et dans la dernière quinzaine de septembre.

12. — Pour conserver la plume, on la renferme dans des sacs, dans des caisses ou dans des tonneaux ; et, en attendant qu'on la vende, on la tient dans un endroit qui doit être sec sans être trop chaud.

Fig. 80. — Oie de Toulouse.

13. — Les bonnes ménagères ont soin de ne pas mêler ensemble le duvet et la plume, parce qu'elles savent que l'un se vend une fois plus cher que l'autre.

14. — Si l'on néglige de plumer les oies mortes, aussi bien du reste que toutes les autres volailles,

pendant qu'elles sont encore chaudes, la plume est sujette à se pelotonner et à se gâter.

15. — La meilleure plume est celle que l'on recueille à l'époque de la mue.

16. — Pour guérir les oies de l'*apoplexie* ou *tournis*, maladie à laquelle elles sont assez sujettes, on les saigne sans retard, avec une grosse aiguille ou un canif, à une veine qu'elles ont, bien marquée, sous la membrane qui sépare les ongles.

17. — On reconnaît qu'elles sont frappées d'apoplexie, quand elles allongent le cou, qu'elles traînent les ailes et tournent sur elles-mêmes.

18. — La ciguë et la jusquiame sont pour les oies des poisons, que l'on combat au moyen du lait frais et de la rhubarbe.

19. — L'époque pour engraisser les oies est le mois de novembre.

20. — Chaque pays a sa méthode d'engraissement.

21. — Il y est des localités où on les enferme dans un réduit tranquille et peu éclairé, et, chaque jour, trois ou quatre fois, à des heures régulières, elles sortent pour manger, à discrétion, des pâtées composées de pommes de terre cuites, de son, de balles d'avoine, de farine d'orge, de maïs, d'avoine ou de sarrasin. On place aussi à leur portée de l'eau dans laquelle on jette du sable et de la poussière de charbon.

22. — On profite de l'instant où elles mangent pour enlever et renouveler leur litière.

23. — Au bout d'une quinzaine, quand elles refusent de manger, on les laisse sortir un jour ou deux, pour qu'elles puissent se nettoyer et se laver, et on les porte au marché.

24. — Ailleurs, on les place loin du bruit, dans un lieu étroit et obscur, avec de la nourriture à discrétion, et, lorsque leur appétit diminue, on leur fait avaler, trois ou quatre fois par jour, en les leur entonnant dans le gosier, huit à dix boulettes de farine de maïs, de sarrasin, d'orge ou d'avoine ; puis on leur fait boire un peu de lait ou d'eau blanche. C'est un moyen des plus expéditifs : en quinze jours on a, par ce procédé, des oies parfaitement engraissées.

25. — C'est ainsi, du reste, que l'on opère pour

parfaire l'engraissement de toutes les volailles et particulièrement celui des beaux chapons et des belles poulardes qui se vendent un si bon prix sur les marchés.

Canards.

1. — Les canards (fig. 82), pour prospérer, n'exigent pas beaucoup de soin ; mais la proximité d'un ruisseau ou d'un réservoir d'eau quelconque leur est encore plus indispensable qu'aux oies.

Fig. 81. — Canard de Rouen.

2. — Ils font moins de mal que les oies aux récoltes en herbes et en grains.

3. — Les canes donnent des œufs pendant deux ou trois mois. Elles commencent ordinairement à pondre vers le mois de mars.

4. — Pour qu'elles ne perdent pas leurs œufs, on doit les surveiller, et ne pas les laisser sortir le matin avant qu'elles aient pondu.

5. — On peut faire couver les canes ; mais il vaut mieux donner leurs œufs à couver à des poules ou à des dindes. L'incubation dure trente jours.

6. — Quand les *canetons* sont éclos, on les met dans un endroit chaud, et on les soigne comme il a été dit des oisons.

7. — Il ne faut pas les laisser aller à l'eau avant qu'ils aient de huit à quinze jours.

8. — Quand l'éclosion des œufs de cane a lieu par un temps froid et humide, il arrive fréquemment que les jeunes canards restent assez engourdis et assez faibles pour ne pas pouvoir prendre de nourriture. Dans ces conditions, ils ne tardent pas à périr. Un excellent et peu dispendieux moyen de les ranimer et de les conserver consiste à leur faire avaler aussitôt aprés leur naissance un grain de poivre rond.

9 — Ce stimulant convient également aux jeunes oisons et aux jeunes dindonneaux.

10. — Il est très dangereux pour les tout jeunes

canetons d'être mouillés par la pluie. Ce qu'il y a à faire quand cet accident leur arrive, c'est de les plonger dans de l'eau, où ils se baignent un peu, et de les faire sécher ensuite dans une chambre chaude.

11. — De dix mois à un an, les canards peuvent

Fig. 82.

être portés au marché, surtout si, pendant les derniers temps, on leur a donné, chaque jour, en plus de leur nourriture ordinaire, une bonne ration de racines crues, coupées en petits morceaux, qui leur profitent beaucoup ; mais il est généralement plus avantageux de les engraisser davantage.

12. — Pour achever leur engraissement, on procède comme avec les oies On les enferme dans un endroit obscur, où ils aient le moins d'espace possible, et, trois fois par jour, on les bourre d'une pâtée composée de pommes de terre cuites, de son, de farine d'orge, d'avoine, de maïs ou de sarrasin. Dix jours suffisent pour qu'ils soient complétement gras. On les laisse se baigner et se nettoyer un peu et on les porte au marché.

13. — La plume du canard se conserve de la même manière que la plume d'oie.

Dindons.

1. — Le dindon (fig. 83), serait assurément l'oiseau le plus avantageux de la basse-cour, s'il était moins difficile à élever.

2. — C'est à l'âge d'un an que les dindes commencent à pondre.

3. — A l'époque de la ponte, il faut les surveiller avec soin, si l'on ne veut pas être exposé à perdre leurs œufs, qu'elles aiment à déposer dans des endroits écartés au milieu des broussailles ou des grandes herbes.

4. — On leur donne ordinairement une vingtaine d'œufs à couver dans un nid de paille fine, en prenant la précaution de tenir à leur portée de l'eau et de la nourriture.

5. — A leur sortie de l'œuf, on nourrit les dindonneaux à peu près comme les jeunes poussins, ou avec une pâtée composée d'un mélange de quelques-unes des substances suivantes: orties cuites, son, œufs durs, pain mouillé, pommes de terre cuites, caillé, salades, etc.

6. — Il paraît qu'en ajoutant un sixième d'oignon hâché très menu, bulbe et tige, à la nourriture des dindonneaux, on leur donne la force de résister mieux aux maladies qui les déciment pendant leur jeune âge.

7. — Mais, quelle que soit la nourriture qu'on leur procure, il ne faut jamais oublier que les jeunes dindons sont extrêmement sensibles au vent, au froid, à la chaleur et à l'humidité, que la rosée leur est pernicieuse, et qu'une pluie un peu froide à laquelle ils sont exposés les fait périr, si on ne les réchauffe promptement.

Fig. 83. — Le Dindon.

8. — Lorsqu'ils ont pris un peu de vigueur, vers le huitième jour, on commence à leur permettre de brouter l'herbe, en choisissant, pour les faire sortir, les instants

du jour les plus favorables, et en les conduisant dans les endroits les mieux abrités.

9. — Ceux qui paraissent faibles et languissants doivent être réconfortés avec du pain trempé dans du vin ou dans du cidre.

10. — L'instant le plus dangereux est celui où ils *prennent le rouge*, c'est-à-dire celui où leurs caroncules commencent à pousser. Il faut alors redoubler de précautions et de soins, les réchauffer par tous les moyens et les fortifier en leur donnant une nourriture excitante, du persil, du fenouil, du chènevis, de la graine de grand soleil, et des boissons toniques et stimulantes.

11. — La grande voracité du dindon et la puissante faculté digestive de son estomac le rendent très facile à nourrir et à engraisser, dès qu'il est devenu adulte.

12. — Tout lui est bon, limaces, vers, chenilles, insectes, graines, fruits, herbes, pommes de terre, châtaignes, glands, etc.

13. — C'est à l'approche de l'hiver, quand les dindons ont cinq ou six mois, qu'on doit les engraisser. A cet effet, on les enferme dans un réduit bien sain et bien aéré, mais très peu éclairé, et on leur donne à discrétion, pendant un mois ou six semaines, une pâtée faite de farine d'orge, de maïs ou de sarrasin et de pommes de terre.

14. — Pour achever l'engraissement, on leur entonne dans le gosier, comme il a été dit pour les autres volailles, des boulettes de farine d'orge ou de sarrasin détrempées dans de l'eau ou du lait. Dans quelques contrées on emploie du maïs détrempé ou même un peu cuit.

15. — Il est des fermes où, quand on laboure, on fait suivre les charrues par les dindons ; on peut être sûr qu'après leur passage le sol se trouve parfaitement débarrassé des limaces, des araignées, des vers blancs et de tous les autres insectes qui pourraient s'y rencontrer.

LIVRE SIXIÈME

CONNAISSANCES USUELLES

NÉCESSAIRES A UNE MÉNAGÈRE RURALE POUR LA BONNE TENUE DE SA MAISON.

Provisions et conserves. — Pruneaux et autres fruits secs. — Raisiné. — Gelée de groseille. — Sirops.

PROVISIONS ET CONSERVES.

1. — Dans une ferme bien tenue, la provision des matières ou denrées de nécessité première, qui sont de bonne garde, doit toujours être faite pour deux ans.

2. — C'est ainsi qu'il y a toujours sous le hangar, à l'abri de la pluie et du soleil, du combustible pour l'année courante et pour celle qui suit. Moyennant cette précaution, on ne brûle que du bois sec, qui fait une fois plus de profit que le bois vert.

3. — Il y a également dans le grenier, en prévision d'une mauvaise récolte, des légumes secs, tels que haricots, pois, lentilles, pour deux ans.

4. — Il en est de même pour le vin, dont on ne doit jamais craindre de faire provision et de meubler sa cave, quand il est de bonne qualité et à un prix raisonnable.

5. — Quant à la farine dont on confectionne le pain,

la provision ne doit être faite que pour quelques mois, surtout dans l'été, à cause des précautions que sa conservation exige. Toutefois, il est beaucoup plus avantageux, sous le rapport de la qualité et de la quantité du pain, d'employer de la farine de deux ou trois mois, que de la farine trop fraîche. Une bonne ménagère prend ses précautions en conséquence.

6. — La farine se garde moins bien enfermée dans des coffres que dans des sacs, surtout si l'on a soin de placer les sacs dans un endroit sec, aéré, et sur des chantiers élevés au-dessus du sol. Une bonne précaution à prendre, c'est de manier ces sacs de farine de temps en temps et de les poser tantôt sur un bout, tantôt sur l'autre.

7. — La farine de seigle demande encore plus de précautions que celle de froment, parce qu'elle s'échauffe plus vite par les temps chauds et humides.

8. — Indépendamment de ces provisions, une bonne ménagère sait aussi, pour la fin de l'hiver et le commencement du printemps, faire des conserves de légumes et de fruits. Ainsi, par exemple, elle conserve des haricots verts par le moyen très simple que voici :

9. — Les haricots verts sont choisis de grosseur moyenne : on les épluche sans les casser, on en ôte seulement les deux extrémités ; puis ils sont disposés dans un grand pot, par couches, qu'on saupoudre de sel.

10. — Avant que le pot soit trop plein, on pose sur les haricots une planchette ronde, bien propre, qu'on charge avec un objet pesant, par exemple, avec un caillou.

11. — La pression fait descendre les haricots et monter à la surface une saumure dans laquelle on les laisse baigner.

12. — Le pot bien fermé de son couvercle est descendu au frais à la cave. La planchette et le poids qui la charge doivent rester sur les haricots tant qu'il y en a.

13. — Beaucoup de ménagères remplacent cette planchette et le poids placé dessus par une simple brique bien propre.

14. — Par le même procédé, on conserve des pois verts et des haricots tendres en grains.

CONSERVATION DU RAISIN.

1. — Voici un procédé facile et peu dispendieux pour conserver du raisin pendant fort longtemps.

On laisse les plus belles grappes pendantes aux sarments qui les ont produites tant que les gelées ne sont pas à craindre.

2. — A l'approche des gelées, à la fin d'octobre ou en novembre, on coupe ces sarments à deux entre-nœuds au-dessous des grappes ; on plonge la partie inférieure de chacun de ces sarments dans une fiole, une bouteille, ou un vase de grès fait exprès et qui a été préalablement rempli d'eau mélangée d'un peu de poussière de charbon ; puis on bouche hermétiquement ces fioles, ces bouteilles ou ces vases avec de la cire, du goudron ou du mastic, et on les range au fruitier sur des tablettes disposées à cet effet.

3. — En tenant les raisins ainsi traités à l'abri de la gelée, de la lumière et de l'humidité, et en prenant soin d'en retrancher toutes les graines qui menacent de pourrir, quelques bonnes ménagères les conservent frais et vermeils souvent jusqu'en avril et mai et même jusqu'en juin.

PRUNEAUX ET AUTRES FRUITS SECS.

1. — Une bonne ménagère ne manque pas de faire provision de pruneaux et autres fruits secs, qui sont si précieux pendant l'hiver et le printemps.

2. — Dans le Midi, on sèche les fruits, tels que prunes de toute espèce, poires, pommes, abricots, figues, cerises, raisins, etc., presque exclusivement à la chaleur du soleil ; mais, dans les contrées moins chaudes, on a recours à la chaleur des fours, qu'on chauffe modérément.

3. — Ces fruits ne se conservent bien que dans des endroits parfaitement secs et aérés.

RAISINÉ.

1. — Le raisiné est une confiture de jus de raisin et de fruits, qui est peu dispendieuse, peu difficile à confectionner, et dont on ne doit pas craindre de faire une ample provision.

2. — Pour faire du raisiné, on prend du moût ou jus de raisin non fermenté, ou du vin blanc doux sortant du pressoir, ou même simplement du cidre doux, quand on ne peut faire mieux. On met ce jus dans un chaudron de cuivre bien récuré, et on le fait bouillir vivement, à grand feu, en remuant sans cesse avec une cuiller de bois, pour qu'il ne s'attache pas au fond.

3. — Quand, au bout de huit à dix heures d'ébullition, il est réduit de moitié, on le laisse reposer un peu auprès du feu sans lui donner le temps de refroidir, à cause du vert-de-gris qui pourrait se former sur le cuivre du chaudron ; puis on le transvase en laissant et en jetant le sédiment qui s'est déposé au fond.

4. — Le jus ainsi décanté est renversé dans le chaudron et on y met les poires bien pelées, bien épluchées et coupées en quartiers ; on peut y ajouter des figues, des tranches de melon et même des carottes tendres. Puis on replace le tout sur le feu, et on continue à faire bouillir en remuant toujours jusqu'à réduction du tiers, c'est-à-dire jusqu'à l'instant où on reconnaît, en cassant quelques morceaux de poires, qu'ils sont aussi colorés à l'intérieur qu'à l'extérieur.

5. — Le jus est alors comme un sirop épais, il reste adhérent aux quartiers de poires, et le raisiné est fait.

6. — Il ne reste plus qu'à le verser dans des pots bien secs, qu'on remplit parfaitement et qu'on place pendant douze heures dans un four, immédiatement après en avoir retiré le pain.

7. — Quand le raisiné est refroidi, on applique dessus un rond de papier blanc trempé dans de l'eau-de-vie ; puis on recouvre le tout avec une autre feuille assez grande pour pouvoir être rabattue et ficelée autour du pot.

8. — On conserve le raisiné dans un lieu frais et sec, à l'abri des insectes et des petits animaux nuisibles. Il se garde plusieurs années.

9. — Les poires qu'on doit choisir pour la confection du raisiné sont principalement celles de Messire-Jean, celles de Doyenné, celles de Martin-Sec.

10. — Quelques coings ajoutés aux poires donnent au raisiné un goût très agréable ; mais il n'en faut pas trop.

GELÉE DE GROSEILLE.

1. — Il est bien peu de ménagères à la campagne qui ne puissent planter des groseilliers, dont la culture est si facile, et qui ne doivent faire quelques pots de gelée de groseille, si utiles pour les malades, et si commodes pour offrir aux visiteurs.

2. — On joint habituellement aux groseilles rouges, cueillies bien mûres sans l'être trop, un bon tiers de groseilles blanches et à peu près un quart de framboises.

3. — Si l'on n'a pas un tamis de crin à sa disposition, on le remplace par une serviette parfaitement propre. On trempe cette serviette dans de l'eau claire, on la tord et on l'étend sur une terrine, puis on extrait, en les pressant avec les mains, le jus des groseilles et des framboises.

4. — On avait préalablement pesé la terrine vide, on la pèse de nouveau, et la différence des deux résultats indique le poids du jus.

5. — On jette dans ce jus son poids de sucre cassé en morceaux, et on met la terrine sur le feu pour la retirer après dix à quinze minutes d'ébullition.

6. — On écume et on verse dans des pots, qu'on place en un endroit sec, à l'abri de la poussière et des insectes.

7. — Huit ou dix jours après, on couvre les pots avec du papier blanc, en procédant comme il a été dit pour le raisiné. La gelée se conserve de même dans un endroit bien sec.

SIROPS.

1. — Les différents sirops fournis aujourd'hui par le commerce ne sont pas toujours purs. Ils contiennent plus ou moins de glucose. Il y en a même qui ne contiennent pas une seule miette de sucre.

2. — Une bonne ménagère doit savoir confectionner les différents sirops dont on a toujours besoin, soit pour les malades, soit pour la préparation des liqueurs de ménage.

3. — Voici comment se prépare le *sirop de sucre :*

Dans une bassine de cuivre non étamée, mais parfaitement récurée, on met sur un bon feu du sucre et de l'eau. La proportion la plus convenable est d'environ un demi-litre d'eau pour un kilogramme de sucre. On remue de temps en temps. L'ébullition doit durer à peu près une demi-heure.

4. — On est assuré que le sirop est cuit suffisamment lorsqu'en en prenant un peu entre le pouce et l'index, il est assez consistant pour tenir les doigts collés et pour qu'il s'allonge comme un léger ruban lorsqu'on les écarte.

Conservation du Beurre et des Œufs.

BEURRE SALÉ.

1. — L'époque la plus favorable pour faire provision de beurre salé est l'automne.

2. — Le beurre doit être frais et bien délaité. On y mélange un peu de sel pulvérisé, 60 grammes pour un kilogramme de beurre, et on le place dans des tonneaux ou dans des pots de grès parfaitement secs, dont le fond a été préalablement saupoudré de sel. Le dessus du tonneau ou du pot est également recouvert d'une couche de sel.

3. — Le beurre doit être salé par couches, qu'on place en les foulant, les unes après les autres, dans le vase, de manière à ne laisser aucun vide.

4. — On recouvre chaque vase rempli avec un linge blanc, puis avec une feuille de papier.

BEURRE FONDU.

5. — On conserve encore le beurre en le fondant.

6. — Pour faire provision de beurre fondu, on le laisse cuire pendant deux ou trois heures, jusqu'à ce qu'il ne fume plus et qu'il soit devenu clair et transparent.

7. — On le retire alors du feu, on le laisse reposer quelque temps, pendant une heure ou deux, on écume et on décante dans des vases de grès bien secs.

8. — Le dépôt formé au fond du chaudron est mis à part, dans un petit pot, pour être consommé le premier.

9. — Les pots de beurre fondu, bien recouverts et bien clos, doivent être placés à la cave dans un endroit frais et sec.

10. — Voici un procédé encore meilleur. On met le beurre dans un pot dont le fond est percé d'un petit trou que l'on tient bouché au moyen d'un liége. On fait fondre ce beurre au bain-marie, c'est-à-dire en tenant le pot dans une chaudière pleine d'eau placée sur un fourneau. Quand le beurre est fondu, on retire le pot et on laisse refroidir ; puis, le beurre étant bien figé, on retire le bouchon pour laisser écouler l'eau tombée au fond du pot. Afin de faciliter le complet écoulement de cette eau, on ne doit pas oublier de donner accès à l'air en perçant jusqu'au fond la masse du beurre, au moyen d'une petite baguette. L'eau étant toute égouttée, on rebouche le pot et on le remet au bain-marie. Aussitôt que le beurre est fondu une seconde fois, on le laisse reposer ; puis, finalement, avant qu'il soit complétement figé, on le décante dans les pots non percés où il doit être conservé.

CONSERVATION DES ŒUFS.

11. — La coquille des œufs est percée d'une infinité de petits trous ou *pores*.

C'est l'air qui, en pénétrant par ces trous jusqu'à la substance de l'œuf, en occasionne la décomposition.

12. — Le secret de la conservation des œufs est donc de les mettre à l'abri du contact de l'air.

13. — D'après la *Revue scientifique*, le meilleur moyen de conservation est celui que l'on emploie pour les œufs destinés à l'exportation et à la marine.

14. — Ils sont nettoyés et essuyés avec soin, puis recouverts d'une mince couche d'huile de lin. Cette huile se dessèche en formant un vernis protecteur qui rend la coquille imperméable. Les œufs sont ensuite emballés *debout* dans de la sciure de bois bien sèche.

15. — Dans ces conditions ils se conservent très bien pendant des traversées de six mois et plus.

16. — Les anciens procédés en usage dans les campagnes doivent être abandonnés. Les œufs conservés dans du son prennent mauvais goût (le son se remplit de mites). Les œufs plongés dans de l'eau de chaux ont toujours un goût spécial un peu désagréable.

17. — On peut encore conserver les œufs en les salant.

18. — Les œufs bien nettoyés sont plongés dans de

l'eau saturée de sel, c'est-à-dire dans de l'eau qu'on a laissée en contact avec un excès de sel.

19. — Les œufs, qui surnagent d'abord, absorbent de l'eau salée et tombent au fond du liquide. A ce moment on les retire et on les garde pour l'usage.

20. — Ils sont salés au point convenable, en sorte qu'on ne doit pas y ajouter de sel, quand on les fait cuire.

21. — Un autre moyen de conserver les œufs, le meilleur de tous peut-être, suivant certaines ménagères qui en ont fait l'expérience, consiste à les *paraffiner*, c'est-à-dire à les enduire de *paraffine* en les tenant plongés un instant dans cette substance liquéfiée à une douce chaleur. Conservés un an ou deux par ce procédé, les œufs ne perdent absolument rien de leur poids.

22. — La paraffine est un corps transparent que l'on extrait de différentes huiles de goudron pour la fabrication des bougies. Il fond à 44 degrés. Il est inaltérable.

La paraffine ne se vend pas cher, et pour 3,000 œufs un kilogramme suffit.

23. — Les œufs paraffinés ou enduits d'huile ne pouvant pas respirer sont impropres à l'incubation.

24. — Inutile d'ajouter que ces préparations ne doivent être faites que sur des œufs parfaitement frais, parce que deux ou trois jours suffisent pour qu'une notable partie de la substance de l'œuf soit évaporée et remplacée par de l'air.

25. — L'époque la plus convenable pour faire la provision d'œufs, est de la mi-août à la mi-septembre.

Conservation de la Viande. — Petit-salé. — Lard. — Jambon. — Boudin. — Andouilles.

SALAISONS. — PETIT-SALÉ. — LARD.

1. — On préserve les substances animales de la putréfaction au moyen du sel.

2. — Voici un des meilleurs moyens à employer pour faire une bonne salaison.

3. — Deux jours après que le porc a été saigné, grillé, râclé, lavé et vidé, quand la viande est bien *faite*, on le dépèce en morceaux à peu près carrés, d'un à doux kilogrammes.

4. — Ces morceaux sont imprégnés de sel sur toutes les faces, puis placés, un à un, dans le saloir.

5. — On les range les uns à côté des autres, en les serrant le plus possible, pour ne point laisser de vides entre eux, et on les dispose de manière à ce qu'ils forment plusieurs couches superposées et séparées par des lits de sel. Il est bon que ce sel soit mélangé d'épices, de poivre, de laurier, de thym, de baies de genièvre, etc.

6. — Quand les derniers morceaux sont placés, on les recouvre d'une bonne couche de sel ; on place un linge propre sur l'ouverture du saloir, et, par-dessus, on pose le couvercle, qu'on charge avec des objets pesants.

7. — Le sel qu'on emploie doit être bien pulvérisé. Pour plus de commodité on l'étend sur une table. Il en faut en poids le dixième de celui de la viande qu'on veut saler.

8. — D'après la *Revue scientifique,* on améliore beaucoup les salaisons en ajoutant au sel une petite quantité (3 p. 100) de nitre ou salpêtre, qui conserve à la viande sa couleur rouge, et un douzième de sucre, qui empêche la viande de durcir et lui donne une saveur plus agréable.

9. — Le lard, coupé en morceaux carrés, est placé et disposé de la même manière que le petit-salé, dans un autre saloir, d'où on le retire au fur et à mesure des besoins.

10. — Il y a beaucoup de pays où l'on a l'habitude de fumer la viande. En ce cas, le quinzième du poids en sel suffit pour la salaison, et, au bout de trois semaines de séjour dans le saloir, la viande peut être exposée à la fumée.

11. — C'est une pratique assez difficile, dit encore la *Revue scientifique,* que de dessaler une salaison quelconque. Il ne faut pas la plonger dans de l'eau qu'on renouvelle de temps en temps ; en effet, l'eau chargée de sel étant plus lourde, occupe toujours le fond du vase et reste en contact avec l'objet à dessaler.

12. — Pour éviter cet inconvénient, il faut suspendre le morceau de salaison près de la surface du liquide, de façon que l'eau chargée de sel se sépare toujours en gagnant le fond du vase.

JAMBON.

13. — Quand on coupe les jambons, il faut avoir soin de bien les arrondir et de laisser assez de peau pour que toute la chair en soit recouverte.

14. — On doit aussi prendre garde de ne pas attaquer l'os de la cuisse qui s'emboîte dans celui de la hanche. Si cet os était attaqué, le jambon se conserverait moins bien.

15. — Lorsque les jambons sont ainsi préparés, on les sale comme le petit-salé ; on peut les placer dans le même saloir ; mais il vaut mieux les mettre dans un saloir à part. En ce cas, on les laisse se refaire une couple de jours, si la saison est favorable, et on ajoute de cent à cent cinquante grammes de salpêtre au mélange de sel et d'aromates qu'on emploie.

16. — Après que toute leur surface a été bien imprégnée de ce mélange, on les place l'un sur l'autre, les deux côtés dégarnis de couenne se touchant.

17. — On les recouvre d'une bonne couche de sel préparé comme il a été dit pour le petit-salé. On applique dessus une planche, que l'on charge avec des objets pesants, des pierres, par exemple, du poids d'une trentaine de kilogrammes.

18. — Au bout d'une quinzaine au plus, on les suspend à l'ombre, dans un lieu sec et aéré, pendant trois ou quatre jours, pour les laisser se ressuyer. Ensuite on les accroche à une hauteur de quatre mètres, au beau milieu de la cheminée, et, s'il est possible, sans qu'ils touchent la muraille.

19. — Quelques ménagères ont l'habitude de faire brûler sous les jambons des herbes aromatiques et des arbrisseaux odoriférants, tels que du thym, de la marjolaine, du basilic, de la menthe, de la sauge, du laurier, du genévrier, du genêt vert. Il faut faire brûler ces plantes en les étouffant, de manière à leur faire produire le plus de fumée possible. Les jambons ainsi fumés sont meilleurs.

20. — Après six semaines ou deux mois de séjour dans la cheminée, les jambons sont bons à manger. On les lave avec la main trempée dans un mélange de vinaigre et de vin poivré, ou bien on les tient plongés

pendant une huitaine dans de la lie de vin, si l'on en a, ce qui les attendrit beaucoup ; puis on les place dans un sac de grosse toile qu'on ferme avec une ficelle, et on les suspend par le jarret dans un endroit sec, où il y ait des courants d'air, et où les rats ne puissent arriver.

BOUDIN. — ANDOUILLES.

21. — Tous les intestins dont on veut tirer parti pour des andouilles ou du boudin doivent être lavés et nettoyés avec soin à l'intérieur ; jamais ils ne le sont trop.

22. — De plus, ceux qui sont destinés au boudin doivent être râclés avec un couteau au tranchant émoussé, jusqu'à ce qu'ils soient devenus clairs et transparents, ce dont les bonnes ménagères s'assurent en soufflant dedans.

23. — On doit ajouter au sang une quantité convenable de graisse, et l'assaisonner fortement avec un mélange de sel bien égrugé, de poivre bien pulvérisé, d'épices et d'aromates bien hachées.

24. — Il y a des contrées où l'on mêle encore au sang, de l'oignon en assez grande quantité, ce qui produit un boudin exquis. Pour cela, on fait bouillir l'oignon dans de l'eau jusqu'à ce qu'il soit bien attendri. Alors on le retire de l'eau, et on le réduit en une sorte de fine purée que l'on délaye dans le sang.

Vinaigre. — Boissons économiques.

VINAIGRE.

1. — Le vinaigre du commerce n'est pas toujours aussi complétement pur qu'il devrait l'être. Voici le moyen le plus sûr et peut-être le plus économique d'avoir perpétuellement dans sa maison du vinaigre dont on ne suspecte pas la salubrité.

2. — On se procure un petit tonneau d'une contenance d'environ trente litres, qui soit muni d'une cannelle de bois, et non de cuivre, à cause du vert-de-gris.

3. — On remplit ce tonneau du vinaigre le meilleur et le plus fort possible. On le dépose, la bonde n'étant fermée que par un bouchon de paille, dans un endroit

plutôt chaud que frais, et, toutes les fois qu'on en a tiré une mesure de vinaigre, on le remplace par une quantité égale de vin.

4. — Ce vin mélangé avec le contenu du tonneau ne tarde pas à devenir aussi du vinaigre.

5. — Dans les pays à cidre, on peut verser, dans le tonneau à vinaigre, du cidre au lieu de vin.

BOISSONS ÉCONOMIQUES.

6. — Il n'est pas prudent, dans les années de disette, de remplacer complétement par de l'eau pure les boissons alcooliques auxquelles on était accoutumé.

Voici donc, pour les ménagères de la campagne, plusieurs recettes simples et faciles qui, exactement suivies, leur fourniront, lorsqu'elles ne pourront avoir mieux, des boissons salutaires et agréables, quoique très peu coûteuses :

BIÈRE DE MÉNAGE.

7. — Pour un fût de 100 litres, il faut :

Houblon de 1re qualité,	300	grammes.
Coriandre,	125	—
Mélasse,	3 kil. 125	—
Cassonade,	500	—
Levure de bière,	125	—

8. — On fait bouillir le houblon pendant six minutes dans dix litres d'eau, on retire cette décoction du feu, on y met infuser la coriandre pendant une demi-heure, on passe le liquide à travers un linge au tissu serré, et on le verse sur la mélasse et la cassonade.

9. — On introduit le tout, en même temps que la levure de bière, dans le tonneau, qu'on agite et qu'on roule pendant cinq bonnes minutes. On finit de remplir d'eau le tonneau. On l'agite de nouveau vigoureusement. On le débouche avec précaution, et, après quelques instants, on remet la bonde.

10. — Au bout de huit jours, on soutire et on met en bouteilles.

11. — Cette bière doit être conservée dans un endroit frais. Elle n'est bonne que pendant trois mois.

BOISSON DE FRUITS SECS.

12. — Pour 100 litres, il faut :

Raisins secs, dits de *Samos*, ou autres fruits séchés au four. . . . . 5 kilog.
Pommes ou poires tapées. . . . . 2 —

13. — On les introduit par la bonde dans le tonneau, qu'on ne doit pas boucher trop hermétiquement à cause de la fermentation. On laisse fermenter pendant cinq ou six jours, et on met en bouteilles.

14. — Ces bouteilles, bien bouchées, ne doivent pas être couchées, mais être placées debout dans un endroit frais.

BOISSON DE GENIÈVRE.

15. — On introduit dans un tonneau douze à quinze litres de baies ou graines de genièvre. On le remplit d'eau et on le bondonne bien. Au bout de cinq à six jours on peut faire usage de la boisson, qui est tonique et stimulante.

VIN DE RAISINS SECS.

16. — Voici le moyen le plus simple de fabriquer du vin de raisins secs ne revenant qu'à 15 ou 20 centimes le litre :

On pèse les raisins que l'on veut traiter et on les met macérer dans de l'eau chauffée à environ 25 degrés. La proportion la plus convenable est, pour un kilogr. de raisins secs, de trois kilogr. ou trois litres d'eau. Dans ce cas, le vin obtenu pèse environ 11 degrés. Si l'on employait pour un kilo de raisins 4 litres d'eau, le vin ne pèserait plus que 7 à 8 degrés.

17. — Pour la macération, on se sert d'une cuve ou d'un tonneau défoncé par l'un de ses bouts.

18. — Il faut que l'eau que l'on emploie soit tiède parce que le raisin se gonfle mieux et plus vite et que la fermentation est plus active.

19. — On laisse fermenter pendant 7 à 8 jours, plus ou moins, suivant que la fermentation a été plus ou moins active. On reconnaît, du reste, que la fermentation est achevée lorsque le marc n'est plus en effervescence.

20. — On tire alors le vin et on presse le marc. On mêle le vin de pressurage à la mère-goutte et on entonne le tout dans des tonneaux.

21. — Ce vin est blanc, mais rien de plus facile que de lui donner la couleur que l'on désire en l'additionnant de vin rouge de couleur foncée.

22. — Après quelque temps de repos, on procède à un soutirage, à un collage si c'est nécessaire, et l'on a un vin aussi agréable et aussi salubre que beaucoup de vins faits avec des raisins frais.

23. — Le vin de raisins secs se bonifie en vieillissant. On peut le vieillir en le chauffant.

Pain.

1. — Pour fabriquer de bon pain, il ne suffit pas de savoir le faire, il faut encore employer de bonne farine. Une ménagère agricole doit savoir reconnaître la qualité d'une farine.

2. — La farine de froment de première qualité est d'un blanc légèrement teinté de jaune ; elle s'attache aux doigts quand on la touche, et, elle reste quelques instants pelotonnée quand on l'a serrée dans le creux de la main.

3. — Quand elle n'est que de deuxième qualité, elle présente une teinte jaunâtre un peu plus foncée ; elle ne s'attache pas aux doigts quand on la touche, et elle ne peut rester pelotonnée dans le creux de la main, malgré la pression qu'on lui fait subir.

4. — La farine de froment de qualité inférieure, ordinairement désignée sous le nom de farine *piquée*, se reconnaît aux points grisâtres dont elle est parsemée.

5. — Quand la farine de seigle est fraîche et de bonne qualité, elle exhale une odeur de violette.

6. — La confection du pain exige surtout beaucoup de propreté. La ménagère chargée de cette opération doit donc se faire une loi, avant de mettre les mains à la pâte, de se les laver soigneusement, ainsi que les avant-bras.

7. — Le *levain*, dont on a besoin pour faire le pain, doit être préparé la veille au soir, c'est-à-dire environ douze heures à l'avance.

8. — Pour cela, on met dans le pétrin la farine qui composera la fournée. On l'écarte sur les côtés. Dans le vide laissé au milieu, on place un morceau de *pâte fermentée* qui a été conservé depuis la dernière panification. Cette pâte fermentée ou ce *ferment* s'appelle aussi *levain*. On délaye bien dans de l'eau tiède, d'abord le ferment, puis, peu à peu, le tiers de toute la farine que l'on veut panifier, et le levain est fait.

9. — Le lendemain, dans la matinée, on fait chauffer de l'eau en quantité convenable ; on en verse la moitié sur le levain, qu'on délaye de nouveau parfaitement, jusqu'à ce qu'il ne reste plus de grumeaux.

10. — Lorsque le levain est bien délayé, on y ajoute le reste de l'eau, et on y mêle peu à peu la farine, en brassant la pâte, en la tournant, la retournant, la soulevant et la laissant retomber de manière à répandre

Fig 84.

uniformément le levain et l'eau dans toute la masse, et y faire pénétrer le plus d'air possible, pour le rendre plus léger.

11. — Lorsque la pâte a été bien battue, on peut encore, pour que le pain soit plus parfait, lui faire subir une opération appelée *bassinage* par les boulangers.

12. — Le but de cette opération est de faire absorber à la pâte un peu plus d'eau.

13. — Pour cela, on verse de l'eau salée (un verre ou deux) sur la pâte, après l'avoir coupée en dessus, et on termine en lui donnant plusieurs tours, c'est-à-dire qu'on la jette par pâtons et à plusieurs reprises, d'un bout du pétrin à l'autre, avant de la réunir en une seule masse.

14. — Lorsque la pâte est suffisamment brassée et bassinée, il ne reste plus qu'à la laisser *lever* ou fermenter selon une juste mesure.

15. — Pendant que la pâte *lève,* on chauffe le four.

16. — Le combustible le plus avantageux pour chauffer le four est un bois sec, qui produise un feu bien clair.

17. — On utilise ordinairement à cet usage des ramassis de toutes sortes de bois, pourvu que ce bois soit sec et qu'il brûle sans trop de fumée. Des sarments sont parfaitement convenables.

18. — Les pains retirés du four ne doivent pas être placés à même le carreau. On les pose à plat sur une table ou sur quelques rameaux de menu bois, sur des sarments, par exemple.

19. — Lorsqu'ils sont refroidis, avant de les mettre en place, on les brosse parfaitement au-dessus d'une corbeille. De cette manière, ils sont très propres, et la farine qui les couvrait n'est pas perdue : on peut l'employer pour la buvée des vaches ou des porcs.

20. — Le pétrissage du levain ou du pain ne doit pas être trop longuement prolongé ; plus il est terminé promptement, meilleur est le résultat.

21. — Une opération excellente, et qui n'est pas négligée par les bonnes ménagères, consiste, deux heures avant le pétrissage du pain, à rafraîchir le levain, c'est-à-dire à le refaire en y ajoutant une certaine quantité d'eau, avec de la farine en proportion convenable.

22. — Il faut éviter avec soin qu'un courant d'air n'atteigne la pâte pendant le pétrissage et surtout pendant la fermentation.

23. — La pâte ne lève pas toujours comme on voudrait. Quand il fait froid, il faut employer de l'eau

un peu plus chaude pour le pétrissage, et on doit hâter la fermentation du levain et de la pâte en les couvrant avec des couvertures de laine.

24. — Quelquefois même, quand il fait un froid rigoureux, on est forcé de tenir du feu dans un réchaud sous le pétrin.

25. — Quelques heures suffisent pour que la pâte du pain soit fermentée au degré convenable. Elle est suffisamment levée dès qu'elle a à peu près doublé de volume et qu'elle présente une surface bombée et lisse. Si l'on y enfonce alors le poing, même profondément, elle se relève d'elle-même et se boursoufle bientôt assez pour qu'on ne voie plus la trace de la main.

26. — Quant au ferment qu'on garde d'une panification à l'autre, il n'en faut pas trop, et il ne doit pas être trop fermenté ; la pâte s'en ressentirait. Le pain serait épais et mat, et il contracterait un goût aigre. On en emploie à peu près un kilogramme pour quatre-vingts à cent kilogrammes de pain.

27. — Pour empêcher le ferment de trop aigrir, on fait bien, pendant les grandes chaleurs, en attendant qu'on s'en serve, de le recouvrir d'une couche de farine de quatre à cinq centimètres d'épaisseur, et de le tenir dans un lieu frais et sec.

28. — Il ne faut pas non plus trop d'eau pour la confection de la pâte. La proportion la plus convenable est de deux litres d'eau pour trois kilogrammes de farine de froment.

29. — La meilleure eau pour la panification est celle qui est la plus aérée, celle de rivière, de ruisseau ou de fontaine. Celle de puits ou de citerne est moins bonne.

30. — Lorsqu'on met du sel dans le pain, ce qui est une excellente chose, parce que le sel exerce une influence salutaire sur l'économie animale, il convient de le faire dissoudre dans l'eau chaude ou tiède employée au pétrissage.

31. — Comme le sel retarde la fermentation de la pâte, on fait bien de ne le mettre que dans la portion d'eau employée en dernier lieu, lorsque la pâte est déjà bien mêlée au levain.

32. — La proportion varie de cinq à quinze grammes par kilogramme de pâte, suivant les goûts.

33. — Le sel jouit des plus grandes propriétés médicinales contre les fièvres intermittentes ; c'est un fait qui a été récemment reconnu par l'Académie de médecine ; on ne saurait donc trop recommander de bien saler leur pain aux ménagères des pays marécageux où règnent habituellement ces fièvres.

34. — Dans un assez grand nombre de fermes, on ne procède à la fabrication du pain que tous les huit jours, quelquefois même à de plus longs intervalles. Il faut avoir soin de tenir la provision de pain à l'abri de l'humidité. A cet effet, on la place sur des étagères à claire-voie, suspendues au plafond du fournil.

35. — Plus les pains sont gros, plus ils sont exposés à la moisissure. La moisissure du pain est due à une espèce de champignon vénéneux (l'oïdium aurantiacum). Les pains seraient moins exposés à moisir, si on ne les faisait que de trois à quatre kilogrammes.

Pâtisserie.

1. — Toutes les fois qu'elle prépare le pain, une bonne ménagère fait quelques gâteaux plus ou moins fins, selon la dépense qu'elle veut y mettre. Ces gâteaux sont toujours bien accueillis par tous les membres de la famille, surtout par les enfants.

2. — Pour confectionner ces pâtisseries diverses et qui varient selon les contrées, il suffit de les avoir vu faire une fois ; et une jeune fille désireuse de s'instruire, trouve toujours dans son voisinage quelque ménagère habile et expérimentée qui ne demande pas mieux que de lui montrer et de l'aider de ses conseils.

Toutefois voici quelques indications qui pourront servir aux jeunes ménagères.

3. — On procède pour la pâtisserie à peu près comme pour le pain, excepté que dans les cas les plus fréquents, on n'emploie pas de levain, et qu'on mêle à la farine, des œufs, du beurre, du sucre, etc.

4. — Pour faire de bonne pâtisserie, on ne doit employer que la plus pure farine, des œufs frais et du beurre parfaitement fabriqué, c'est-à-dire bien manié et complétement délaité. De plus, dans l'été, on ne doit

s'en servir que quand il a été conservé frais et ferme dans un milieu froid, dans de l'eau de puits, par exemple.

5. — On doit avoir aussi à sa disposition une table bien unie et un *rouleau* en bois lourd et poli.

FEUILLETAGE. — PATE A DRESSER.

1. — Pour faire le *feuilletage*, on dispose sa farine (un kilogr. par exemple) dans le pétrin, ou, mieux, sur une table. On l'écarte en rond, de manière à laisser au milieu un vide dans lequel on met trois ou quatre jaunes d'œufs au plus, du sel (10 grammes) et de l'eau (deux verres) un peu tiède quand il gèle ou très froide pendant les grandes chaleurs.

2. — Avec le bout des doigts d'une seule main, on délaye peu à peu toute la farine, de manière à n'y pas laisser de grumeaux.

3. — Quand la pâte est faite, on la rassemble en boule, puis, au moyen du rouleau, on l'étend sur la table saupoudrée de farine, tant qu'elle n'est pas arrivée à former une feuille d'environ un centimètre d'épaisseur.

4. — On répartit également le beurre, cassé en petits morceaux, sur cette surface, en appuyant un peu dessus avec le pouce. On replie la pâte sur elle-même, comme une feuille de papier qu'on plierait en trois, les bords extérieurs étant ramenés en dedans ; et on l'allonge de nouveau sous le rouleau pour la replier encore.

5. — On fait ainsi jusqu'à six ou sept tours, plus dans l'hiver que dans l'été, à cause du beurre qui n'aime pas à être manipulé pendant la chaleur. Il ne reste plus ensuite qu'à enfourner.

6. — La *pâte à dresser les pâtés, etc.*, se prépare à peu près de la même manière, avec plus d'œufs, mais on ne se sert pas du rouleau : on doit seulement la fouler sous les mains, une fois en été, deux fois au plus en hiver.

BRIOCHE.

1. — La pâte de la *brioche* doit être levée comme celle du pain.

2. — On met dans une assiette creuse, dans un grand bol ou dans une écuelle, cent grammes de fleur de farine, douze à quinze grammes de levure de pain (si l'on n'a pas à sa disposition de levure de bière, qui est bien préférable) et un peu d'eau tiède.

3. — On délaye le tout jusqu'à ce qu'on ait une pâte molle. On recouvre l'assiette, on l'enveloppe dans une couverture de laine, et on la tient placée à la portée du foyer, jusqu'à ce que la chaleur ait assez boursouflé le levain pour qu'il ait un peu plus que doublé de volume.

4. — Cela fait, on met sur la table 260 grammes de farine, qu'on écarte de manière à laisser au milieu un vide appelé *fontaine* par les pâtissiers.

5. — Dans ce vide, on place 250 grammes de beurre, une demi-douzaine d'œufs, du sel et un peu de lait ou de crème ; on délaye avec soin, et, avec toute la farine, on fait une pâte que l'on pétrit à plusieurs reprises avec la paume de la main et dans laquelle on introduit le levain sans trop le manipuler.

6. — On place cette pâte sur un linge blanc, fariné, dans une petite corbeille ou, à défaut, dans une casserole, et on laisse le tout, enveloppé d'une couverture, dans un endroit chaud, pendant environ douze heures.

7. — Au bout de ce temps, on reprend la pâte, qui doit être à peu près aussi ferme que celle que l'on prépare pour faire du pain. S'il en est besoin on l'amollit avec des œufs ou on la raffermit avec de la farine. Puis on l'aplatit et on en relève les bords vers le centre à cinq ou six fois successives, et on laisse reposer deux ou trois heures comme précédemment.

8. — Après cet intervalle, on donne à la pâte la forme que l'on veut, ordinairement celle d'une couronne ; on la place sur une plaque de tôle légèrement beurrée, et, après une demi-heure de séjour dans un four *gai*, on a une excellente brioche.

9. — On appelle four *gai* un four chauffé à peu près moitié moins que pour cuire du pain.

TARTE.

1. — Pour faire une tarte, on écarte, sous le rouleau,

de la pâte à dresser, de manière à former une feuille mince, qu'on taille en rond avec le couteau.

2. — On étend sur cette feuille des poires, des pommes, des abricots, des prunes ou d'autres fruits en compote, en marmelade, en confitures, etc. On relève les bords de la pâte en bourrelet tout autour, et il n'y a plus qu'à enfourner.

3. — Souvent, dans les campagnes, on remplace les compotes par de la farce d'oseille, par un hachis de poireaux, par des purées de pommes de terre ou de citrouilles mélangées d'œufs, de lait et de fromage, et ces espèces de tartes sont toujours mangées avec bon appétit et trouvées excellentes par ceux à qui on les destine.

4. — Avant d'enfourner une pièce de grosse pâtisserie, on la *dore* au moyen d'un pinceau ou, à défaut, au moyen d'une barbe de plume, avec un peu d'eau dans laquelle a été délayé un jaune d'œuf.

5. — Quelquefois il arrive que l'on a deux morceaux de pâte à coller ensemble : il suffit tout simplement de les mouiller auparavant aux places où ils doivent s'ajuster.

Le linge. — Blanchissage du linge. — Lessive à la cendre. — Lavage.

1. — Pour juger une maîtresse de maison, il suffit de jeter un coup d'œil dans son armoire au linge.

2. — Une bonne ménagère se reconnaît à la manière dont le sien est tenu, soigné et serré.

3. — Elle en a une provision non exagérée, mais largement suffisante pour les besoins de tout son monde. L'inventaire détaillé en est fait tous les ans. Toutes les pièces sont marquées et numérotées avec soin. Elle les range et les emploie suivant l'ordre de leurs numéros.

4. — Pour tenir son linge au complet, c'est-à-dire pour remplacer ce qui ne vaut plus la peine d'être raccommodé et ce qui a pu être perdu, elle ne manque pas, chaque année, de se procurer quelques pièces de toile, par les moyens les plus économiques usités dans la contrée.

5. — Quant au blanchissage du linge, c'est une

pratique tout à fait préjudiciable de ne faire la lessive que deux ou trois fois par an, ainsi qu'on le voit dans beaucoup de maisons. On devrait blanchir le linge au moins tous les deux mois.

6. — Les cendres qu'on emploie pour la lessive doivent avoir été tamisées dans un crible fin.

7. — On ne doit pas tout d'abord verser de l'eau trop chaude sur les cendres, on *échauderait* le linge, qui deviendrait très difficile à décrasser. L'eau doit être tiède pour commencer, et on ne doit que progressivement arriver, au bout de sept à huit heures, à la verser bouillante.

8. — Il faut environ quinze ou vingt heures au moins, pour couler convenablement une lessive ordinaire, c'est-à-dire composée de linge mélangé.

9. — Il est temps, du reste, d'arrêter la lessive, et on peut reconnaître qu'elle est bonne, lorsqu'on voit le dessus de la chaudière se couvrir d'une sorte d'écume limoneuse.

10. — Voici l'indication de la quantité d'eau à employer pour une lessive : le cuvier étant rempli de linge, on y verse autant d'eau qu'il peut en contenir, c'est-à-dire qu'on le remplit jusqu'au bord. Avec cela, il suffit de remplir aux trois quarts la chaudière placée sur le feu.

11. — L'eau qu'on doit préférer pour la lessive est celle de pluie, de rivière, d'étang, de mare, plutôt que celle de puits, parce que cette dernière contient quelquefois des sels qui neutralisent l'action de la potasse contenue dans les cendres.

12. — Les meilleures cendres sont celles de fanes d'herbages, celles de sarment, celles de bois d'arbres fruitiers, et celles de sapin. Celles de chêne, de charme et d'orme sont aussi très bonnes. Celles de bois blanc ne valent pas autant.

13. — Celles de châtaignier et de verne, ainsi que celles de bruyère et de jonc tachent le linge.

14. — Les cendres sont meilleures lorsqu'elles ont été bien recuites. Il est aussi très essentiel de conserver les cendres à l'abri de l'humidité.

15. — Trop de cendres dans une lessive brûlent le linge. S'il n'y en a pas assez, le linge se décrasse mal.

16. — La quantité de cendres la plus convenable à employer pour une lessive ordinaire est égale en volume au dixième de celui du linge mouillé et entassé dans le cuvier.

17. — Lorsque l'on n'en a pas assez, on peut y ajouter, pour chaque hectolitre de linge, environ cinq cents grammes de cristaux de soude, qu'on a fait dissoudre dans de l'eau chaude.

18. — Quand la lessive est coulée, l'eau brune et savonneuse qui en résulte est employée au nettoyage de l'argenterie, des vases de terre ou de fer-blanc qui sont encrassés et noircis au feu, des ustensiles en étain, des lampes, etc. Si cette eau est employée bouillante, son action est plus énergique.

19. — On y lave aussi, à froid, le linge de couleur ; mais ce linge ne doit pas y séjourner trop longtemps : la couleur en serait détériorée, et même quelques couleurs ne résistent pas à la lessive.

20. — On ne doit pas laisser trop refroidir ou sécher le linge de la lessive avant de le laver ; puis il est chaud, mieux il se nettoie. Pour lui conserver plus longtemps sa chaleur et son humidité, on fait bien de le transporter au lavoir dans des sacs, d'où on le retire à mesure qu'on le rince. C'est d'ailleurs un moyen de le garantir contre l'action désorganisatrice que l'air et surtout la lumière exercent sur les tissus imprégnés de soude ou de potasse.

21. — On se sert habituellement de battoirs ou de brosses pour faire pénétrer le savon dans le linge. Les battoirs qu'on emploie doivent être en bois léger et les brosses ne pas être trop dures. Les tissus seraient moins détériorés si, après avoir savonné le linge, on se bornait à le frotter entre les mains, en le rinçant à grande eau, sans le battre ni le brosser.

22. — Pour donner une bonne odeur au linge, on place habituellement dans le cuvier des racines d'iris séchées, taillées en rondelles et passées dans un fil comme un chapelet.

23. — Ces racines peuvent servir plusieurs fois, si on a soin de les laver et de les suspendre en un endroit sec, après chaque lessive.

24. — Beaucoup de ménagères ont aussi la bonne

habitude de parfumer leur armoire au linge en y plaçant, soit quelques tiges sèches d'aspérule odorante ou muguet des bois, soit de petits paquets de sauge, de lavande, de thym ou d'autres plantes aromatiques, soit quelques petits bouquets de réséda cueilli par un jour de beau soleil.

Lessivage à la vapeur.

1. — On a imaginé plusieurs appareils pour le lessivage à la vapeur. Il faut donner la préférence aux moins compliqués et à ceux qui fonctionnent le plus économiquement.

2. — Quel que soit l'appareil, il se compose de deux compartiments : le compartiment supérieur, qui est bien plus grand, et dans lequel on met le linge lorsqu'il a été trempé dans la lessive, c'est la *buanderie* proprement dite ou le cuvier ; et le compartiment inférieur, où l'on met de l'eau qui, chauffée, produit la vapeur dont le linge devra être pénétré, c'est ce qu'on peut appeler la *chaudière*.

3. — Ces deux compartiments sont disposés de manière à ce que la vapeur d'eau ne puisse s'échapper à l'extérieur, et à ce qu'elle puisse le plus facilement et le plus promptement possible monter dans le linge.

4. — La lessive est préparée dans les proportions suivantes : pour chaque kilogramme de linge, pesé sec, on met dans un litre et demi d'eau, quarante grammes de cristaux de soude, un peu moins ou un peu plus, suivant que le linge est fin ou peu taché, gros ou très encrassé.

5. — Quelques personnes font dissoudre dans leur eau (chaude pour que l'opération soit plus tôt faite), en même temps que le sel de soude, environ vingt grammes de savon noir par litre d'eau ; elles s'en trouvent bien.

6. — Une lessive marquant deux degrés et demi au *pèse-lessive* convient pour le linge ordinaire.

7. — Les nouvelles lessiveuses sont munies à l'intérieur d'un appareil mobile fort bien imaginé pour faciliter la circulation de la vapeur.

Cet appareil est le plus souvent composé d'un disque en forte tôle percé de petits trous. Au centre de ce disque est soudé verticalement un tuyau cylindrique dont les parois sont également percés du haut en bas de petits trous.

Le disque, quand on le dispose dans l'intérieur de la lessiveuse, ne peut pas descendre jusqu'au fond ; il s'arrête un peu plus haut, afin que le linge que l'on y appuie ne soit pas trop rapproché du fourneau et, par suite, exposé à être brûlé.

8. — Voici comment on opère au moyen de ces lessiveuses :

On prend note du poids du linge à blanchir pesé sec. On plonge ce linge dans un baquet plein d'eau froide et on l'y laisse macérer au moins pendant deux heures. Ensuite on l'en retire, et, sans le tordre, on le laisse égoutter.

9. — Pendant qu'il égoutte, on prépare avec de l'eau chaude une lessive alcaline dans les proportions indiquées plus haut (voir §§. 4, 5 et 6), et on la verse dans la lessiveuse On y dispose l'appareil intérieur. On prend le linge égoutté, on le pose en l'étalant le mieux possible, sans trop le tasser tout autour du tuyau d'ascension et jusqu'au haut, de façon à n'en plus apercevoir qu'une ou deux rangées de trous.

10. — On accroche alors les croisillons qui servent à maintenir le linge. On finit de remplir la lessiveuse en y versant de l'eau jusqu'à ce que la dernière couche de linge en soit recouverte d'à peu près un centimètre et on la ferme de son couvercle.

11. — Après quoi on allume le fourneau et l'on chauffe sans discontinuer de manière à entretenir l'ébullition pendant au moins deux heures. On laisse alors tomber le feu et la lessive est finie.

12. — Avant de se mettre à laver le linge, il convient d'attendre qu'il soit un peu refroidi.

13. — La plupart des nouvelles lessiveuses sont munies d'un fourneau agencé de manière à permettre l'emploi soit du charbon de bois, soit du charbon de terre ; et ce fourneau a des dimensions telles que l'on peut y introduire d'un seul coup la quantité de combustible nécessaire pour toute la durée du lessivage jusqu'à son complet achèvement.

Ces nouveaux appareils, tenus par les quincailliers,

sont toujours accompagnés d'une instruction imprimée qui indique la manière de s'en servir.

14. — Ordinairement pour le lessivage à la vapeur on allume le fourneau le soir et l'opération se fait seule pendant la nuit.

15. — Il ne faut faire fonctionner ainsi l'appareil que dans un endroit parfaitement aéré où ne se trouvent point d'animaux que la vapeur du charbon pourrait asphyxier.

16. — Bien des ménagères pourvues de ces ingénieux appareils s'en servent avec avantage pour faire une petite lessive tous les huit ou quinze jours.

17. — Tout étant bien compté, la lessive à la vapeur est plus économique de moitié que la lessive ordinaire.

Nouveau mode facile de lessivage rapide et économique.

1. — Voici encore un procédé fort économique et tout à fait commode pour lessiver le linge. (Fig. 85). Il est très usité en Allemagne et pas assez en France. Dans un baquet contenant de vingt à trente litres d'eau chaude, on délaye un kilogramme de savon noir, puis on ajoute une cuillerée d'essence de térébenthine et trois cuillerées d'alcali volatil, et, au moyen d'un petit balai, on brasse bien le mélange. Ensuite on dispose le linge dans le baquet de manière à ce que toutes les pièces puissent entièrement tremper dans le liquide et on recouvre le tout le mieux possible, soit au moyen d'une toile, soit au moyen d'un couvercle.

Fig. 85.

2.— Au bout d'environ deux heures, la lessive se

trouve faite. Il ne reste plus qu'à rincer le linge d'abord à l'eau tiède, puis à grande eau, et à l'étendre pour le faire sécher.

3. — Par ce procédé, à la portée de toute ménagère, le linge se conserve plus longtemps. Il ne se détériore pas comme par l'emploi des cristaux de soude. Les sels de soude, il est utile de le répéter, sont des alcalis puissants, ayant la propriété de ronger rapidement le linge surtout quand les lavandières n'ont pas soin, ce qui arrive trop souvent, d'en faire disparaître toute trace au moyen d'un parfait lavage.

4. — Notons que la même lessive peut être employée une seconde fois. On chauffe l'eau et on y ajoute un peu d'essence de térébenthine et un peu d'alcali volatil.

Vêtements. — Chaussures.

1. — Les vêtements, à la campagne, doivent être larges, amples, d'une forme simple, et confectionnés d'étoffes solides. Il est de bonne administration de choisir ce qu'il y a de meilleur comme qualité ; il n'en coûte pas plus de façon, et on perd moins de temps aux raccommodages.

2. — La couleur des vêtements ne devrait pas être indifférente pour les personnes vivant continuellement dans les champs, occupées à un travail qui les expose au contact de la poussière et de la terre mouillée. Le blanc ou le noir sont trop salissants. Une couleur entre les deux, par exemple, le gris, plus ou moins foncé, suivant la saison, serait préférable. C'est une couleur qui paraît moins vite passée.

3. — Une bonne ménagère doit prendre un soin particulier des vêtements de son monde, afin de les faire durer le plus longtemps possible.

4. — Quand la belle saison est définitivement arrivée, et qu'on laisse les habits d'hiver, il est bon, avant de les serrer, de les bien nettoyer et de les aérer en les exposant dehors, au grand air, pendant assez longtemps.

5. — Pour les garantir contre les mites ou autres insectes, il faut mettre dans les poches ou dans les plis quelques petits morceaux de camphre, des grains de poivre ou quelques petits paquets de plantes aroma-

tiques. Des bouts de cigares, des morceaux de vieilles pipes cassées remplissent le même but.

6. — Quant aux vêtements d'été, dont il est prudent de se dépouiller avant l'arrivée de l'arrière-saison, on doit aussi les mettre en bon état et les laver soigneusement, s'il y a lieu, avant de les ranger.

Fig. 86.

7. — Pour les chaussures, il est utile de savoir que les souliers et les sabots confectionnés quelques mois à l'avance, et gardés dans un endroit parfaitement sain, deviennent plus résistants et plus durables.

8. — Les souliers de gutta-percha ou de caoutchouc, trop sensibles aux influences du froid et du chaud, et

trop imperméables pour permettre la transpiration nécessaire des pieds, ne doivent pas être employés par les ouvriers des champs.

9. — Dès que les souliers sont sales, une bonne ménagère a soin, avant de les mettre en place, de les bien nettoyer et de les cirer. Pour cela, elle ôte, à l'aide d'un couteau, le plus gros de la crotte dont ils sont recouverts ; elle les laisse sécher à l'ombre, s'ils ont été mouillés ; puis elle achève de les nettoyer au moyen d'une brosse rude.

10. — Il ne lui reste plus alors qu'à étendre dessus une légère couche de cirage, et à faire reluire en frottant vigoureusement avec une brosse douce.

11. — Le cuir des souliers mouillés par la pluie ou autrement ne tarde pas à devenir dur comme du bois. Pour l'assouplir parfaitement, on l'enduit à l'aide d'une brosse ou d'un pinceau, avec du dégras de corroyeur, ou, à défaut, avec de l'huile de pied de bœuf, et on laisse les souliers sécher, non au feu ou au soleil, mais à l'ombre, dans un endroit sec.

12. — Le dégras ni l'huile ne doivent être étendus sur les coutures, dont ils finiraient par pourrir le fil.

Moyens d'enlever les taches du linge et des étoffes.

1. — Les taches de café, de sirop, de couleurs à la gomme, etc., solubles dans l'eau, s'enlèvent en les frottant, d'abord avec un linge mouillé d'eau, puis avec un linge bien sec, et à plusieurs reprises, jusqu'à ce qu'elles soient essuyées.

2. — Les taches de rouille, comme les taches d'encre, s'enlèvent au moyen du sel d'oseille réduit en poudre. On l'étend sur la tache préalablement imbibée d'eau. On frotte avec les doigts pendant quelques instants ; puis on rince largement à grande eau.

Le sel d'oseille *(oxalate acide de potasse)* absorbé, même en petite quantité, est un poison. Il ne faut pas en laisser sous la main des petits enfants.

3. — Ce procédé ne présente aucun inconvénient sur le blanc ; mais si on l'appliquait sur certaines étoffes teintes, il pourrait les décolorer dans les endroits où on applique le sel d'oseille. On ferait bien, dans ce cas,

d'expérimenter auparavant sur un petit échantillon de l'étoffe à détacher.

4. — Les taches d'encre s'enlèvent encore, lorsqu'elles ne sont pas trop vieilles, avec du lait bouillant, ou simplement en les mouillant, puis en les frottant avec une poignée d'oseille ; on les rince ensuite à grande eau.

5. — Les taches d'encre aux doigts s'enlèvent avec quelques feuilles d'oseille en guise de savon.

6. — De même les taches de rouille peuvent encore s'enlever avec de la crème de tartre.

7. — Les taches de fruits rouges, de vin, de liqueurs, de confitures et autres de nature végétale, si elles résistent à l'eau chaude et au savon, s'enlèvent facilement au moyen de l'acide sulfureux.

8. — On mouille largement la tache ; on tient ou l'on fait tenir l'étoffe tendue, et on brûle, par dessous, du soufre allumé dans un vase sur un fourneau, ou simplement des allumettes soufrées, de manière à ce que l'acide sulfureux qu'elles dégagent traverse et enlève la tache. L'opération doit être continuée tant que la tache persiste. On lave ensuite à grande eau.

9. — Pour les mêmes taches, on peut aussi se servir d'eau de javelle. On l'emploie d'abord étendue de moitié d'eau. Si, en frottant pendant une minute la partie tachée, l'on n'obtient pas le résultat désiré, on recommence pareillement avec de l'eau de javelle pure. Dès que la tache est enlevée, on lave largement à l'eau pure.

10. — Les taches grasses, c'est-à-dire celles de graisse, d'huile, de bougie, de chandelle, de bouillon, de sauce, etc., quand elles sont sur du linge blanc, s'enlèvent assez bien avec du savon ou avec une forte lessive.

11. — Si elles sont sur des tissus colorés, on doit employer la benzine ou l'essence de térébenthine. Ces substances n'attaquent pas les couleurs.

12. — Les taches de poix et de cire ne résistent pas à l'alcool.

13. — On détrempe les taches de vernis, de goudron, de peinture à l'huile, de cambouis, etc., en appliquant dessus du beurre frais ou de l'essence de térébenthine.

Puis on les frotte à plusieurs reprises, d'abord avec de la mie de pain, et, si ce moyen est inefficace, on étend dessus une bouillie de glaise ou de terre de pipe qu'on laisse sécher et qu'on brosse ensuite avec soin.

14. — Les taches de sang sur le linge s'enlèvent au moyen d'un bon savonnage. Sur la soie ou sur la laine, on les enlève avec l'acide sulfureux.

15. — Les taches de sueur et d'urine s'enlèvent avec de l'alcali volatil étendu d'eau, dans la proportion de un à deux. A cet effet, on se sert d'une petite éponge, d'une brosse ou d'un chiffon, pour étendre le liquide ; puis on presse la partie imbibée de l'étoffe, et on l'essuie parfaitement avec un linge blanc et sec. On recommence à plusieurs reprises, et on termine en lavant avec de l'eau pure.

16. — Ce moyen est l'un des meilleurs à employer pour dégraisser les collets d'habits.

17. — On peut aussi dégraisser les tissus de laine, ou avec du jaune d'œuf bien délayé, ou au moyen d'une décoction de saponaire, ou avec du fiel de bœuf employé frais et étendu d'eau tiède. L'étoffe est ensuite lavée à grande eau, et enfin rincée dans une eau légèrement vinaigrée.

18. — Pour nettoyer les chapeaux de feutre, on commence par les dégarnir. Puis, ayant versé dans environ un demi-litre d'eau une cuillerée d'esprit d'ammoniaque, on trempe dans ce liquide une brosse douce et on brosse avec précaution toutes les parties graisseuses de manière à les bien imbiber. Après quoi, on rince complétement avec de l'eau pure, et on laisse sécher au soleil. Par ce moyen le chapeau est pour ainsi dire remis à neuf.

19. — Les vêtements, les étoffes et les couvertures de laine se dégraissent encore plus économiquement et peut-être plus parfaitement au moyen de l'argile.

20. — On en délaye avec de l'eau dans un baquet ou dans une terrine, de manière à former une sorte de bouillie qui ne soit pas trop liquide, mais qui le soit cependant assez pour pouvoir bien pénétrer dans le tissu du lainage à nettoyer.

21. — On plonge le lainage dans cette bouillie, et on

le traite à peu près comme le linge que l'on soumet à un savonnage.

22. — Quand toutes les parties en ont été suffisamment maniées, on le laisse tremper dans le mélange pendant assez longtemps pour que l'étoffe s'en imbibe d'une manière encore plus complète, dix à douze heures, si l'on veut ; ensuite on lave à grande eau ; puis, sans tordre, on laisse sécher à l'air, à l'ombre plutôt qu'au soleil.

23. — S'il s'agissait simplement d'enlever une tache de graisse, on humecterait légèrement cette tache avec de l'eau, on y appliquerait un peu d'argile détrempée, on laisserait sécher, et, après, il n'y aurait plus qu'un coup de brosse à donner.

24. — Beaucoup de taches peuvent encore être enlevées des vêtements au moyen de l'essence de pétrole. On prend un chiffon qu'on trempe dans un peu d'essence, et on en frotte la tache à plusieurs reprises et légèrement tant qu'elle n'a pas disparu. On essuie ensuite avec des linges secs et propres.

25. — Les taches produites par les acides minéraux, tels que l'acide sulfurique et l'acide nitrique, par exemple, doivent être enlevées, le plus tôt possible, en les lavant avec une dissolution de potasse ou de savon.

26. — Quand il n'est pas trop tard, on peut ramener la couleur que ces taches ont détériorées, en mouillant avec de l'ammoniaque.

27. — Pour enlever une tache de graisse ou d'huile sur un vêtement ou un ruban de soie, on frotte cette tache avec de la magnésie ou de la craie finement pulvérisée, et on l'expose à la chaleur du foyer. Lorsque la magnésie ou la craie a absorbé la matière grasse de la tache, il n'y a plus qu'à donner un coup de brosse.

Manière de laver la vaisselle. — Nettoyage et entretien des ustensiles de cuisine.

1. — Chaque pièce de vaisselle doit être lavée d'abord dans de l'eau bouillante, puis passée à l'eau froide et placée sur l'égouttoir, en attendant qu'on l'essuie.

Quelques bonnes ménagères, avant de mettre égoutter

leur vaisselle la passent, non dans de l'eau froide, comme il vient d'être dit, mais dans une écuelle d'eau très chaude, sinon bouillante : c'est encore mieux.

2. — Il importe de prendre ses mesures pour que l'eau ne soit pas graissée tout d'abord. Pour cela, on enlève des assiettes et des plats les débris du repas, et on commence par laver toute la vaisselle la moins salie.

Quand l'eau que l'on emploie est encore très chaude, afin de ne pas se brûler les doigts on se sert d'une *lavette* attachée au bout d'un petit bâton.

3. — Le vase le plus convenable pour contenir l'eau dans laquelle on lave la vaisselle est une grande écuelle de zinc, qu'il faut tenir constamment propre en la récurant avec du sable, de la cendre, du savon noir, à l'aide d'une brosse ou d'un balai de chiendent.

4. — Quand le lavage est terminé, toutes les pièces égouttées sont soigneusement essuyées dedans et dessous avec des linges propres, avant d'être remises en place.

5. — Quoique la vaisselle ne soit ainsi rangée qu'après avoir été parfaitement essuyée, une bonne ménagère ne manque jamais de l'essuyer encore avec une serviette blanche, avant de la remettre sur la table pour les repas.

6. — On ne doit ni récurer, ni gratter les ustensiles étamés qui sont devenus noirs et encrassés. Le meilleur moyen à employer pour les rendre propres consiste à faire bouillir dedans des cendres et de l'eau pendant une heure ou deux, et à les frotter ensuite avec cette sorte de lessive, au moyen d'un bouchon de paille, d'un chiffon ou d'une brosse de chiendent.

7. — On procède de même pour les vases ou ustensiles de fer blanc.

8. — Le cuivre se récure, au moyen d'un chiffon, avec du tripoli ou de la terre pourrie, ou bien avec du sable fin, ou même avec de l'argile, ou bien tout simplement en le frottant avec une poignée d'oseille.

9. — Le fer se récure aussi en le frottant avec de l'oseille, avec du grès, ou avec du papier de verre.

10. — Dès qu'un ustensile est récuré et bien essuyé, il faut le mettre sécher au feu ou au soleil.

11. — L'étain se nettoie avec du blanc d'Espagne délayé dans de l'eau, pour terminer en le frottant à sec ; ou encore avec une pâte qui se prépare en faisant bouillir, dans un peu d'eau, de la potasse et du tripoli.

12. — Les couteaux se nettoient en les frottant, soit sur une pierre destinée à cet usage, soit avec un bouchon de liège et du tripoli, ou de la terre pourrie.

13. — Les vitres se nettoient en les frottant d'abord avec du blanc de Meudon, délayé dans de l'eau, et en les essuyant tout de suite après, à plusieurs reprises, avec des linges secs.

Pour nettoyer plus facilement les verres de lampe, on prend du blanc de Meudon ou simplement de la craie ordinaire finement pulvérisée qu'on délaye avec un peu d'essence de térébenthine. Avec cette bouillie étendue sur un linge on frotte les taches.

14. — Les objets de fonte ou de tôle comme le poèle et ses tuyaux, les chenêts, les plaques de cheminée, etc., se tiennent facilement propres et brillants, si l'on a soin de les recouvrir, au moyen d'une brosse, d'une légère couche de mine de plomb délayée dans du lait, et de les faire reluire en les frottant avec une brosse sèche ou avec un chiffon de laine, ou encore avec un oignon cru.

15. — L'argenterie se tient propre en la frottant avec de l'oseille, ou, au moyen d'une brosse douce, avec de l'eau de savon.

16. — Quand une lampe a besoin d'être nettoyée, on verse dedans de l'eau de lessive bouillante et on rince à plusieurs reprises, en renouvelant l'eau, tant qu'il y a de la crasse à enlever.

17. — Voici le moyen sans contredit le plus expéditif et par suite le plus économique de nettoyer les bouteilles :

On met dissoudre environ un kilogramme de cristaux de soude dans une trentaine de litres d'eau, et l'on rince avec cette dissolution. Les bouteilles les plus encrassées ne résistent pas à cette lessive ; le tartre dont elles étaient enduites intérieurement se trouve instantanément décomposé. L'effet est encore plus prompt si la lessive est employée chaude. Il ne reste plus qu'à rincer les bouteilles à l'eau pure. On fait bien, avant de les mettre égoutter, de les faire passer par plusieurs eaux, afin de bien enlever toute trace de soude.

La même lessive, quoique chargée de tartre, peut servir bien des fois et pendant longtemps au rinçage des bouteilles.

18. — Les carafes, les carafons, les vases en verre ou en cristal se nettoient très bien en agitant dans leur intérieur de l'eau et de la sciure de chêne.

Comptabilité agricole.

1. — Rien de plus utile ou, pour mieux dire, rien de plus indispensable dans un ménage agricole qu'une comptabilité régulière ; et pourtant, jusqu'ici, rien de plus négligé dans la plupart des petites exploitations.

2. — Les principes d'après lesquels la comptabilité d'une petite exploitation doit être établie peuvent se résumer ainsi : arriver, à la fin de l'année, à pouvoir dire le montant des recettes et le montant des dépenses, et, pour cela, considérer comme dépense tout ce qui sort de l'exploitation, sans y laisser l'équivalent de sa valeur, et considérer comme recette tout ce qui y entre avec une valeur quelconque.

3. — A défaut de son mari, dont les travaux sont si multiples et souvent si pénibles, une bonne ménagère se charge de la comptabilité ; c'est pour elle un devoir.

4. — On se fait un monstre des livres à tenir. Cependant rien de plus simple et de plus facile. Cinq minutes, chaque soir, sont plus que suffisantes pour écrire sur un livre, appelé journal, les dépenses, les recettes et tous les faits intéressants de la journée. Un quart d'heure, dans l'après-midi de chaque dimanche, suffira également pour transcrire, aux différents comptes ouverts dans le grand-livre, les objets et les sommes qui doivent y figurer. On peut conseiller, avant tout, de relater chaque objet et chaque fait clairement avec le moins de mots possible.

5. — Voici les titres des principaux comptes qu'on peut ouvrir au grand-livre :

Dépenses de ménage, — main-d'œuvre, — céréales, — plantes-racines, — fourrages, — légumes secs, — vignes, — animaux de trait, — animaux de rente, — volailles, — caisse, — mobilier personnel, — matériel d'exploitation, — profits et pertes, — frais généraux, — etc.

6. — Avec ces différents comptes bien en ordre, un cultivateur sait au juste, dès qu'il le veut, l'état de ses affaires. Il voit, d'un seul coup d'œil, quelles sont les parties de son exploitation qui lui donnent le plus de bénéfices réels et ceux qui le laissent en perte, et il agit et travaille en conséquence de ces indications.

7. — Cependant pour plus de simplicité encore, on pourrait se passer à la rigueur de ces différents comptes du grand-livre, si le journal est tenu comme on le dira plus loin, et si, comme dans tous les cas il est indispensable de le faire, un inventaire de l'exploitation est soigneusement établi au 31 décembre de chaque année. Au moyen de cet inventaire, le cultivateur se rend compte des bénéfices qu'il a réalisés ou des pertes qu'il a subies.

8. — Chaque inventaire doit être résumé sur un registre spécial, en quelques articles, à peu près comme il suit :

Inventaire du 31 décembre 1888.

	fr.	c.
Mobilier mort : Charrettes, tombereaux, charrues, herse, rouleau, houe à cheval, buttoir, extirpateur, scarificateur, hache-paille, coupe-racines, tarare, bascule, harnachement des chevaux, divers outils ou petits instruments, cuve et cuvier, etc.	1958	»
Mobilier vivant : Chevaux ou juments, vaches, porcs, brebis, volailles, lapins, etc.	8141	50
Engrais en terre	5228	60
Récoltes emmagasinées de toutes sortes	4084	70
Cultures en terre	948	45
Fumiers et amendements	598	20
Argent en caisse	585	50
Provisions de ménage	798	95
Total de l'inventaire au 31 décembre 1888	22343	90
L'inventaire du 31 décembre 1887 s'élevait à	16074	45
Balance à profit	6269	45
En soustrayant de cette somme le prix de fermage . . . 1507 50 Et l'intérêt, à 5 p. 0/0 de 16074 fr. 42 c. valeur du capital d'exploitation, constatée le 31 décembre 1887 . . . 803 70	2311	20
Il reste pour bénéfice net	3958	25

9. — En regard de chacun de ces articles, on placera, ainsi qu'on le voit ci-dessus, sur une colonne, la valeur exacte des objets, calculée suivant le cours de l'époque ; et, au moyen d'une addition, on se rendra compte de l'avoir. Une simple soustraction indiquera la différence qu'il y a entre le montant de cet inventaire et celui de l'inventaire de l'année précédente. En soustrayant encore de cette différence le prix du fermage et l'intérêt pour un an de la valeur du capital de l'exploitation, constatée au commencement de l'année, par l'inventaire de l'année précédente, on connaîtra exactement le bénéfice net ou la perte.

10. — Quant au journal, il ne faut pas craindre d'y inscrire, au moins en quelques mots, non seulement

les recettes et les dépenses, mais encore tous les renseignements dont on peut avoir besoin plus tard.

11. — Chaque page du journal aura deux colonnes, l'une à gauche, sous ce titre : RECETTES, pour y inscrire, en chiffres, les sommes reçues ou la valeur de tout ce qui rentre dans l'exploitation, et l'autre, à droite, sous ce titre : DÉPENSES, pour inscrire les sommes déboursées dans le courant de l'année.

12. — Si, à la fin de l'année, on porte encore sous le titre RECETTES la valeur exacte, au cours de l'époque, des produits, tels que blé, menus grains, laine, vins, etc., qui attendent la vente, et la valeur calculée de même, des produits animaux nés ou engraissés sur l'exploitation, et qui y sont encore, tels que porcelets, agneaux, veaux, poulains, volailles, ainsi que la plus-value, donnée par leur engraissement, aux animaux âgés de plus d'un an, on aura tous les chiffres nécessaires pour trouver le véritable montant des recettes.

13. — Si, de même, à la colonne DÉPENSES, on ajoute l'usure annuelle des instruments aratoires, appareils, harnais, etc., qu'on peut évaluer à cinq pour cent de leur valeur, ainsi que l'usure des bêtes de travail, autres que les bœufs, qu'on peut évaluer au dix-septième de leur valeur ; si, de plus, on ajoute l'intérêt, à cinq pour cent, du capital d'exploitation calculé au commencement de l'année, et l'usure annuelle des bâtiments, dans le cas où l'on serait propriétaire, on a tous les chiffres nécessaires pour trouver le véritable montant des dépenses. L'usure annuelle des bâtiments peut être considérée comme égale au centième de leur valeur.

14. — Les deux additions faites, il suffit d'une simple soustraction pour indiquer le bénéfice net.

15. — Voici une feuille d'un journal pour servir de modèle :

JOURNAL

Année 1888. — Mars.

RECETTES fr.	c.		DÉPENSES fr.	c.
		1		
30	40	Bénéfice procuré par la vente de 6 feuillettes de vin de 1887, vendues comptant et livrées aujourd'hui à M. Martin, moyennant 250 fr. 40 c.; elles avaient été évaluées 220 fr. dans la colonne recettes du Journal de 1887.		
		Pierre a conduit aujourd'hui la jument grise au haras.		
		Plantation, dans le jardin, de pommes de terre précoces, dites Blanchard.		
		2 poulets ont été pris aujourd'hui, à la basse-cour, pour l'usage de la cuisine; leur valeur est de 3 fr. (1)		
		3 voitures de fumier ont été prises, aujourd'hui, dans la fosse des animaux de rentes et conduites au champ de Vaurenard qui sera semé en avoine; valeur de ces 3 voitures, 45 fr. (1)		
		2		
		Prix de 100 bouteilles achetées et payées à M. Tremblay. .	21	50
		Visite de M. le Président de la Société d'Agriculture de l'arrondissement.		
		Reçu 400 fr. de M. Benoît pour 100 kilogr. de laine de l'année dernière; on les avait évalués 410 fr. au 31 décembre 1887, perte	10	»
		Reçu lettre de M. Desmoulins me donnant des renseignements sur sa machine à battre.		
		3		
		Payé la note du vétérinaire pour soins à mes chevaux en janvier.	17	40
		J'ai écrit à M. Dupin, avocat, relativement à mon affaire avec Mathieu.		
		4		
		Payé à la lingère deux journées à 1 fr. 25.	2	50
		Entrée à la ferme de Germain Paré, le nouveau berger.		
		5		
		Payé la note du tailleur pour fourniture et façon d'un pantalon, 21 fr.; d'un paletot, 55 fr., ci.	76	»
18	»	Valeur des produits de la basse-cour vendus au marché.		
		Je prends au facteur pour 5 francs de timbres-poste, ci . .	5	»
1080	»	Reçus à la foire d'Auxerre, pour 54 porcelets de deux mois, vendus 20 fr. l'un.		
		6		
15	»	Bénéfice sur 460 kilogr. de froment vendus à M. Charton. Il me les paye 95 fr.; évalués au 31 décembre 1887, ils valaient 80 francs.		
		Blanchette a vêlé cette nuit. Sa vêle lui ressemble; elle a le même écusson, je veux l'élever.		
		Payé à M. Bernard pour prix de la voiture qu'il m'a livrée ce jour.	350	»
		7		
150	50	Reçus de M. Pierre Boucher pour 3 veaux de l'année que je lui ai livrés ce jour.		
		Bardin, Flamand et Jacques ont commencé aujourd'hui le curage des fossés du pré du moulin, chacun une journée.		
		Payé les primes d'assurance contre l'incendie	27	75
		etc., etc.		

(1) La valeur des produits d'une exploitation employés pour les besoins de cette exploitation, pourrait, dans le Journal, figurer en même temps à la colonne RECETTES et à la colonne DÉPENSES; mais on peut aussi, pour simplifier, ne la porter ni aux Recettes ni aux Dépenses, et l'inscrire seulement pour mémoire comme on l'a fait en cet exemple. Il est facile de comprendre qu'au bout de l'année on arrive, dans les deux cas, au même résultat final.

16. — Le grand livre est absolument réglé comme le journal et se remplit de même ; aux dépenses de chaque compte ce qui est dépense, et aux recettes ce qui est recette.

17. — Exemple d'un compte ouvert au grand-livre :

RECETTES — DÉPENSES

fr.	c.	ANIMAUX DE RENTE. — MOUTONS A L'ENGRAIS.	fr.	c.
		1888. — 1er JANVIER.		
		Acheté 50 moutons	1572	40
		M. Ménard me vend pour mes moutons 30 kilogr. de tourteau à 12 fr. le cent, payé comptant.	3	60
		2 MARS.		
		Payé à M. Ménard pour 90 kilogr. de tourteau, livrés en trois fois, à 12 fr. le cent	10	80
		11 MARS.		
54	»	Valeur de 9 mètres cubes de fumier, pris dans la fosse de mes moutons pour être transportés à mon champ des Grasses-terres.		
		31 MARS.		
2000	»	Reçus, ce jour, pour mes 50 moutons vendus à M. Ricard.		
		1er AVRIL.		
		Payé à Bonteint pour 164 kilogr. de résidus de sa distillerie de betteraves, pris chaque jour chez lui, au fur et à mesure des besoins: soit, en 90 jours, 14,400 kilogrammes à 12 fr. le mille	172	80
		J'avais mis en provision, pour mes moutons, 1,200 kilogr. de menue paille: il m'en reste 144 kilogr. — Consommation, 1,056 kilogrammes à 29 fr. le mille.	30	60
		Ils m'ont encore consommé 4,000 kil. de foin à 30 fr. le mille.	120	»
		180 kilogrammes d'avoine à 18 fr. le cent.	24	»
		2,880 kilogrammes de paille d'avoine à 30 fr. le mille. . .	86	40
		Plus, chaque jour, 250 grammes de sel, soit en 90 jours, 22 kilogr. 1/2 à 0 fr. 20 c. le kilogramme	4	50
		Soins et frais généraux.	51	»
36	»	Valeur de 6 mètres de fumier restant dans la fosse.		
		Intérêt, à 5 pour cent, de 1,572 fr. 40 c. pendant 90 jours.	19	90
2090	»	Pour le total des produits en recettes. ‖ Le total des dépenses est de	2096	»
		DÉPENSES. . . . 2,096 fr. » c.		
		RECETTES. . . . 2,090 »		
		BALANCE en perte . 6 fr. » c.		

18. — On voit, dans cet exemple, imaginé à plaisir, que le cultivateur qui aurait fait une pareille spéculation se trouverait, au bout du compte, en perte de 6 fr. La conséquence à tirer de là pour lui est facile ; c'est qu'il ne devrait plus essayer une opération semblable dans les mêmes conditions.

19. — Entre autres comptes, que toute bonne ménagère doit tenir avec un soin spécial, pour sa satisfaction et son édification personnelle, on peut indiquer ceux-ci : *dépenses de ménage, volaille, laitage, jardin potager.*

LIVRE SEPTIÈME

LA BONNE MÉNAGÈRE GARDE-MALADE

I

Soins à donner aux malades en l'absence du médecin.

1. — Toute femme, surtout si elle est mère de famille, sera tôt ou tard appelée à remplir les délicates et difficiles fonctions de garde-malade. Elle ne voudra jamais laisser à des étrangers le soin de consoler et de soulager les membres de sa famille atteints de blessure ou de maladie.

2. — A la campagne, profitant d'une inexpérience que rien ne saurait excuser, certaines femmes s'arrogent le monopole des soins à donner aux malades. La bonne ménagère ne saurait avoir une confiance absolue en ces personnes, que le désir du gain attire plutôt qu'un réel dévouement.

Les gardes-malades de profession cèdent aussi trop souvent au grave défaut de se croire plus fortes que le médecin, et de vouloir à tout propos contrôler et juger les actes de l'homme de l'art.

3. — La bonne mènagère, transformée subitement en garde-malade, ne sera jamais embarrassée dans ses nouvelles fonctions, si elle a pris la peine d'acquérir quelques connaissances spéciales et si elle se pénètre

de cette idée que l'observation rigoureuse des règles de l'hygiène est encore plus utile au malade qu'à l'homme bien portant.

4. — Un des siens vient-il à être atteint d'une maladie grave ou frappé d'un accident, on ne la verra pas, comme le font habituellement les femmes, se livrer à des gémissements, à des cris, à un désespoir tout à fait inutiles. Maîtrisant sa douleur, elle doit, au contraire, s'empresser de pourvoir à toutes les nécessités du moment.

5. — Lorsque, chez quelque membre de sa famille, jusque-là bien portant, elle remarquera un malaise quelconque ou l'un des symptômes suivants : *de la fièvre, des vomissements, des frissons, des saignements de nez, des cauchemars, des insomnies, un mal de tête prolongé, des sueurs, de la diarrhée, de la toux, la perte de l'appêtit, des douleurs dans les membres, une lassitude générale,* un trouble bien déterminé dans certaines fonctions, sa prudence ne lui permettra pas de rester indifférente.

6. — Sachant que la plupart des maladies ne demandent pour guérir que *le repos, les soins de propreté, l'amélioration du régime,* elle s'empressera de faire coucher celui qu'elle a tout lieu de croire malade dans un lit bien fait, entièrement garni de draps blancs. Elle changera sa chemise, ses caleçons, tous ses vêtements salis par l'usage.

7. — Si le malade se plaint de la soif, il n'y a jamais d'inconvénient à lui faire boire à petites doses une boisson anodine.

8. — Dans ce cas, les boissons les plus favorables sont : l'eau panée, les infusions de plantes pectorales, (mauve, violette). Pour un malade habitué à prendre du vin, la meilleure de toutes les boissons est encore du vin étendu d'eau.

9. — Elle se gardera bien, avant l'arrivée du médecin, de lui donner à manger des aliments solides, tels que du pain, de la viande, des fruits.

10. — Si ces quelques précautions hygiéniques ne suffisent pas pour amener presque aussitôt une amélioration notable, c'est alors qu'il faut envoyer chercher un médecin : il n'est que temps.

Celui qui inspirera le plus de confiance sera toujours celui qui unira à une réputation justifiée de dévouement, les titres et les grades officiels offrant le plus de garanties.

11. — La bonne ménagère se gardera bien de consulter les commères, les guérisseurs. Le pharmacien n'a pas non plus la compétence voulue et son rôle doit se borner à la préparation des médicaments.

12. — Les succès tant prônés de certains remèdes s'expliquent par le fait qu'un grand nombre de maladies, peu graves en somme, guérissent d'elles-mêmes. En aucun cas, il ne faudrait se baser sur des racontars pour exposer un malade aux extravagances d'un ignorant.

13. — Le médecin venu, si le malade ne peut répondre aux questions qu'on lui pose, c'est la bonne ménagère qui répondra avec la plus grande clarté, sans se presser, sans rien oublier. Comme elle aura eu soin de conserver (dans un lieu où ils ne puissent gêner personne), *les urines, les matières vomies, les déjections, les crachats, les linges souillés,* pour les soumettre à l'examen du médecin, celui-ci aura un élément de plus pour déterminer sûrement la nature de la maladie.

14. — Elle écoutera avec la plus grande attention les recommandations du médecin ; elle les fera ponctuellement exécuter et lui rendra compte de l'effet qu'elles auront produit.

Elle ne devra jamais craindre de demander au médecin lui-même comment il fraudra administrer certains remèdes dont elle ne connaîtrait pas l'usage.

15. — Patiente, ferme et ingénieuse, elle saura faire prendre au malade à l'heure indiquée et à la dose prescrite les remèdes, même ceux qui inspirent le plus de répugnance.

Elle s'efforcera par tous les moyens possibles, par sa contenance pleine de sang-froid, de lui remonter le moral. Elle lui montrera que pour peu qu'il sache s'aider, la nature fera le reste.

16. — La bonne garde-malade ne permet jamais aux curieux, aux commères de venir troubler par leurs réflexions saugrenues, leurs médisances, le repos dont le malade a besoin.

En outre, il ne faut pas oublier que la présence de plusieurs personnes dans la chambre d'un malade vicie l'air et retarde la guérison.

17. — Ce n'est pas qu'elle refuse le concours obligeant de plusieurs bonnes voisines, mères de famille comme elle, et auxquelles elle est toujours prête à rendre les mêmes services ; mais elle saura éloigner les personnes dont la présence est inutile.

18. — La chambre d'un malade doit être tenue constamment propre. Tout ce qui peut servir au soulagement sera disposé dans un lieu où l'on sache le trouver sûrement quand on en a besoin.

19. — En résumé, un malade doit être mis à l'abri de toutes les préoccupations désagréables et douloureuses qui peuvent agir sur lui.

Autour de lui, point de bruit, pas de lumière trop vive, pas d'odeurs fortes, pas de longues conversations, point de préoccupations d'affaires ni de travail intellectuel susceptible de fatiguer la pensée.

20. — A la campagne les plus grands préjugés règnent sur les soins de propreté à donner aux malades. On a tort de craindre rien de ces soins, qui sont dus au malade comme à l'homme bien portant.

Les cheveux, la barbe, la bouche, les mains, toutes les parties du corps doivent être entretenus dans un état absolu de propreté. Si le malade s'y refuse, il ne faut cependant pas l'y contraindre.

21. — Il importe aussi de changer fréquemment le linge des malades ; avec quelques précautions, on peut toujours changer le linge de corps d'une personne atteinte de fièvre éruptive et couverte de sueur. Il suffit de chauffer légèrement la chemise et de la pétrir dans les mains afin d'en faire disparaître la dureté.

22. — Il existe à la campagne les plus grandes craintes relativement à l'emploi des lavements, des lavages et des bains froids, dont on a retiré pourtant de grands avantages pour la guérison des fièvres.

Généralement le mieux est d'avoir confiance au médecin et de se conformer à ses recommandations.

23. — Pour les enfants, il est de toute nécessité, encore plus que pour les adultes, d'avoir promptement

recours au médecin. De l'intervention rapide du médecin dépend souvent la vie d'un enfant.

Aussi la bonne mère ne tarde-t-elle jamais d'appeler l'homme de l'art *dans les cas de maux de gorge, quand l'enfant tousse fréquemment, quand il perd à la fois le sommeil et l'appétit, quand il a de la constipation ou de la diarrhée.*

24. — Les soins de propreté indispensables à l'âge mûr le sont encore plus à l'enfant.

Une bonne mère ne tolèrera jamais l'amas de la crasse sur la tête et sur les oreilles de ses enfants. Elle n'admettra jamais que ces croûtes, vulgairement appelées *croûtes de lait,* puissent leur être avantageuses.

Quelques gouttes d'huile d'amandes douces, seules ou mélangées avec un peu de savon noir, les débarrasseront de tout cela.

25. — La vermine n'est jamais salutaire ; elle occasionne à l'enfant des démangeaisons insupportables, abrège son sommeil et peut être la cause de troubles très graves dans sa santé.

26. — Le lait sera toujours la meilleure boisson pour l'enfant. Une bonne mère proscrira toujours de son alimentation les produits chimiques prônés par le commerce, et connus sous le nom de *farines lactées, lait concentré, soupe de Liébig,* etc. Ils sont la cause de troubles très graves dans les fonctions digestives. Elle doit se défier surtout des produits de provenance *allemande.*

27. — Chez les enfants, il n'est aucune maladie qui empêche de les sortir du lit en les prenant dans les bras pour les promener dans la chambre, à la condition de les tenir bien enveloppés.

Dans les maladies contagieuses, la bonne mère n'attendra pas qu'il ne soit plus temps pour écarter du foyer d'infection ses enfants, plus aptes que les grandes personnes à contracter toute espèce de maladie.

28. — Quand la convalescence arrivera, la bonne garde-malade redoublera de rigueur. Elle ne voudra point que le résultat de ses soins et de ses peines soit compromis par des imprudences faciles à éviter.

Se conformant en cela aux ordres du médecin, elle veillera à ce que le malade ne puisse recevoir plus de nourriture qu'il ne lui est permis d'en prendre.

Dans la convalescence des maladies graves, une indigestion amène le plus souvent une rechute mortelle.

29. — Il existe surtout à la campagne, chez certaines personnes imprudentes, une habitude funeste qui consiste à donner au malade, en cachette, ce qu'il sollicite pour apaiser sa faim.

Si le malade ne s'en trouve pas plus mal, on les voit se targuer d'une imprudence qui a toujours mis sa vie en danger.

30. — La bonne ménagère n'oubliera jamais qu'elle a toujours sous la main la nourriture qui convient le mieux aux convalescents et aux malades atteints de maladies longues, *chroniques* en un mot. Cet aliment c'est le *lait*. Employé pur ou coupé d'eau, il constitue le plus reconstituant des aliments.

31. — Pour désinfecter les appartements, la bonne ménagère se servira surtout de solutions de *chlorure de chaux* ou d'*acide phénique*. Car les moyens communément employés, tels que la combustion de plantes aromatiques et celle du sucre, ne servent qu'à dissimuler les odeurs, sans détruire les microbes.

32. — La maladie terminée, la garde-malade veillera à ce que tout ce qui a servi au malade, linge, vases, meubles, soit préalablement désinfecté, lavé d'abord à l'eau bouillante, puis à grande eau, avant de servir à d'autres usages.

33. — Dans le cours d'une maladie dangereuse, l'issue redoutée dépend souvent des craintes qu'on a pu laisser concevoir au malade sur la gravité de son état.

C'est pourquoi on devra se garder avec le plus grand soin de rien faire ou de rien dire devant lui qui puisse troubler la tranquillité de son esprit.

II

Médicaments que la bonne ménagère peut préparer et administrer.

1. — Si un grand nombre de médicaments ne sauraient être préparés sans danger ailleurs que dans l'officine du pharmacien, il y en a au contraire un certain nombre dont la préparation vulgaire regarde la mère de famille.

2. — Les plus simples et les plus fréquemment employés de ces médicaments sont les *cataplasmes* et les *tisanes*.

3. — Les *cataplasmes* sont des composés de poudres et de farines délayées dans l'eau, de consistance molle, destinés par leur application à adoucir et à calmer certaines inflammations. Selon le besoin, on les prépare à froid ou à chaud.

4. — On prépare les cataplasmes froids en délayant la poudre dans une quantité suffisante d'eau pour lui donner la consistance de pâte ; c'est ainsi qu'on prépare les *sinapismes* en délayant 200 grammes de farine de *moutarde noire* dans de l'eau tiède.

5. — Aujourd'hui on se sert surtout de sinapismes préparés qu'il suffit de tremper dans l'eau froide.

6. — On prépare les cataplasmes chauds en délayant la poudre dans l'eau de manière à former une pâte claire que l'on fait cuire sur un feu doux en remuant continuellement jusqu'à ce qu'elle ait acquis une consistance suffisante ; c'est ainsi que l'on prépare le cataplasme *commun émollient* en se servant de farine de graine de lin. On peut le préparer en délayant la farine dans de l'eau bouillante ajoutée par partie.

7. — Le cataplasme préparé est étendu sur un linge dont on replie les bords pour retenir la pâte. On l'applique à même sur la peau ou en interposant un linge très fin pour ne pas en diminuer l'action.

8. — La bonne ménagère utilisera le linge usé, qui convient le mieux, pour cet emploi ; elle apportera la plus grande attention dans la confection des cataplasmes chauds. Un cataplasme brûlé exhale une odeur fort désagréable pour les malades.

9. — Les *tisanes* sont des médicaments peu actifs, dont les principes dissous dans une assez grande quantité d'eau servent de boisson ordinaire au malade. On les fait avec des racines, des feuilles, des fleurs, des écorces, des graines, etc.

10. — Les principales tisanes s'obtiennent par *solution, macération, infusion, décoction.*

11. — La *solution* consiste à faire dissoudre dans l'eau certaines substances très solubles ; c'est ainsi

qu'on obtient la tisane de *gomme arabique* en faisant dissoudre 20 grammes de gomme dans un litre d'eau.

12. — La *macération* consiste à faire tremper certaines parties de plantes, les écorces, les racines, etc., dans de l'eau, du vin, de l'alcool.

13. — Ce mode est très lent et s'emploie pour préparer les vins médicamenteux, tels que les vins de *quinquina*, de *gentiane*, etc.

Pour cela, on fait macérer l'écorce, la racine pendant plusieurs jours dans l'alcool, puis on y ajoute peu à peu du vin. Après avoir laissé macérer une ou plusieurs semaines, on filtre.

14. — L'*infusion* s'effectue en versant de l'eau bouillante sur les fleurs ou les feuilles dont on veut extraire les principes solubles. On recouvre le vase et on laisse infuser pendant quelques minutes. On prépare ainsi les tisanes communes de *violette*, de *quatre-fleurs*, de *bourrache*, de *réglisse*, de *bourgeons de sapin*.

La *limonade cuite* s'obtient en versant un demi-litre d'eau bouillante sur 1 ou 2 citrons coupés par tranches.

On emploie généralement 20 grammes de parties de plante pour un litre d'eau.

15. — La *décoction* consiste à faire bouillir les substances dans l'eau ; on l'emploie avec avantage quand il s'agit de racines, de bois, de graines, de plantes durcies. Les tisanes les plus communes obtenues par ce procédé sont celles de *chiendent*, de *coings*, de *lin*, d'*orge*, de *lichen*.

Comme pour l'infusion, on emploie 20 grammes de plante par litre d'eau. On peut doubler la dose quand la plante est ancienne ou peu active.

16. — Les autres médications les plus simples sont : les *bains*, les *douches*, les *gargarismes*, les *lavements*, les *lotions*.

Les *bains* ne doivent pas être pris trop chauds ; la température d'un bain ne doit pas dépasser 35°. En sortant du bain, il est indispensable de bien s'essuyer avec du linge propre.

Les bains de pieds ou *pédiluves* sont employés pour combattre les maux de tête, les éblouissements ; il faut pour cela que l'eau soit aussi chaude qu'on peut la supporter. Le *pédiluve sinapisé* consiste à ajouter 150 gr. de farine de moutarde dans l'eau.

17. — Les *douches* et les *ablutions* froides peuvent rendre de grands services. Il est bon que la durée et le mode d'emploi en soient fixés par le médecin. La durée d'une douche ne doit pas, en général dépasser 30 à 50 secondes.

18. — Les *gargarismes* sont des médicaments liquides avec lesquels on se rince la bouche et la gorge sans les avaler, puis qu'on rejette après.

Le *gargarisme adoucissant* est un mélange de miel et d'eau de guimauve, d'orge ou de pavot.

19. — Les *lavements* sont des injections d'eau simple faites dans le gros intestin pour le débarrasser des matières fécales qui l'obstruent ; on les administre à la température de 30 à 50°.

Il est bon, pour cela, d'avoir à sa disposition un des appareils connus sous le nom d'*irrigateurs*.

On ajoute quelquefois à l'eau des décoctions de graine de lin, de son, de racine de guimauve.

Les lavements d'eau froide sont indiqués pour les enfants débiles. Ils peuvent aussi combattre efficacement la constipation.

20. — Les *lotions* consistent à appliquer sur certaines parties du corps, sur le front notamment, des compresses imbibées d'eau dans laquelle on a fait dissoudre les principes qu'on veut employer. Pour la lotion d'*eau de sureau*, on fait infuser 15 grammes de fleurs de sureau dans un litre d'eau.

III

Médicaments que la garde-malade ne doit employer que sur l'avis du médecin.

1. — On peut être tenté d'employer, en l'absence du médecin, certains médicaments d'une application facile, mais dont les suites ne sont pas cependant exemptes d'accidents. Tels sont les *vésicatoires*, les *sangsues*, les *cautères*, les *ventouses*, les *collyres*, les *drogues*, etc.

2. — La bonne garde-malade réagira contre ces fâcheuses tendances dont le résultat le plus certain est

d'affaiblir ou de fatiguer le malade, et ne voudra pas employer ces médicaments sans avoir demandé l'avis du médecin.

3. — Les *vésicatoires* sont des médicaments dont l'application sur la peau détermine la formation d'ampoules remplies d'un liquide séreux par lequel l'épiderme est soulevé souvent sur une assez grande étendue.

4. — On ne laisse pas un vésicatoire en place plus de 8 à 10 heures. Passé ce temps on l'enlève et on perce l'ampoule avec des ciseaux, à la partie inférieure. On panse alors la partie que recouvrait le vésicatoire avec un papier enduit de cérat, de beurre, un cataplasme, ou même simplement avec une couche de ouate. C'est là ce qu'on appelle un *vésicatoire volant*.

5. — Si l'on veut entretenir la suppuration on enlève avec des ciseaux tout l'épiderme soulevé par le liquide, on l'arrache même si on veut produire une excitation plus vive, et on étend sur la partie dénudée une légère couche de beurre frais ou d'une pommade dite *épispastique*.

6. — Il sera bon de n'appliquer des *sangsues* qu'après avoir demandé au médecin toutes les explications que comporte l'emploi de ce moyen dangereux. On ne doit jamais en appliquer plus de *cinq* chez les enfants.

7. — Pour appliquer des *sangsues*, on lave la peau avec de l'eau chaude, et l'on y place ces animaux en les maintenant dans le creux d'une pomme ou dans un petit verre dont les parois ont été humectées de vinaigre.

8. — Quand elles ont mordu, on les laisse en place jusqu'à ce qu'elles soient gorgées ; alors elles tombent d'elles-mêmes. On lave la peau avec de l'eau tiède, on y place un cataplasme pendant une heure, et on arrête enfin le sang avec un peu d'amadou.

9. — Si l'hémorragie persiste on promène sur l'amadou une cuiller remplie de charbons ardents, ou on applique sur la plaie un brin de charpie imbibée de perchlorure de fer.

10. — Les sangsues peuvent resservir si l'on a eu soin de les dégorger. Pour cela on les met dans un mélange d'eau et de vin, puis on les presse doucement

jusqu'à ce qu'elles aient rendu le sang absorbé. On les lave et on les place dans un verre d'eau.

11. — S'il arrivait qu'une sangsue s'introduisit par la bouche dans l'estomac, il faudrait s'empresser de faire prendre au malade un verre d'eau salée ou, ce qui serait encore plus sûr, un vomitif.

12. — L'établissement d'un *cautère* est du ressort du médecin ; quand la suppuration est établie la garde-malade n'a plus qu'à le panser régulièrement avec un pois recouvert d'une feuille de lierre, qu'on renouvelle tous les jours.

Il n'est jamais nécessaire de prolonger indéfiniment l'existence d'un cautère.

13. — L'application des *ventouses* a pour but de faire le vide sur un des points du corps. Pour cela, il suffit de prendre un verre bien sec et d'y introduire un peu de papier imbibé d'alcool et de l'appliquer sur la peau après avoir allumé ce papier. Ce sont là les ventouses dites *sèches*.

14. — Si l'on applique les ventouses sur un point de la peau ou l'on a fait des incisions peu profondes, une certaine quantité s'échappe. Ce sont là les ventouses *scarifiées* dont l'application doit être faite par le médecin.

15. — Les *collyres* sont des médicaments liquides ou des pommades exclusivement destinés au traitement des maladies des yeux.

Comme l'emploi inopportun d'un collyre peut avoir de graves conséquences, il ne faudrait avoir recours à ces médicaments que sur l'avis du médecin.

16. — Lorsqu'il s'agit de l'administration de *médicaments internes*, de *drogues* en un mot, la bonne ménagère devra encore être plus circonspecte. Elle engagerait gravement sa responsabilité en prenant sur elle de modifier les doses prescrites et d'administrer à sa guise des médicaments dont l'action peut varier selon l'âge et les dispositions du malade.

IV

Ce qu'il faut faire en cas d'accidents.

1. — Dans les cas de *brûlures* ou de *blessures légères*, la bonne ménagère aura toujours à sa disposition

quelques-uns de ces petits remèdes dont l'application apporte un soulagement immédiat.

2. — Les brûlures légères, qu'elles soient constituées par une simple rougeur de la peau ou par la formation d'ampoules, sont généralement très douloureuses. La principale indication pour calmer la douleur est de soumettre la partie atteinte à l'action du froid.

3. — Pour cela on applique dessus, en le renouvelant souvent, des compresses imbibées d'eau froide, d'eau blanche ; on conseille aussi d'étendre sur la brûlure de la gelée de groseilles, de la pomme de terre râpée.

4. — Si l'on craint la complication d'érysipèle, il faut s'empresser d'appliquer des lotions d'eau de sureau.

5. — Quand la brûlure est suivie de la formation d'ampoules assez volumineuses, on les perce avec une aiguille, puis on applique sur la peau un linge troué enduit de cérat ou imbibé d'huile, qu'on recouvre lui-même de compresses continuellement arrosées d'eau froide ou mieux d'eau blanche.

6. — Si la brûlure entamait assez profondément les tissus et se trouvait sur un organe dont elle compromît le fonctionnement, il faudrait s'empresser d'avoir recours au médecin.

7. — Il n'y a aucun inconvénient à satisfaire la soif intense qu'éprouvent les malades atteints de larges brûlures.

8. — Le pansement des *blessures* ou des *plaies* de petite étendue et dont la situation ne compromet le fonctionnement d'aucun organe essentiel est complétement du ressort de la bonne ménagère.

9. — — Si la plaie, au contraire, est assez étendue ou de nature à faire craindre la perte ne fût-ce que d'un doigt, il faut s'empresser d'appeler le médecin ; il en sera de même de toute plaie dont l'hémorragie ne pourra être arrêtée.

10. — La bonne ménagère, en prévision des accidents si fréquents chez ceux qui travaillent, aura la prévoyance de ranger dans son armoire des vieux linges à demi-usés, propres, le cas échéant, à être convertis en charpie.

11. — Il faut n'employer pour cet usage que du linge blanc de lessive, non passé au bleu ni amidonné.

12. — Elle aura un certain nombre de bandes roulées sur elles-mêmes et destinées à fixer sur la plaie les diverses pièces du pansement.

13. — Les *plaies par instruments piquants* doivent d'abord être lavées avec soin ; on les recouvrira ensuite d'un cataplasme arrosé d'eau blanche.

14. — Il faut y apporter quelque attention, car elles peuvent favoriser l'introduction dans l'économie d'un poison ou d'un venin contagieux. Il faut aussi s'assurer que rien n'est resté dans la plaie, car la présence de corps étrangers y devient la cause de redoutables abcès.

15. — Les *plaies par instruments tranchants,* généralement très douloureuses, doivent être bien lavées.

Quelle que soit l'étendue de la plaie, il faut en maintenir rapprochées les deux lèvres au moyen de bandelettes de linge ou de diachylum.

16. — On les panse en les couvrant de compresses imbibées d'eau froide souvent renouvelées, ou simplement d'un cataplasme de farine de lin ou de fécule.

17. — On peut encore les recouvrir d'un gâteau de charpie imbibée d'alcool, ou de *baume samaritain,* qui est un mélange d'huile d'olive et de vin à parties égales.

18. — Les *plaies par écrasement* doivent être rigoureusement lavées et recouvertes d'un cataplasme.

19. — Les *plaies par piqûres* ou *morsures* de divers animaux seront toujours soigneusement lavées.

20. — Quand il s'agit de la piqûre d'une vipère, il faut s'empresser de sucer la plaie, de la laver avec de l'ammoniaque ou avec de l'alcool.

21. — Les piqûres d'abeilles sont tout d'abord très douloureuses, mais la douleur disparaît en peu d'instants si on a soin de retirer le dard que l'insecte a presque toujours laissé dans la plaie ; puis on la lave avec de l'alcool, du vinaigre ou de l'ammoniaqne.

22. — Les mêmes moyens conviennent à toutes les piqûres des insectes de nos pays.

23. — Après une chute ou à la suite d'un choc violent, lorsqu'on voit que le malade est dans l'impossibilité de se servir du membre blessé, il n'est pas besoin de rechercher d'autres signes pour être con-

vaincu qu'il s'agit d'une *luxation* ou d'une *fracture.* Dans ce cas, il faut s'empresser d'appeler un médecin.

24. — En attendant l'arrivée du médecin, on maintiendra le blessé dans la plus grande immobilité. Il ne faudra pas tenter de le déshabiller sans prendre de grandes précautions. Plutôt que de provoquer chez lui des secousses qui pourraient aggraver son état, il sera bon de découdre les vêtements ou de les couper au besoin.

25. — Lorsque vous vous trouvez en présence d'un malade atteint d'*asphyxie,* il faut s'empresser de le porter au grand air, de desserrer ses vêtements et de chercher à le ranimer en le frictionnant et en imprimant à ses bras les mouvements d'élévation et d'abaissement.

Il est bon de continuer les soins pendant un temps assez prolongé. Souvent la vie revient au bout de quelques heures de soins interrompus.

26. — Lorsque l'asphyxie a eu lieu par submersion, il faut ajouter aux soins précédents la précaution de réchauffer le malade par l'application de bouteilles remplies d'eau chaude.

27. — Dans le cas d'asphyxie par *strangulation,* le premier soin doit être de couper la corde et de dégager le cou. Il existe à ce sujet dans les campagnes certains préjugés que la bonne ménagère se gardera bien de partager.

28. — Après les vendanges on voit souvent survenir des asphyxies chez les personnes qui travaillent dans les cuves à vin. Il faut s'empresser de soustraire le malade à l'influence des gaz de la fermentation, de le porter au grand air et de lui donner tous les soins que nécessite son état.

29. — Dans tous les cas où le malade est atteint de syncope ou de perte de connaissance, que cela soit dû à la perte d'une trop grande quantité de sang, à l'émotion ou à toute autre cause, il suffira, pour le rappeler promptement à lui, de le coucher horizontalement, la tête très basse et portée en arrière, dans un lieu frais et aéré.

30. — Pour terminer, dans les cas d'empoisonnement, qui, à la campagne, ont le plus souvent lieu par

l'ingestion de plantes vénéneuses, la première condition est de provoquer le vomissement par tous les moyens possibles et particulièrement en faisant boire au malade une grande quantité d'eau tiède.

Ensuite il faut qu'il se sature l'estomac avec du lait dans lequel on aura délayé des blancs d'œufs.

V

Plantes médicinales que la bonne ménagère doit recueillir. Leur conservation. Leurs propriétés. Leur emploi.

1. — Parmi les plantes que la bonne ménagère doit recueillir, il en est une dont la récolte, la conservation et le mode d'emploi peuvent servir d'exemple pour un grand nombre d'autres, c'est la *violette*.

2. — Les parties utiles en sont les fleurs; on les recueille pendant les mois de mars, avril, mai, le matin par un temps sec, lorsque le soleil a déjà dissipé l'humidité de la nuit.

3. — On les sèche avec le plus grand soin ; l'opération sera d'autant meilleure qu'elle se fera le plus vite possible, sans cependant les exposer au soleil. Le procédé le plus convenable consiste à les étendre sur des claies minces et propres, dans un grenier aéré, sous les combles, avec des ouvertures nombreuses pour le renouvellement de l'air. On peut aussi les sécher dans une étuve, et même à l'air libre, quand le temps est bien sec.

4. — Quant les fleurs sont complétement séchées, on les enferme dans des flacons bien secs et bien fermés, à l'abri de la lumière et de l'humidité. On sèche ainsi non seulement toutes les fleurs, mais toutes les feuilles qu'on veut conserver.

5. — Les fleurs de la *violette* servent à faire des tisanes dont le but est de favoriser la sueur. Aussi les emploie-t-on en infusion de 10 à 20 grammes par litre d'eau dans les rhumes, fièvres éruptives, affections de poitrine, etc.

6. — Le *tussilage* ou *pas d'âne,* dont on recueille les fleurs en février, jouit des mêmes propriétés.

7. — Pendant l'été, la bonne ménagère recueillera à son choix, quelques-unes des plantes suivantes : les feuilles et les fleurs de la *bourrache*, qui servent à faire d'excellentes tisanes sudorifiques ; les fleurs de la *mauve*, du *bouillon blanc*, de la *guimauve*, de l'*ortie blanche*, du *lierre terrestre*, de l'*hyssope*, de la *pensée sauvage*, du *tilleul*.

Toutes ces fleurs, de même que les fleurs fraîches du *souci*, employées en infusion seules ou mélangées, sous le nom de *quatre-fleurs*, donnent des boissons très efficaces pour combattre les rhumes, les affections de la poitrine, en facilitant la sueur, la toux et les crachats.

8. — Les fleurs de *coquelicot* en infusion servent de calmant dans la coqueluche et les coliques des enfants.

9. — Les fleurs de *camomille*, les fleurs de *menthe*, de *mélisse*, les sommités fleuries de la *véronique*, de la *petite centaurée*, ou herbe au centaure, du *romarin*, de la *sauge*, de la *germandrée (petit-chêne)*, rendent de grands services quand il s'agit de fortifier l'estomac, de faciliter la digestion, de combattre la constipation, les coliques venteuses. Leur infusion soulage très efficacement les migraines, maux de tête.

10. — La *fumeterre*, la *saponaire*, feuilles, fleurs et tiges, sont d'excellents excitants, des dépuratifs très actifs, bons à employer chez les enfants atteints de faiblesse des organes digestifs, de croûtes de lait, d'affections vermineuses.

11. — Chez d'autres plantes, la racine seule est utilisée. Telle est la *gentiane*, par exemple.

On récolte les racines au printemps et en automne ; l'automne est plus favorable. Après les avoir arrachées, on les lave soigneusement ; on ne garde que les racines assez grosses ; on les coupe dans le sens de la longueur ; on les enfile dans des cordes et on les suspend pour les faire sécher.

12. — La *gentiane* est une plante précieuse, tonique, très capable de fortifier tout l'organisme. On l'administre en décoction, à la dose de 20 grammes par litre d'eau, aux enfants affaiblis, chétifs, pâles, dont la digestion se fait mal. Le vin préparé en faisant macérer

30 grammes de racines dans un demi-litre de vin, est très utile pour réparer les forces des convalescents.

13. — On a préconisé beaucoup de plantes pour débarrasser les enfants des vers, mais la plupart appartiennent à des espèces dont l'emploi est dangereux ; il est bon de s'en tenir à l'*absinthe,* plante facile à reconnaître. Après avoir fait sécher les feuilles et les sommités fleuries, on les emploie de la façon suivante : on fait infuser 30 grammes d'ail et 30 grammes d'absinthe pour un litre de vin blanc ; on en prend un verre par jour.

14. — Les racines de *grande consoude* ou *oreilles d'âne* servent à préparer par décoction une tisane, très adoucissante dans le rhume.

15. — Avec les racines de *cynoglosse* ou *langue de chien* on fait une décoction pour arrêter la diarrhée ; la *bistorte* ou *couleuvrée* sert au même usage.

16. — Les racines de *guimauve* bouillies servent à faire des cataplasmes, des lavements émollients, des lotions adoucissantes pour calmer les cuissons, chaleurs des enfants, auxquels on les donne à mâcher pendant la dentition.

17. — L'infusion de racines de *valériane,* à dose de 15 grammes par litre d'eau, guérit très bien les vapeurs, les maux de nerfs, les bouffées de chaleur, les hoquets, les palpitations, certaines migraines auxquelles sont soumises les jeunes personnes.

18. — Aux mois de février, mars, on recueillera les *bourgeons de sapin ;* bien séchés ils donnent une tisane capable de calmer la toux.

19. — Les *bourgeons de peuplier* servent au même usage et sont, de plus, antiscorbutiques.

20. — On emploie les *queues de cerises* pour faire une tisane diurétique, c'est-à-dire capable de favoriser la sécrétion urinaire.

21. — On se sert aussi des cônes de *houblon* pour ranimer l'appétit.

22. — L'écorce de *chêne* en décoction, fournit une tisane très astringente avec laquelle on a pu combattre la dysenterie.

Associée à la *gentiane,* on l'administre dans les fièvres. On l'emploie surtout en injections et en lavages à l'extérieur.

23. — On emploie certaines plantes à l'extérieur ; on utilise ainsi l'infusion de fleurs de *sureau*, qu'on recueille à la fin de juin, contre les inflammations superficielles. On applique sur l'érysipèle de la face, sur les furoncles et sur les brûlures légères des compresses imbibées d'eau de *sureau*.

24. — Les feuilles de *noyer* sont bien connues pour leur propriétés *astringentes* et *résolutives*. Leur décoction est souvent employée en lotions et en injections hygiéniques.

25. — Les graines de *staphysaigre* ou *pied d'alouette*, ou *dauphinelle*, commune dans les champs à l'époque des moissons, pilées avec un marteau donnent une poudre insecticide capable de détruire les poux et la vermine.

26. — La bonne ménagère ne recueillera pas toutes ces plantes ; mais elle saura choisir celles qu'elle croira pouvoir lui servir dans le cours de l'année qui suivra la récolte.

27. — Il est encore un grand nombre de plantes médicinales, telles que la *belladone*, la *ciguë*, la *digitale*, l'*acouit*, le *colchique d'automne*, la *jusquiame*, le *datura stramonie* ou *pomme épineuse*, le *seigle ergoté*, le *laurier cerise*, le *pavot*, la *rue odorante*, etc., etc., dont il n'a pas été parlé, avec intention, parce qu'elles sont *vénéneuses*.

Il faut, en raison du danger que présente leur emploi, en laisser au médecin toute la responsabilité.

FIN.

TABLE DES MATIÈRES

LIVRE DEUXIÈME

Notions de Jardinage.

LIVRE TROISIÈME

Parties de l'exploitation dont la surveillance ou la direction rentre dans les attributions de la fermière.

LIVRE QUATRIÈME

Personnel d'une Exploitation agricole.

LIVRE CINQUIÈME

Animaux et produits placés spécialement sous la direction de la maîtresse de maison ou fermière.

LIVRE SIXIÈME

Connaissances usuelles nécessaires à une ménagère rurale pour la bonne tenue de sa maison. – Comptabilité agricole.

LIVRE SEPTIÈME

La Bonne Ménagère garde-malade.

Auxerre. — Imprimerie ALBERT GALLOT, rue de Paris, 17.

www.ingramcontent.com/pod-product-compliance
Ingram Content Group UK Ltd.
Pitfield, Milton Keynes, MK11 3LW, UK
UKHW021925210726
13857UKWH00008B/363

9 782012 861350